老骥伏枥献余热

——杭州市老科技工作者调研报告选编

朱国海　余建民 主编

浙江工商大学出版社
ZHEJIANG GONGSHANG UNIVERSITY PRESS

图书在版编目(CIP)数据

老骥伏枥献余热：杭州市老科技工作者调研报告选编 / 朱国海，余建民主编. —杭州：浙江工商大学出版社，2018.9

ISBN 978-7-5178-2861-7

Ⅰ. ①老… Ⅱ. ①朱… ②余… Ⅲ. ①科学技术—调查报告—中国 Ⅳ. ①G322

中国版本图书馆 CIP 数据核字(2018)第 165865 号

老骥伏枥献余热

——杭州市老科技工作者调研报告选编

朱国海　余建民 主编

责任编辑　张春琴
责任校对　穆静雯
封面设计　林朦朦
责任印制　包建辉
出版发行　浙江工商大学出版社
（杭州市教工路 198 号　邮政编码 310012）
（E-mail:zjgsupress@163.com）
（网址:http://www.zjgsupress.com）
电话:0571-88904980,88831806(传真)
排　　版　杭州朝曦图文设计有限公司
印　　刷　杭州半山印刷有限公司
开　　本　710mm×1000mm　1/16
印　　张　17.25
字　　数　282 千
版 印 次　2018 年 9 月第 1 版　2018 年 9 月第 1 次印刷
书　　号　ISBN 978-7-5178-2861-7
定　　价　45.00 元

发挥余热贡献经验
深入实际为政建言

季临生
二〇一八年五月一日

本书编辑委员会

前　　言

杭州市老科学技术工作者协会高举习近平新时代中国特色社会主义思想伟大旗帜，不断增强“四个意识”，坚定“四个自信”，充分发挥长期奋斗在科技和经济战线上并积累了大量宝贵经验的老科技工作者的积极性，为实现老科技工作者们退休后不忘初心，继续关心杭州市的经济建设和社会发展的愿望，组织他们围绕党和政府关心、科技人员关注、人民群众关切的重大问题，重点在城市建设及生态发展、工业及农业农村经济发展、城市创新发展等方面进行了卓有成效的专题调查研究，并在此基础上精挑细选，集思广益，研究论证，最后形成意见和建议。这些意见和建议为市委、市政府决策提供科学依据，对贯彻落实“八八战略”，推动杭州市各项事业健康发展，有很好的参考和应用价值。

《老骥伏枥献余热——杭州市老科技工作者调研报告选编》一书主要选录了老科技工作者于2017年撰写的调研报告，编辑本书是希望该选编中的课题研究成果能更广泛地被认可和采用，为社会带来价值，也希望大家更好地支持和关心老科学技术工作者协会的工作，使更多的老科技工作者积极参与这项工作，为提高全民科学素养，促进杭州市的经济和社会发展，加快建设独特韵味、别样精彩的世界名城做出更多的贡献！

原杭州市人大常委会副主任

杭州市老科学技术工作者协会会长

2018年7月

目　录

第一篇
城市建设与环境生态

编制杭州市环境容量资产负债表的建议①

杭州市老科学技术工作者协会　洪芳柏　朱国海　田建新

一、编制环境容量资产负债表的意义

1.环境容量资产负债表的相关概念

环境容量是指某一环境区域内对人类活动造成的影响的最大容纳量，它是环境自净能力的指标。环境自净能力是指自然环境可以通过大气、水流的扩散、氧化以及微生物分解等作用，将污染物转化为无害物的能力。它是一种环境容量资产，而污染物则被视为对环境容量资产的负债。环境容量资产负债表能全面记录当期各地方对环境容量资源的占有、使用、消耗、恢复和增值活动，评估当期环境容量资产实物量和价值量的变化情况。

2.编制环境容量资产负债表的意义

编制环境容量资产负债表，构建环境容量资源核算与资产负债表框架体系，是加强环境系统科学综合管理的创新举措。通过环境容量资产调查，摸清环境质量、污染物排放状况。根据核定的环境容量、主要污染物实物排放量与货币量来核算，编制一张账户式的地区环境容量资产负债表，并从自然环境和经济社会角度确定分析指标，开展综合评估。

环境容量资产负债表是一个地区生态环境绩效评估的重要依据，也是领导干部离任审计、资源有偿使用和生态补偿等一系列制度的基础和依据，是引导生

① 本文原标题为“关于开展编制杭州市环境容量资产负债表研究的建议”。

态文明建设的“指挥棒”，衡量生态文明建设效果的“检验器”。将编制环境容量资产负债表的观念与规则延伸到微观企业，对提升企业环保治理与管理水平，促进节能减排，实现绿色发展均有现实基础性作用。

国内有的省市已率先开展编制环境容量资产负债表试点工作。杭州作为国家中心城市，现代国际化品质之城，环境保护和管理工作基础好，“十三五”期间要建成国家生态文明先行示范区。所以，杭州有必要、有能力，也有条件开展编制杭州市环境容量资产负债表的工作。

二、如何编制环境容量资产负债表

1.列出本地区环境容量负债项目清单

列出本区域内污染大气、水体、土地等环境的污染物，以及国家规定的控制考核指标，将其作为环境容量负债项目列入清单。

目前，大气污染物主要有二氧化硫、氮氧化物、消耗臭氧层的物质、温室气体及悬浮颗粒物（TSP）等；水体污染物主要有耗氧污染物、氨氮等；土地污染物主要有固体废物（生活垃圾与工业垃圾）及土壤中的重金属等。将大气、水体、土地中的全部污染物列入负债清单应是管理的终极目标。

2.监测本地区环境容量负债项目实时值

对环境容量负债项目，按规定进行监测，实时测定数据是环境容量负债管理的基础和依据。

3.设定本地区环境容量负债项目的目标考核控制值

根据国家、地区生态文明建设考核目标，低碳城市及节能减排指标等，设定环境容量负债项目的目标考核控制值。

4.编制本地区环境容量资产负债表

以环境容量资产负债项目清单中污染物实际排放量，以及污染物实物排放量市场交易价或治理污染物所付的成本价为依据，把污染物实物排放量核算成货币量，编制账户式杭州市环境容量资产负债表。

环境容量资产负债表能动态跟踪环境容量资源的占有、使用、消耗、恢复和增值活动，评估当期环境容量资产实物量和价值量的变化情况，它是一个地区环境监测管理系统化顶层构架，能促进污染物排放权交易市场化机制的形成。

三、编制环境容量资产负债表的建议

环境容量资产负债表的编制是环境管理的提升和创新，专业性很强，是一项综合性、基础性、开拓性课题，需要由政府主导，借鉴国内先进经验，立项开展专题研究。为此建议：

（1）由市环境保护行政主管部门牵头立项，提出杭州市环境容量资产负债表编制任务书，委托在杭高校或研究院所，完成编制研究。

（2）鉴于课题工作量大，可由有关专业院校分项承担。如分项编制水环境容量资产负债表、大气环境容量资产负债表、固态环境容量资产负债表。可从现有条件起步，分层次、分步推进编制。

（3）环境容量资产负债表编制应与现有环保管理考核制度、排污权市场交易机制相结合，相互促进，并相应开展环境监测技术提升和环境容量资产核算体系的构建研究。

以上粗浅建议期盼能得到领导和有关部门的关注与指正。

（2017 年 4 月）

杭州市委书记赵一德批示

对《编制杭州市环境容量资产负债表研究的建议》一文，2017年6月8日，杭州市委书记赵一德做了批示："请胡伟同志研阅。"

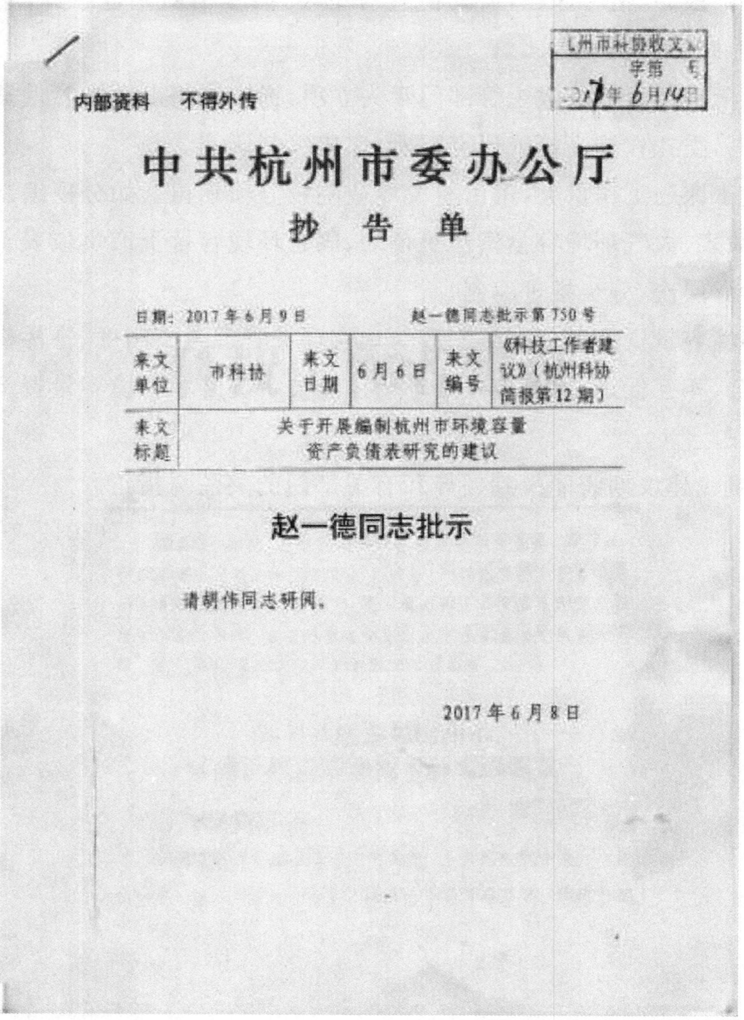

内部资料　不得外传

中共杭州市委办公厅

抄告单

日期：2017年6月9日　　赵一德同志批示第750号

来文单位	市科协	来文日期	6月6日	来文编号	《科技工作者建议》（杭州科协简报第12期）
来文标题	关于开展编制杭州市环境容量资产负债表研究的建议				

赵一德同志批示

请胡伟同志研阅。

2017年6月8日

集中居住区面源污染治理的措施建议

杭州市老科学技术工作者协会

我市按照“五水共治”战略部署，“截污”、消灭“点源”污染、确保“零直排”等治理行动成效显著，水环境质量持续改善。但河岸两边居住区内的“面源”污染，如初期雨水以及部分老建筑未经分流的阳台洗衣水等废水，都直接排入了河流，并一直影响着河道的水质。如何正视这些问题，积极采取措施，是提高“五水共治”成效亟待研究解决的问题。为此，杭州市老科协有关科研人员结合国家政策和相关技术规范开展了调研，并在调研的基础上提出如下建议：在集中居住区建设阳台洗衣废水和初期雨水就地处理、雨水调蓄设施，控制污染。

一、城市集中居住区面源污染与排水口出水污染现状

1.城市面源污染的危害性

城市面源污染也被称为城市降雨径流污染。城市道路表面、建筑屋顶累积了大量悬浮颗粒、营养盐、重金属和多环芳烃等污染物质，经雨水和径流冲刷所形成的污染径流通过排水系统的传输进入受纳水体，造成水质污染。同时，老旧小区阳台洗涤废水也会通过屋顶雨水落水管排入雨水管道，最终含有聚磷酸盐、非离子表面活性剂、硬脂酸钠成分的洗涤废水通过雨水管道排入河流。资料显示，江河湖海的污染负荷约三分之二来自面源。其中，在功能受损的水体中，河流的首要污染源即农业面源污染占48%，城市面源污染占12%。市政府于2016年9月发布实施的《杭州市水污染防治行动计划》已对农业面源污染实施治理，但城市面源污染问题仍未引起相关部门的足够重视。

当前，由于生态环境建设的需要，政府不断强化截污治理。雨天时，我市每

天约有40万吨径流雨水被输送至七格污水处理厂处理，其结果，污水管网及处理厂超负荷运行，成本增加。其他大部分径流雨水被直接排入河流，经观察，我们可以直观地看到排水口排出的径流雨水对河流污染的影响。

2.某居住区排水口出水污染情况调查

经调研，某居住区于2006年建成，由20幢多层、小高层及高层住宅组成，总汇水面积为17280 m^2。居住区内收集的雨水及部分阳台洗衣水经排水管道接至运河排放。

课题调查组分别在晴天和雨天，对从该居住区排水管道末端Y158雨水井内采集的水污染物试样进行测试。晴天时，根据Y158雨水井内的水流判断，雨水井内的水流应包括阳台洗衣水和其他混接的废水，雨水井内主要污染物SS(悬浮物)的浓度为90 mg/L，而雨天时高达150 mg/L，超出一级A标准的15倍；晴天时TP(总磷)为1.97 mg/L，雨天时虽有所下降，为0.81 mg/L，但仍高于一级A标准0.5 mg/L的限值；晴天时氨氮达26.8 mg/L，雨天时为15.3 mg/L，超出一级A标准的3倍。

综上所述，每天从Y158雨水井内流出的水流携带大量悬浮物和氮磷等污染物排入运河，这会导致水体中营养物质的浓度增高，从而引起藻类和其他水生植物大量繁殖，恶化水体感观性状，破坏水体溶解氧的平衡。

二、集中居住区建设雨水调蓄设施控制污染的主要依据

(1)根据《国务院办公厅关于推进海绵城市建设的指导意见》(国办发〔2015〕75号文件)的精神，海绵城市建设应“实施雨污分流，控制初期雨水污染，排入自然水体的雨水须经过岸线净化”，并要求“结合雨水利用、排水防涝等要求，科学布局建设雨水调蓄设施”。

(2)《浙江省人民政府办公厅关于加强城市内涝防治工作的实施意见》(浙政办发〔2014〕11号文件)提出：加强削峰调蓄设施建设，道路红线宽度超过60 m的道路两侧、学校操场、行洪河道两侧逐步配套建设雨水蓄水设施；规划用地面积20000 m^2以上的新建建筑物，按照每公顷建设用地不小于100 m^3的标准建设蓄水设施。

(3)国标《室外排水设计规范》(GB 50014—2006)规定:需要控制面源污染、削减排水管道峰值流量防治地面积水、提高雨水利用程度时,宜设置雨水调蓄池。

三、集中居住区污染治理的三点建议

1.重视对集中居住区污染的控制

各级政府应坚持以《杭州市水污染防治行动计划》中的指导意见为导向,深化"五水共治",不断改善水环境质量,大力推进生态文明建设,使杭州成为生产美、生态美、生活美、人文美的国际化城市。以为美丽中国的样本提供良好的水环境保障为目标,充分认识集中居住区污染控制的重要性;以目标为导向,以问题为导向,以治本为导向,尽快制订集中居住区污染控制方案;并通过分解任务,落实资金,加强宣传,明确方案等措施,进一步推进控制污染的具体工作。

2.有关职能部门要因地制宜确定合理的处理办法

为控制进入城市水体的水污染物总量,改善城市水环境,减少源头污染,利用雨水资源,使雨水尽量下渗或滞留,以延长汇流时间来减轻场地开发对自然水文状态的影响,宜采取多种有效措施:可以采取就地生化处理措施,实现固液分离,达到优质稳定出水目的;可以通过屋顶绿化,起到一定的雨水储蓄作用;可以在有条件的区域建造湿地,以受纳、滞留和调蓄来自服务汇水面的雨水径流,以控制径流雨水水质和洪峰流量;可以采取雨水落水管截流,改变屋面雨水径流的传输路径,将原本排入管道的径流引入建筑物周边花园、绿地等透水区域或雨水桶、雨水箱等雨水收集设施。可根据不同的具体情况因地制宜确定合理的处理办法。

3.推广成熟的雨水、污水处理方案

针对目前杭州市居民小区阳台雨水收集管与阳台洗衣水排污管共用,形成雨污合流的现象,设置初期雨水收集装置。雨水、污水一经收集,就地进入处理站进行处理,使处理后的出水达到一级 A 标准。这是切实可行的成熟的处理方

案。我们在杭州某小区，开展小区初期雨水和阳台洗衣水就地处理方案的研究，结合多项同类项目废水处理的成功经验，依照节能、循环利用的环保思路，成功设计了气浮法＋生物降解＋MBR 膜工艺。该工艺适用性强，成熟稳定，处理效果好，运行成本低，操作管理方便。选用技术先进的自动控制系统，可以做到布置紧凑，装配性佳，工艺流程顺畅，尽可能节约用地。该处理工艺在杭州市推广应用具有可行性及实际应用价值。

（2017 年 9 月）

地下排水管道智能监测系统在城市推广应用的建议①

杭州市老科学技术工作者协会　朱国海　余建民

从今年6月份入梅以来，我市雨淅淅沥沥地下个不停，其间，夹杂着几场大暴雨，打得杭州市民措手不及，杭州市气象台也多次发布暴雨黄色预警信号，特别是近日来连续下的暴雨使钱塘江等多条河流水位接近或超过汛限，防汛防灾形势非常严峻。6月25日晚，省委常委、市委书记赵一德在实地检查指导全市防汛工作时强调，做好防汛工作，要进一步突出工作重点，坚持问题导向，找准薄弱环节，全力做好地质灾害点巡查、城市排涝等工作，确保安全度汛。

回顾6月23日8时至6月24日15时连续下雨天气，城区平均降雨量达83.7 mm。依据城管部门统计，这场降雨中累计发现67处积水点，但没有出现大范围积水现象，也没有造成大的社会影响和经济损失，这主要得益于前几年排水设施改造整治所取得的成果。而那些依然存在的积水点，除城区扩张降雨径流增大、管线不配套或地面收水不及时等因素外，管道内泥沙淤积，未能及时清淤，也导致暴雨时排水能力不足，造成积水。这种现象应引起足够重视。因此，只有及时、全面、系统地掌握并分析排水管网的整体负荷与运行状况，及时疏通清淤，恢复管道过水断面，建立排水报警和模拟预警机制，最大限度降低管网运行风险，充分发挥已有排水设施的排水能力，才能更好地发挥其城市防汛防涝作用。

① 本文原标题为“关于地下排水管道智能监测系统在城市推广应用的建议”。

一、部分排水管线现状

1.管线老化，管理缺位，地下排水系统难以发挥作用

有些老旧小区排水管线使用时间长，破损淤积严重，导致汛期排水不畅，严重影响居民的出行和安全。再加上缺乏有效的管理，附近居民擅自改建乱接，导致老城区管道系统存在管道过细、管网过密、雨污管道混接、定位缺失及管理不善等问题，对后期市政整改及维护造成很大的影响。

2.局部管道设计不合理、排水不畅导致外溢

杭州部分城区，特别是老旧小区排水管网缺乏区域整体性规划，设计时对管网的服务范围、人口数量、排水量等系数选择不合理，使得排水管网的排水和收集能力较差。有的管网布局和施工不是很合理，管道流程路线过长、迂回过多，给维护带来不便；在局部区域，城市对用地功能考虑欠周，导致远期水量过大，或施工过程中不注意管道高程控制，形成倒坡，汛期径流量增大，极易引发管网排水不畅，或发生溢流现象。

3.雨水管道设计标准偏低

杭州早期雨水管道设计标准偏低，城市一般地区的雨水设计重现期为0.5～3年。2016年起，我市开始执行新标准。而2008年至2015年期间铺设的雨水管道设计重现期为2年，能承受的最大降雨量为每小时46 mm。20世纪90年代至2007年铺设的雨水管道设计重现期为1年，能承受的最大降雨量为每小时36 mm。更早以前铺设的雨水管道设计重现期为0.5年，每小时能承受的最大降雨量不超过26 mm。以上设计标准过低，管道过细，出现大雨、暴雨、特大暴雨时难以排泄，易导致城市内涝。

我们课题组通过调查、疏理，第一次摸清楚了浙大华家池校区排水设施改造前的基本状况和存在问题。譬如浙大华家池校区是一个老校区，地下管网老旧，情况比较复杂。经常是雨污水流通不畅，暴雨来临时校区内积水严重，雨污水井盖经常被顶起，出现污水倒灌现象，以致腥臭气味熏人，给人们的日常生活造成

严重影响。校区内地下数十千米新旧排水管线档案资料严重缺失，且原有排水管道建设亦有些时日，加上后期学校扩建、改造导致现有管道存在倒坡、堵塞、小管接大管等情况，导致排水不畅，迫切需要清淤等养护、修缮等工作。其中，管道倒坡占总长度的10%以上，最大倒坡度达64%；另外还存在管道变形、错位、下沉、脱开，以及塌方、树根阻碍等情况。

表1　浙大华家池校区地下雨、污水管道倒坡情况统计表

类别	倒坡管段数(段)	最大倒坡度(%)	管道总长(m)	倒坡长度(m)	倒坡长度比例(%)
雨水管	56	−61.4	7580	1042	13.7
污水管	80	−64	8924	961	10.8

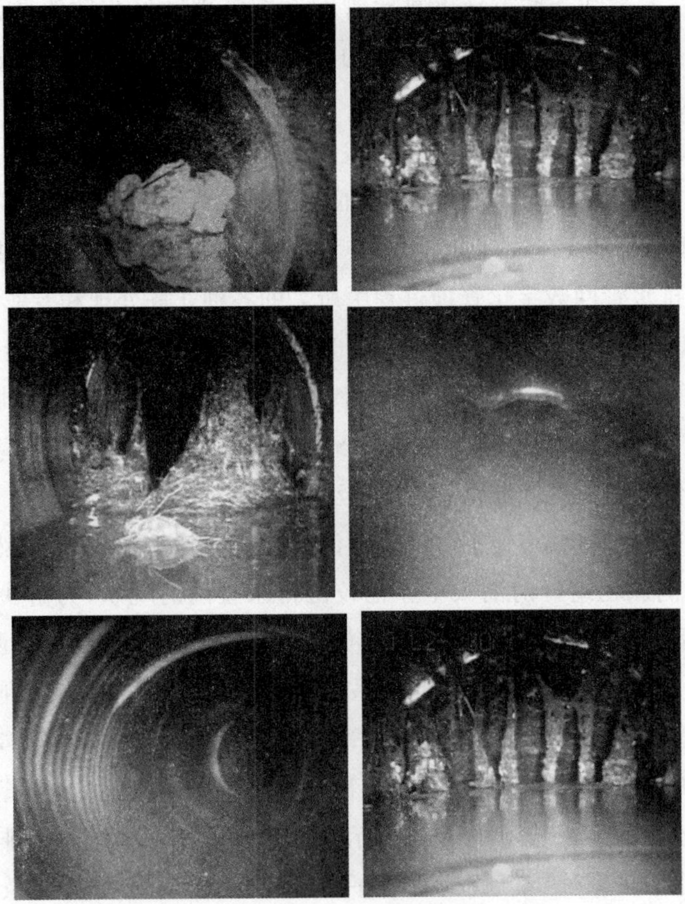

图1　浙大华家池校区地下雨、污水管道变形、堵塞情况

浙大华家池校区的情况其实也可以反映出杭州其他老居住区市政配套管网的现状，甚至包括主干管、支管和毛细管，也可能同样存在淤积、破损及倒坡现象，尤其是在汛期，它会直接影响管道排水能力的发挥。因此，养护管理部门急需在最大范围内摸清地下管道的运行状况，实施精准养护，系统防范。同时，通过建立智能化排水管道监测系统，依靠科技方法，有效监测并掌控管道的实时运行情况，这对加强管道运行管理和满足防汛防涝需求至关重要。

二、地下排水管道智能监测系统的优点

排水管网运行管理信息化技术是现代化城市管理和数字化城市管理相结合的新型管理技术。结合城市地下排水管网系统管理和城市防汛防涝需求，开发和拓展城市排水监测技术和管理体系的更多功能，是提高城市建设和管理现代化水平的有效技术手段。

本课题通过排水智能监测系统研发，综合应用了包括 GIS 地图、物联网、云计算、在线监测、工业自动化控制、网络通信及排水管网模拟在内的技术手段，建立起了一个能够长期、有效、动态管理排水管网大量空间数据和属性数据的基础平台，并融合排水管网数字化管理过程中所需的各种业务处理和专业分析模块，最终形成一个集各业务单元信息、数据存储管理和决策分析等多种功能于一体的“智慧排水综合管理信息平台”。同时，利用智能排水管理体系，对地下排水管网的空间位置、管线自身寿命、管线负荷运营情况、外界对其影响情况等信息进行数据采集，然后将其储存于专门的数据库中，再运用专业分析软件进行分析，得出及时合理的处理维护措施，将城市地下管网事故消灭在萌芽阶段，防患于未然。

为此，我们课题组针对浙大华家池校区排水管网的现状，为解决校区的排水管道管理及运行中存在的问题，对其实施了清淤、疏通、修缮、数据测定、数码编制、信息标识、地下排水管道智能监测系统和管理平台建立等一系列工程。

该智能管理平台以在线监测数据、管网空间数据为基础，结合 GIS 的数据管理和空间分析能力，提供了排水设施基础信息的统一存储和综合管理，实现雨、污水管网在地理信息系统上的综合展示、查询，并具有实时监测、排水报警和模拟预警等功能。华家池校区智能管理平台的应用证明，该平台能及时发现管道异常情况，查找出管道中存在的问题，将排水管网事故消灭在萌芽阶段；而模拟

预警功能，可通过模拟排水管道排水能力，评估排水设施的运行能力，发现其中存在的瓶颈，为设施运行管理提供有效的决策。

三、地下智能排水管道智能监测系统的实际应用

1.加强老旧居住区排水管道的管理

管理部门应按不同区域、不同需求对地下排水管道进行网格式管理，进一步摸清城市排水管道用户的情况、排水规律、排水流量等动态信息，科学指导巡视、养护过程，及时发现管网内部异常情况，分析原因，解决相关问题，保证排水系统运行正常。

2.推广应用排水管道智能监测系统

当前，我市对地下管道的管理正从传统逐渐向智能化、信息化迈进。在这期间，我们认为在进行老管道探查、新管道数据录入的同时，应加快推进排水管道智能监测技术的应用，全面掌控城市地下雨、污水排水管网的整体负荷状态，充分发挥其设施的排水能力，最大限度降低管网运行风险，为政府部门开展汛期排水决策，制订排水运行应急预案等工作，提供准确的、必要的、完整的科学依据。

3.完善提高智能监测水平

(1)进一步优化城市地下排水管线监测、预报等功能，提高系统的先进性、安全性和适用性，确保管线运行正常。

(2)编制排水管道设施编码，设定探测器设置及探测范围的标准，规范排水管线空间数据和属性数据的管理，规范管线负荷运营评价、险情预报预测。

(3)为巩固“五水共治”成果，需采用计算机自动监测控制技术，对管网水质水样进行实时、快速、高精度的分析测试，监控管网水质达标情况。

（2017 年 6 月）

杭州市委书记赵一德批示

对《地下排水管道智能监测系统在城市推广应用的建议》一文，2017 年 7 月 7 日，杭州市委书记赵一德做了批示：“这些建议很好。转承潮并请城建、城管和治水办研阅。”

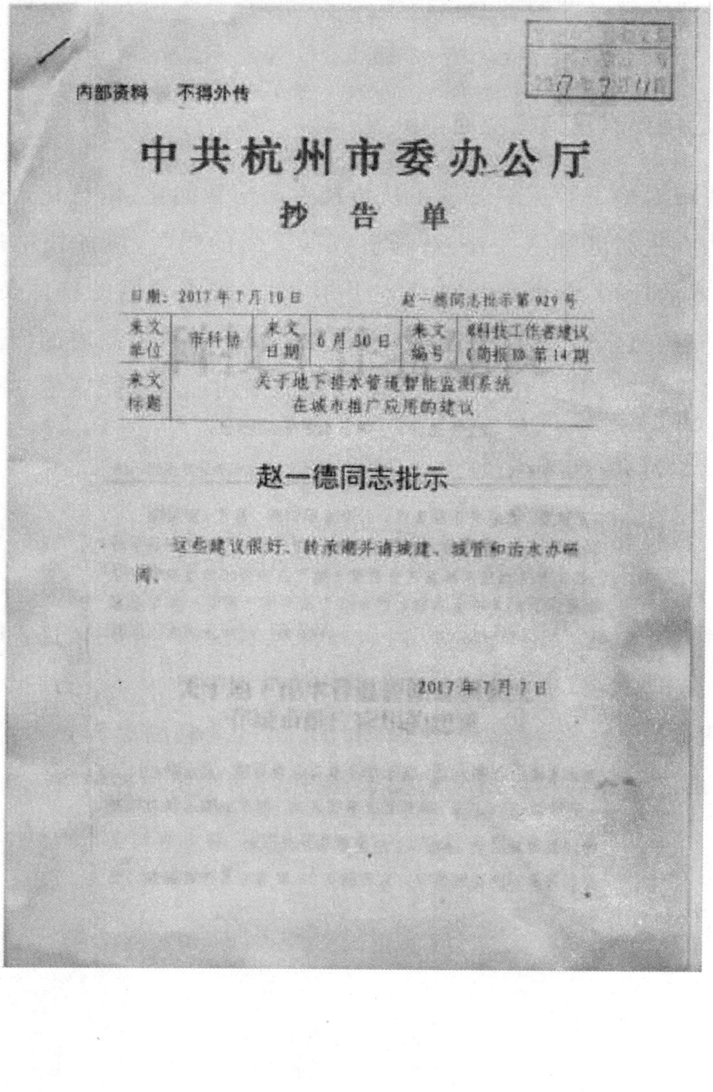

内部资料　不得外传

中共杭州市委办公厅

抄　告　单

日期：2017 年 7 月 10 日　　赵一德同志批示第 929 号

来文单位	市科协	来文日期	6 月 30 日	来文编号	《科技工作者建议（简报）》第 14 期
来文标题	关于地下排水管道智能监测系统在城市推广应用的建议				

赵一德同志批示

这些建议很好。转承潮并请城建、城管和治水办研阅。

2017 年 7 月 7 日

特色小镇规划建设中的误区与对策

杭州市老科学技术工作者协会机电专业委员会
孙文德　龚正明　匡慧珍 等

特色小镇建设是浙江加快经济转型升级的重要一招，是浙江大力实施创新驱动发展战略和引领经济新常态的一大抉择。最近，课题组对部分特色小镇进行了调研。杭州市规划院院长龚正明提供了《浙江省特色小镇规划设计导引》《杭州市村庄规划、建设、管理对策研究》等资料，课题组通过资料调查、实地走访等办法，对杭州特色小镇规划建设情况、成效和问题进行了分析研究，对杭州特色小镇建设中存在的问题进行了探讨研究，并提出相应的对策建议，供政府相关部门决策咨询时参考。现将研究成果报告如下：

一、特色小镇的发展

(一)特色小镇发展概况

2015 年 1 月 21 日，浙江省"两会"上，政府提出了特色小镇概念。2015 年 4 月，浙江省政府出台了《浙江省人民政府关于加快特色小镇规划建设的指导意见》。2015 年 12 月，杭州市颁布了《关于加快杭州市特色小镇规划建设的实施意见》和《杭州市特色小镇创建导则》，提出在全市统筹规划建设 100 个特色小镇，部分小镇要做到在全国乃至全球有特色、有影响力。同时，杭州市各区针对本区内小镇的发展情况出台了相关政策，如西湖区发布了《关于加快推进云栖小镇建设的政策意见(试行)》《关于加快推进紫金众创小镇建设的政策意见》《关于促进"互联网＋"金融创新发展的扶持意见》等一系列特色小镇扶持政策。

2015 年 6 月 4 日，第一批 37 个浙江省省级特色小镇创建名单正式公布。

2016年1月28日，浙江省公布第二批42个省级特色小镇创建名单，51个特色小镇培育名单。至此，全省共有130个特色小镇正在创建和培育。

杭州市特色小镇分为省级特色小镇与市级特色小镇两类，目前，在第一批37个省级特色小镇中杭州有9个小镇入选，在第二批42个省级特色小镇创建名单和51个特色小镇培育名单中杭州分别有10个和15个小镇入选。同时，杭州市也公布了市级第一批32个特色小镇创建名单。截至2016年12月，杭州有44个省市两级特色小镇。按照“宽进严定、分类分批”的原则，未来三年，杭州市将力争建设省、市、区(县市)三级特色小镇100个。已经建成的特色小镇在集聚高端要素、激发大众创业创新和市场主体活力、推动经济提质增效升级等方面，已经取得了初步成效。比如：余杭梦想小镇依托未来科技城区位优势和淘宝城、浙大、杭师大等资源基础，建立“互联网创业小镇+天使小镇”的双镇融合发展模式，在短短半年内打造了17万 m^2 众创空间，目前已入驻创业项目240多个，创业人才2100多人，各类投资基金70多家；杭州上城区玉皇山南基金小镇依托独特的生态环境，重点发展私募证券、私募期货、量化投资、对冲基金和私募股权等金融产业，目前已入驻清科集团、敦和资管、赛伯乐投资等200多家基金机构、金融企业，管理资产总规模超过1000亿元。

(二)部分特色小镇规划建设情况介绍

1.梦想小镇

梦想小镇位于余杭区仓前街道，在杭州未来科技城内，总规划面积3 km^2。2015年，市老科协组织前往参观、学习过。最初建设“梦想小镇”的设想是受李克强总理提出的“大众创业、万众创新”要求的启发。仓前有一条拥有880多年历史的古街，街上保留了章太炎故居、四无粮仓等文保单位以及一大批古建筑。保护和开发并重，将历史文化传承好，梦想小镇将“在出世和入世之间自由徜徉”作为最高指导思想，确立了“先生态、再生活、后生产”的发展理念。

2014年10月19日，梦想小镇正式开工建设。作为浙江省首批37个省级特色小镇之一，2015年3月28日，梦想小镇正式开镇运营。梦想小镇产业锁定为互联网创业和科技金融两大门类，明确了互联网创业小镇和天使小镇“双镇融合、资智融合”的发展路径。互联网创业小镇重点支持“泛大学生”群体创新创业，从事电子商务、软件设计、信息服务、集成电路、大数据、云计算、网络安全、动漫设计等互联网相关领域产品的研发、生产、经营和技术（工程）服务。天使小镇重点培育和发展科技金融、互联网金融，集中了天使投资基金、股权投资机构、财富管理机构，着力构建覆盖企业发展初创期、成长期、成熟期等各个不同发展阶段的金融服务体系。到 2016 年上半年，梦想小镇已集聚了创业项目 640 余个，引入 8 家孵化机构，创业者达到 5900 余名，新注册股权投资机构 60 余家，融资总额达 15.8 亿元，有两家企业挂牌新三板。相继组织中国（杭州）财富管理论坛、万物互联创新大会、创业先锋营、创客音乐会、浙江大学校友创业论坛等大型活动 20 余场，参加人次累计超过 8000，深受创业青年欢迎。梦想小镇规划在未来三年内集聚大学生创业者 10000 名，创业项目 2000 个；集聚基金（管理）及相关机构 300 家以上，实际资产管理规模达到 1000 亿元，金融资产总额超过 3000 亿元。

在这里，房租可以免费，Wi-Fi 可以免费，云平台也可以免费；梦想大食堂，由操刀阿里巴巴食堂的点典万喜年公司运营；创客公寓，则引入圈内爆红的小米“U＋公寓”；为年轻创业者量身定制的梦想服务大厅，装饰得像苹果专卖店，线上线下“双线并行”；还有工商等政府部门工作人员在小镇驻点服务……“我负责雨露阳光，你负责茁壮成长”，梦想小镇以无法比拟的优惠政策、雄心勃勃的阶段目标、互联网创业小镇＋天使基金小镇的路径，将杭州这座城市推到了创新创业的潮头，在风景如画的江南异军突起。

2.基金小镇

西湖往南，沿玉皇山路行至八卦田风景区，一座基金小镇与八卦田毗邻，自然地依玉皇山而建，踏入其中，像走进一座江南园林。基金小镇位于杭州上城区玉皇山南麓，北依西湖，南临钱塘江，东靠杭州新 CBD——钱江新城，西望群山，面积不过 3.2 km^2。小镇范围内有樱桃山、安家塘、甘水巷、海月水景公园、天龙寺等十大组团，主要分为四期建设项目，整体布局恰如北斗七星之形。北斗七星在中国儒道两教文化中具有很高的地位，寓意财富集聚、吉祥尊贵。这也将大大提升基金小镇的整体品位，以及对机构的吸引力和公众识别度。截至 2016 年 6 月，小镇集聚了各类基金机构 800 多家，入驻基金小镇的金融机构已成功投资和培育了 60 余家企业上市。管理资金规模超过 5800 亿元，2015 年税收超 4 亿元，

2016年突破10亿元。在浙江新兴的一批特色小镇中，基金小镇无疑是杭州城内含金量最高的小镇，是浙江省10个省级示范特色小镇之一。

基金小镇，以格林尼治小镇为样板，通过不断引进国际先进的理念和运作模式，充分运用“看得见的手”和“看不见的手”，以社会化、市场化、专业化的发展机制来运作基金小镇的招商引资，集约化引进和培育各类私募（对冲）基金、私募证券期货基金、量化投资基金及相关财富管理中介等机构。基金小镇作为杭州主城区仅有的成片规划区块，既满足了投资基金、互联网金融等新金融业态集聚发展、协同创新的需要，又特别尊重城镇化建设的规律，是杭州市乃至浙江省在“十三五”期间重点发展的金融业集聚区。

根据规划，基金小镇将建设成为全国第一的私募（对冲）基金集聚区，引进和培育100家以上、辐射带动周边1000多家各类私募（对冲）基金、私募证券期货基金、量化游子基金及相关财富管理中介机构，管理资产超过10000亿元。

3.机器人小镇

机器人小镇位于萧山经济技术开发区桥南新城，总规划面积2.37 km^2。萧山经济技术开发区管委会副主任陈兴康说，机器人小镇将着力发展一批具有自主知识产权和国际竞争力的机器人研发制造型和应用型龙头企业，加快构建集研究开发、生产制造、集成应用和售后服务于一体的产业链，努力打造全省一流、全国领先的机器人产业园。2016年年初，机器人小镇被列入省级特色小镇培育名单。

机器人小镇主力发展工业机器人，鼓励发展服务机器人，积极发展机器人关键部件，致力于打造集机器人研发设计、孵化放大、生产制造、系统集成、终端应用、展示展览、会议论坛、休闲娱乐等功能于一体的全产业链特色小镇。

机器人小镇产业集聚发展成效喜人。国际机器人四大家族中的ABB和安川都在机器人小镇设立了生产基地，引进了库卡机器人销售展示窗口、国内最大的电焊机器人企业凯尔达公司，中国重汽、娃哈哈机器人研发中心和机器人产业基地、兆丰机电、杭维柯、博雷登等一大批机器人应用示范企业都集聚在机器人小镇发展。机器人小镇以“企业＋院校”“自主＋高端”的模式推进机器人研发平台建设，先后引进浙江机器人技术与应用研究院、杭州市质量技术监督局工业机器人产业计量测试中心、上海交大杭州科技园、凯尔达机器人研究院、兆丰机电国家千人计划研究院等高端研发中心，集聚行业精英，打造一流的机器人产业研发基地。

机器人小镇积极推进“机器换人”工程，加快工业机器人在关键生产线上的规模化应用，逐步推广无人车间、物联网工厂，涌现出一批标杆企业。机器人小镇每年将实施600个以上机器换人项目，成为全国重要的“机器换人”设备提供商和服务支持商。兆丰机电成功运营无人车间，实现生产车间全面智能化，引领带动了全区装备制造业实现生产过程的全智能化。

二、特色小镇规划建设中的误区

自国家出台鼓励政策后，特色小镇建设进入了快速发展阶段，同时也出现了一些问题，有些小镇是依靠政府部门打造的“政绩小镇”，有些小镇建设“房地产化”明显，还有些小镇重“形”轻“魂”，特色小镇特色不足。课题组认为杭州在特色小镇规划建设中也应注意避免以下几个误区：

误区一：搞高强度土地开发、大拆大建

特色小镇的规划建设，必须避免这种传统的做法，必须以一种新的思路来推进，让市场在资源配置中发挥决定性作用。特色小镇的发展过程，也是政府和市场关系、市场优势与政府职能如何才能相得益彰的探索过程。政府的权力要厘清，同时扶持发展的政策和服务举措要精准灵活。建特色小镇，政策服务不能搞“大水漫灌”，而要“一镇一策”“一镇一品”“一类一策”；特色小镇的建设不能盲目克隆国外建筑，而要传承自身的文脉，重塑地方特色。没有自己的文脉，形不成地方特色，自身优势就发挥不出来，就会“千镇一面”；没有个性的小镇，只会是昙花一现，无人问津。因此，无论是从小镇的外向吸引力与竞争力来说，还是从小镇的内在成长性与持续性来说，小镇的特色就是其生命力所在。

误区二：唱“空城计”

特色小镇的规划建设，应避免唱“空城计”，不能搞“空镇”。特色小镇的建设，关键在于产业的科学规划和定位。依托特色小镇，集聚创新资源，激活创新

资源，转化创新成果，实现产业发展从资源要素驱动向创新发展驱动转变，这是特色小镇规划建设的根本。也就是说，小镇的规划建设，逻辑起点在于产业的选择，在于推进经济的发展。简言之，立足乡土、挖掘历史文化，充分用好用足自己的自然资源和人文历史资源，这是小镇特色最“原汁原味”，也最特立独行的“卖点”。

误区三：新一轮寻租

特色小镇的规划建设，应避免出现新一轮的寻租现象。建设特色小镇绝不是政府给“一顶帽子、一笔票子”那么简单的事情。特色小镇规划建设的成败，关键并不在上级给的“帽子和票子”上，而在于如何发现新的市场，打造新的资源整合平台。政府在提出特色小镇规划建设目标时，必须把眼光放到市场中去考量，要在产业定位、技术支撑、制度创新等多方面加以综合地谋划和推进，努力做到“四好”，即把科学理念引导好、产业基础培育好、技术支撑提供好、制度创新保障好。

当然，特色小镇的规划和建设，可与杭州原有产业发展基础紧密结合起来。迄今为止，杭州已经拥有13个省级以上的经济技术开发区或工业园区（含国家级），围绕这些生产力布局，已经出台一批政策和制度。这些政策和制度较好地促进了这些区域的发展，所以，思考、谋划的关键在于结合新常态，要有新思维。要梳理研究现有经济政策与制度保障，按照经济新常态战略要求，对行之有效的政策应进一步调整、完善，对不适应经济新常态的政策应终止、取消。

误区四：急功近利

特色小镇的规划和建设，应避免急功近利。特色小镇的魅力在于持续地创新。创新是现代产业发展的主要特征，创新既不是做“少数派”，不是“与众不同”，也不是“任性”，更不是以破坏生态环境为代价、生搬硬套地“造景”。特色小镇的发展，其实1～2年不能说明问题，5～10年也只能说明一定的问题，真正能说明问题的是50年，乃至100年，只有持续地创新，才能成就百年老镇，使其魅力无穷。因此，建设特色小镇还有着更深远的愿景：不仅要看得见青山、望得见绿水，还要品得到人文、摸得到时尚、记得住乡愁，让更多人才愿意留下来工作、创业和生活。

误区五：画地为牢、孤立封闭、各自为政

特色小镇的规划建设，应避免画地为牢、孤立封闭、各自为政的思路。特色小镇的规划和建设，应注重与都市经济圈的相互衔接。就长三角和浙江全省而言，杭州湾"沿湾"产业带、温台"沿海"产业带、金衢"沿路"产业带，是浙江省重点布局的先进制造业基地。这些产业布局，是杭州城市群、温台城市群以及浙中城市群互为支撑的重要体现，也是浙江省区域经济在世界第五大城市群——长三角城市群中的重要体现；作为浙江省经济、文化、科教中心，长三角中心城市之一的杭州市，也是杭州都市圈——杭、湖、嘉、绍四城市携手共建共推区域合作的增长极，借助先天的地缘相近、文化相亲优势，凸显"江南绝色，吴越经典"韵味的重要体现。特色小镇的规划建设还要以都市圈城际铁路建设为先导沿线而建。《浙江省都市圈城际铁路近期建设规划》中规划了 4 条城际铁路，即杭州到临安、杭州到富阳、杭州到海宁、杭州到绍兴柯桥。如果把杭州都市经济圈比作一条珍珠项链，那么，各类特色小镇就是镶嵌在这条项链上的一颗颗璀璨夺目的明珠。

三、特色小镇建设的对策研究

特色小镇建设是前所未有、前无古人的新生事物，必然有成长中的烦恼和困惑。特色小镇并不是一个行政意义上的城镇，而是一个大城市内部或周边的，在空间上相对独立发展的，具有特色产业导向、风景旅游和居住生活功能的项目集合体。特色小镇既可以是大都市周边的小城镇，又可以是较大的村庄，还可以是城市内部相对独立的区块和街区，其中部分服务功能可以和城市共享。特色小镇是以小镇形态为空间载体，以特色产业为核心，同业企业协同创新、合作共赢的企业社区。特色小镇崇尚"小、土、特"，力求多产融合，"跨界、融合、共享"，强调生活导向、步行导向，注重进行空间形态紧凑、功能混合、低碳、文化特质鲜明的新型城镇化路径探索。从调研情况看，有以下需要研究解决的问题：一是产业基础如何做得更扎实，二是如何避免同质化竞争，三是文化功能、旅游功能、社区功能等如何释放，四是小镇的规划布局如何更科学规范。对此，课题组建议：

1.特色小镇建设须注重特色活力和人文涵养

特色小镇要在“特”字上做足做好文章。立足产业“特而强”、功能“聚而合”、形态“小而美”、机制“新而活”和“生产空间集约高效、生活空间宜居适度、生态空间山清水秀”的“三生融合”的建设理念，须进一步做好整体推进特色小镇建设的顶层设计和规划工作，指导和鼓励各小镇的发展。小镇的发展要建立在以产业为依托的基础上，根据区域要素禀赋和比较优势，做好最有基础、最具潜力、最能成长的特色产业，做精做强主导特色产业，打造具有持续竞争力和可持续发展特征的独特产业生态；努力体现区域差异性，积极提倡形态多样性，不断彰显独特魅力；坚持稳中求进、均衡推进，切实防止照搬照抄、东施效颦、千镇一面。

2.特色小镇建设须强化要素支撑和政策扶持

(1)加强智力支撑。坚持以人为本、创新机制，以大手笔人才新政来招才引智，建立健全小镇人才激励机制，大胆让一些离退休的高知和文化人士充任小镇“诸葛亮”，可视情况设立特色小镇人才协会和特色小镇建设咨询委或院士专家工作站。

(2)增强创新驱动。营造激发企业家活力的创新环境，大力孵育更多创新主体，吸引富有竞争力的高新技术龙头企业或研发中心落户小镇；倡导支持与国内外一流的科研机构和院校建立合作关系，多为小镇提供科研技艺和排忧解难；着眼厚植双创沃土、助圆创业好梦，协调有关高校院所，增设培养特色小镇急需人才的专门学科。

(3)强化要素保障。在推进小镇建设上遇到诸如资金、技术、土地等保障问题，尽管已有相关政策，但一些特殊情况尚需特别政策，比如，为解决一些小镇的特殊困难，建议出台特色小镇专项资金补助办法。对利用留用地发展新兴产业的项目及其建设主体需有扶持政策，对老园区或老厂房转型升级的改造要鼓励支持，最好将小镇个性化设计和改造列入新型城镇化范畴。

3.特色小镇建设须完善考核机制和有效服务

(1)建立健全特色小镇考核办法。各特色小镇由于原有产业基础不同、创建时间不同，其考核评价的基础不一致，现行考核指标的科学性和可比性不够强。因各小镇产业定位不同，按照同一指标体系进行考核缺乏有效性和公平性，可综合各方面意见予以完善，如加大增量经济指标考核的比重，增加当年新入驻企业数、新增融资企业数及融资规模、新增企业税收及增长率等。视不同小镇的所处阶段、产业定位制订个性化的考核标准，对非传统产业门类的小镇增加适用于新兴产业的考核指标。同时，可适当延长小镇建设时间，防止一蹴而就、急于求成。

(2)简化重点项目建设审批流程。须深化“放管服”改革，进一步简化审批流程，减少行政干预，特别是要加大为初创期企业和创业者服务的力度。

(3)引入第三方服务机构。特色小镇自身的发展能力要强，同时要在市场竞争中葆有优势。按照“政府主导、企业引领、创业者主体”的运作方式，须营造更加公平、开放和宽松的市场营商环境，以“店小二”精神和“菜单式”模式开展精准服务；为弥补政府监管和服务不足并增强其内生动力、激发潜力，需积极引入独立的第三方，为入驻企业提供诸如要素保障、法律咨询、市场推广、技术孵化、供应链整合等专业化中介服务。

(4)用好互联网，强化市场对接。围绕“创新驱动、造福人类——携手共建网络空间命运共同体”，如何借助在乌镇连续举办的世界互联网大会成果，使特色小镇更智慧，成为小镇创新发展的助推器，需要主管部门加强对这方面的统筹和助力。

四、结束语

特色小镇是创新创业的新平台，是城市和产业发展的一种新模式。正如全国政协常委、外事委员会主任、中国工程院原常务副院长、浙江省城市科学研究会理事长潘云鹤院士在中国城市学 2016 年会上所说，特色小镇简单来说就是“高新园区＋生态生活＋文化”的一种组合模式，具有良好的城市形态，它把城市经济的智能化、城市建设的智能化有机结合在一起。目前来看，特色小镇已经很好地发挥了城市功能，如果朝这个方向坚持走下去，中国的城市发展可能会走出一条新的路子。

(2017 年 10 月)

积极研究对策　打造海绵城市

杭州市老科学技术工作者协会　朱国海　李永和
吴体智　吴子荣　詹一琴　胡玉棠

一、打造海绵城市的动因

根据国家防汛抗旱总指挥部的资料，2013 年至 2015 年，包括北京、上海、深圳、广州、武汉在内，全国平均每年有 180 座城市发生内涝灾害，2013 年达 234 座城市。

国内一些城市“遇水即涝”的主要原因有以下四个方面：(1)管网问题，城市排水系统设计标准偏低，管网排水能力弱；(2)排涝河道问题，排水管网出口处的河道排涝不畅，排水管网与排涝河道设计断面不匹配；(3)快速城市化过程中带来的问题，城市化进程中，城市规模急剧扩张，地面硬化面积扩大，改变了原有下垫面的产汇流特性，蓄水、下渗能力降低，汇流时间缩短、洪峰流量剧增；(4)城市扩张未考虑排水问题，排水管网建设跟不上城市扩张速度。

除了上述具有共性的原因，杭州还深受自然环境的影响。本项目对杭州市区内涝现状、成因进行了调查分析，对国内外治理城市内涝的经验做了梳理，并对杭州市区的内涝治理进行了有益探索，为打造海绵城市以治理内涝，避免逢雨看海现象的出现建言献策，为建设美丽杭城做出应有的贡献。

所谓海绵城市，就是比喻城市像海绵一样，降雨时能够就地或就近渗透吸收雨水，经存蓄、净化，雨水起到补充地下水的作用，在干旱缺水时，将蓄存的水释放出来，并加以利用，能起到调节水循环的作用，即采取“渗、蓄、净、用”等各项工程措施，建成一座海绵城市。

二、杭城内涝现状及成因分析

（一）杭城内涝现状

杭州全市土地总面积 16596 km^2，其中市区 3068 km^2。全市土地面积构成中，山地丘陵占 65.6%，平原占 26.4%，江、河、湖、荡、水库占 8.0%，故有“七山一水二分田”之说。

杭州市区主要河流有钱塘江（境内长 74 km）、东苕溪（境内长 96 km）、京杭大运河（杭州境内的杭申甲线长 49.21 km、杭申乙线长 39.78 km），西湖水面面积6.5 km^2。市区主要河道有中河（全长 6400 m，河宽 8～10 m）、东河（全长 4135 m，河宽 8～30 m）、贴沙河（全长 6100 m，水面宽 25～70 m）、古新河（全长 3800 m）等。

至 1985 年，杭州主城区面积为 43 km^2，雨水管道总长度为 321.76 km，排水管服务面积为 50 km^2，干管管径 380～1500 mm。截至 2013 年，主城区已建雨水管道总长度为 1578.04 km。

1984 年 6 月梅雨，受灾面积 8.5 万亩，经济损失 4200 余万元。

1996 年 6 月 30 日，遭受了 20 年一遇的特大暴雨，市区主要积水点 137 处，积水总面积为 98 万 m^2，受淹户数 3834 户，积水深度大多为 0.2～0.5 m，最深为 1.11 m。

1997 年 7 月 9 日，洪水闸口水位达 7.85 m，同年 8 月，“9711”号台风在温岭登陆，受台风影响，闸口水位达 8.12 m，均超出历史最高水位纪录，临江堤塘多处出现严重渗漏，局部段甚至发生漫顶溃决。

1999 年 6 月 30 日，杭州市从 6 月 7 日入梅到 7 月 14 日出梅，降雨量达 686.7 mm，运河水系受太湖持续高水位顶托，泄水不畅，拱宸桥最高洪水位达 3.85 m（吴淞高程 5.67 m），比 1996 年 6 月 30 日拱宸桥最高洪水位还高0.30 m。全市受灾农田面积 7.85 万公顷，其中成灾面积 4.63 万公顷，绝收面积 1.5 万公顷，因灾停产半停产厂矿企业有数十家，拱宸桥地区积水深达 0.8 m，积涝历时十几天。

2007 年 10 月 7 日，“罗莎”台风在温州苍南登陆，造成杭州市持续强暴雨，主城区河道、东苕溪水位暴涨，多个江河水位站超过警戒水位或保证水位，留下、小和山、玉皇山南等区域积水较为严重，主城区总共出现了 83 处积水较为严重的道路和小区，给市区交通带来极大影响，给市民生活生产造成巨大损失。

2013 年 6 月 24 日、8 月 19 日、9 月 13 日、10 月 7 日，杭州市分别遭受了 4 场特大暴雨的袭击，其中前 3 场为局地暴雨，最后 1 场为台风暴雨，共造成主城区 200 处道路和小区不同程度积水。2013 年 6 月 24 日暴雨积水区域相对集中，尤其是在城北的丰潭路以东、余杭塘河以北、备塘河以西、石祥路以南的区域。2013 年 8 月 19 日的降雨造成的积水点空间分布较为分散，积水的区域主要集中在立交和道路涵洞等设施，包括笕丁路涵洞、机场路与东宁路交叉口铁路涵洞、之江东路二号通道、庆春立交。2013 年 9 月 13 日，降雨的积水点分布在笕丁路涵洞、之江东路二号通道、庆春立交、南山路万松岭路口、城西银泰周边的萍水路、黄姑山路文三路口、马塍路 33 号 3 号门、环城西路白沙路口等路段和小区。2013 年 10 月 7 日，台风暴雨造成的积水点分布区域几乎涵盖整个市区，在 120 处积水点中，共有 69 处属于道路积水点，51 处属于小区积水点。此次降雨导致市区主干道路严重积水，交通大面积拥堵，对市区出行造成极大影响。

综上所述，杭州市的内涝灾害比较频繁，受灾范围较广，受灾损失相当大。

(二)杭城内涝成因分析

1.城市扩建湖荡被挤占

调查资料显示，1991～2008 年杭州城市扩展侵占林地 43.66 km^2，水面 134.41 km^2，农用地 363.36 km^2，城市西部居住空间的大幅度扩展，导致西溪湿地面积从约 107 km^2 减到约 20 km^2。

在城市化扩张的过程中，大量河道、池塘、水田等天然蓄水池被强制改变成房地产开发区。仅下城区(北部)潮鸣地区 20 世纪 80 年代以来就有 70 多个水塘被填，损失蓄水容量约 18 万 m^3。近几十年来，杭州钱塘江水面被大量挤占和压缩，钱塘江中下游河道断面几经变迁，现只有原河道宽的 1/4，潮水一来，就导致江河水位显著抬高，使潮汐的消能距离不断向上游延伸、推进，潮水的顶托强度也增大。

2. 排水系统不够健全

杭州城区的泄洪(涝)通道很单一,主要依靠管道和河道,各小区涝水经管道排入河道,再由河道排入运河和钱塘江,而运河和钱塘江的下泄受到下游水(潮)位的制约(顶托)。本来城区内涝水排泄就不畅快,而城内原有的河道、池塘、湖荡、洼地等被无序挤占,特别是土地被肆意硬化,自然径流系数成倍提升,甚至基本形成径流。

城市中一些承担着蓄水任务的区块被开发,有的地方本来是蓄水的,被开发了,降低了城市对于暴雨的调蓄能力,也打破了城市原有的自然排水系统的平衡;城市"硬底化"日趋严重,许多土地、草地、湖荡迅速被水泥路面、屋面所替代。至 2010 年,主城区(以拱墅、下城、上城、江干、滨江为主)面积为 420 km^2,而被硬化的面积为 243 km^2,约占主城区面积的 58%。城市规划设计没有形成城市建筑、道路和低洼地(水面、草地等)合理的梯级关系,无法适应水往低处流的客观规律;有些地区排涝设施建设速度跟不上地面建设的速度,有些地方甚至在雨水没有出路的区域搞建设,造成已建地段无法排水,这是发生内涝非常重要的原因。

3. 地下管网设计标准偏低

杭州城区地面高程一般为 5.0～7.5 m,不少地段甚至低于钱塘江水位和西湖常水位(7.15 m),据杭州河段水位分析,钱塘江汛期水位常达 9.0 m,导致排涝受到下游潮位影响,无法全天候排涝。运河排涝也须视下游水位的高低而定,不能随时排水。

杭州城市排水管网建设是按一至三年一遇的雨量标准设计,跟不上目前实际降雨排水的需要。杭州自然灾害比较集中,集中下雨、连续下雨,这些情况还是比较多的,而排涝设计标准偏低。在实施过程中,城市普遍采取标准规范的下限,而不是标准的上限。部分排涝站与雨水收集系统不配套,地面积水难以快速全部汇集到排涝站,有的雨水泵站还发挥不了应有的作用。

4. 排水区划分不够合理

杭州地区的地势特点是西高(山地)东低、南高(山地)北低,地面平均落差在

3 m左右，西、北、东部拥有大片低洼湿地，排放雨水应该区别对待。城外之水应在城外排放，不应进入市区（人群聚集）；外江涨水也不应进入市区，也应在城外排放；城区（相对高处）排除的涝水，不应再进入城区（相对低处）的居民生活区；在遭遇短时暴雨时，桥区周围的雨水几乎全部涌入桥下，使桥下成为重灾区。总之，城市内涝，要根据地形地貌格局定点来排除，不能把东家之水排入西家。目前杭州内涝排除的做法，是就近排入河道，而河道之水能否及时排出，就只能视河道当时的水位而定，若水位高就会出现排不出的情况。

市政府为了改善西湖水质，每日从钱塘江引入西湖的水达 30 万 m^3，排水直通运河；为改善运河水质，从 2006 年 6 月开始每周由三堡船闸从钱塘江配水 2 次，每次 2 天（36 h），流量为 30 m^3/s，大量江水流入运河水系。同年，杭州城区实施河道配水，从运河取水，流经上塘河、备塘河、和睦港，于七堡翻水站汇入钱塘江，年配水 2 亿 m^3（配水前，运河常水位 3.0 m，上塘河水系水位 4.60 m；配水后，运河常水位升至 3.20 m，上塘河水系水位升至 5.40 m，吴淞标高）。三套配水循环系统，打破了自然的水系平衡，抬高了河道水位，增加了城市内涝排除的难度。

5. 对城市安全不够重视

城市建设往往“重地上、轻地下”，忽视地下排涝设施的建设。在城市建设快速发展中，特别是城市新区，在一栋栋漂亮的现代高楼大厦下面，隐蔽的排涝系统存在先天不足问题，不少地方地面设施看看都是年轻的“姑娘小伙”，但地下管网却是“老头老太”，管网都老化；同样，由于认识不到位，多年来投入排水设施建设和维护的专项资金严重不足，排水管道、排涝闸站泵站、抽水设备等设施日常维护不到位，设施设备不能正常工作等，导致排水“肠梗阻”现象频发。

6. 应急管理机制尚不健全

应急管理机制尚不健全主要表现在：缺乏必要的应对突发事件的抢险队伍和装备，应急预案可操作性还不强，书面的东西有了，实际的操作还需要进一步加强，还存在应急抢险队伍专业性不强、应急设备配备不足，以及应急管理体制和机制还不顺等问题。

三、国内外海绵城市建设经验

1.国内经验

史料记载，在宋代之前，江西赣州城(简称虔)常年饱受水患。北宋熙宁年间(1068—1077)，刘彝在此任知州，根据城市西南高、东北低的地形特点，以州前大街(今文清路)为排水分界线，西北部以寿沟命名，东南部以福沟命名，耗时近十年修建了总长 12.6 km 的福、寿两沟，福沟排城东南之水，寿沟排城西北之水。福、寿两沟采用明沟和暗渠相结合的方式，与城区的池塘相连；并在城墙脚下开设水窗 12 间，视水之消涨，利用水力使闸门自动启闭——当贡江水位高于水窗水位时，借江水之力将闸门关闭；当江水水位低于水窗时，借水窗内沟水之力将闸门冲开。福、寿两沟均通过城墙下面的水窗，分别排入章江和贡江。据赣州史志的记载，福、寿两沟建成后，解决了江水倒灌和城区内涝的水患问题。福、寿两沟历经九百多年，一直沿用至今，成为中国城市建设史上的奇迹。公元 1087 年，刘彝因为“善治水”，被召至京师任都水丞(相当于今天的水利部副部长)。

近年来，上海、北京等地建设了多个雨水调蓄池，《室外排水设计规范》(GB 50014—2006)中也明确规定了雨水调蓄池容积的计算方法，然而，雨水调蓄池的设置并不是强制性的，而且也没有与开发建设后不透水面积的增加(即地面综合径流系数的变化)和下游受纳水体的水位变化直接挂钩。北京市专门制定了《下凹桥区雨水调蓄排放设计规范》(DB11/T 1068—2014)，有针对性地解决下凹桥区的雨水内涝问题。采取建设调蓄池、桥区周边小区下凹式绿地等综合措施，减少直接汇入桥区的雨水，大大提高了下凹式立交桥应对暴雨的能力。

2.国外经验

20 世纪 70 年代，发达国家开始建设城市雨水调蓄设施，它们治理城市的内涝经验值得我们借鉴。日本政府规定：在城市建设中，每开发 1 km^2 土地应配置 500 m^3 的雨洪调蓄池。从 60 年代开始，日本在城市建设中大规模兴建滞洪和储蓄雨水的蓄洪池，甚至利用住宅院落、地下室、地下隧洞等一切可利用的空间调蓄雨洪，防治内涝灾害，有效减少了损失。德国汉堡，为应对暴雨洪水，大规模兴建了城市地下调蓄库，并积极推广新型的“洼地—渗渠雨水处理系统”，将洼地、渗渠等设施与带有排水孔的排水管道连接成一个系统。

随着社会的不断发展，发达国家城市排水体系除雨水管道系统外，还有一个更高层面的雨水控制系统（或称内涝控制系统），它包括蓄滞洪区、调蓄水池（包含地下大型调蓄设施）、渗透铺装、渗井（坑）、下凹绿地、排水通道、草沟等设施。

欧盟国家在排水管道系统基础上，利用管道超载能力和蓄水池、渗井（坑）、下凹绿地、草沟等可持续雨水控制设施，保障在一定标准内地面不发生积水。美国将排水管道系统称为小暴雨排水系统（Minor Drainage System），在此基础上又建立了大暴雨排水系统（Major Drainage System），即利用城市开放空间、排水道路等排除超标降雨，有效控制路面积水时间、积水深度和水流速度，避免成灾。相应地，在发达国家雨水标准体系中包含了两个层次的标准：欧盟国家标准体系中同时规定了管道排水标准和大暴雨排水标准（表 1）；美国标准体系明确规定了小暴雨排水标准和大暴雨排水标准（表 2）。

表 1　欧盟 EN752 雨水系统设计标准

用地类型	管道设计标准，重现期（年）	涝灾控制标准，重现期（年）
农村郊区	1	10
居民区	2	20
城市中心、工业和商业区	2～5	30
地铁和地下通道	10	50

表 2　美国 ASCE 雨水系统设计标准

<table>
<tr><th>用地类型</th><th>小暴雨排水标准，重现期（年）</th><th>大暴雨排水标准，重现期（年）</th></tr>
<tr><td>居民区</td><td>2～5</td><td rowspan="4">100</td></tr>
<tr><td>高产值的商业区</td><td>2～10</td></tr>
<tr><td>机场</td><td>2～10</td></tr>
<tr><td>高产值的闹市区</td><td>5～10</td></tr>
<tr><td>州际高速公路和排水河道</td><td colspan="2">100</td></tr>
</table>

美国纽约州环境保护部及纽约市环境保护部制定的排水系统设计建设规范规定，小暴雨排水系统排除标准为 10～15 年一遇，特别重点地区可达 100 年一

遇;强制性要求低洼地区及下凹桥区等不能依靠自然排水地区的设计重现期为50年一遇,且用100年一遇降雨作为校核;此外,政策和法律还规定,大暴雨排水系统必须能够应对100年一遇及以上的超标降雨。

因纽约市采用合流制管道,每年约有1.14亿m^3的雨污混合水溢流进入纽约市的河道中,给纽约市带来非常严重的环境问题。为解决雨污混合水溢流(CSO),纽约市在溢流口建成4处蓄水设施,总规模达44.67万m^3。其中,于2011年建成了总投资4.04亿美元(约合人民币27亿元)的布鲁克林区(Brooklyn)蓄水设施,总容积达19万m^3,其中蓄水池和管道分别能够容纳11.4万m^3和7.6万m^3的雨污混合水,该设施可将年溢流量从684万m^3削减至210万m^3。

英国英格兰政府于2006年颁布了《英格兰规划策略第25条:开发和洪水风险》及其指导规范原则,在城市规划设计层面制订了城市防洪减灾系统的建设及其相关设施的设计标准。该规划策略规定,城市雨水管道设计重现期在不同地区和地块应有不同选择,但应基本满足30年一遇降雨不出地面的要求;而在发生大于30年一遇的超标降雨造成的城市内涝(Sueface Flooding)时,可利用空旷地区,如公园及停车场,作为暂时的蓄水场地,但应规划安排此类地区,并避免超标雨水造成重大财产损失或大量汇流进入城市重点地区;此外要求保证100年一遇重现期的超标降雨条件下人民生命财产安全。

从2000年开始,为了解决超标降雨直接排入泰晤士河而造成河道污染问题,英国伦敦泰晤士河水务公司编制了名为“泰晤士潮路”的城市水利规划,主要内容是建两根大型排水管道,即丽河(Lea River)管道和泰晤士河(Thames River)管道,用于截流沿河排水管道排放的雨污合流水,同时升级改造伦敦市5座污水处理厂,雨后再对截流的雨污水进行处理。

为了降低城市内涝及河流上游强降雨给东京带来的灾害风险,日本东京市政府开始以流域为对象综合解决排涝问题,其中最负盛名的江户川工程(首都圈外郭放水路)位于埼玉县,由日本政府国土交通省建设,于1992年开工,2006年完工,总投资2400亿日元(约合180亿元人民币)。工程主体包括总长6.3 km、内径10 m的地下管道和五处直径30 m、深60 m、单个容积约为4.2万m^3的储水立坑,以及一处长177 m、宽78 m、高25.4 m的人造地下水库,整个工程具有总储量67万m^3的蓄洪能力,同时有很强的泄洪能力。在出现强降雨天气时,城市内部的排水系统将雨水排入附近中小河流,中小河流水位上涨后溢出的洪水则进入储水立坑，储水立坑之间有大型地下管道相连，通向位于江户川的地下水库，由4台总排水能力达200 m^3/s的泵站将雨水排入江户川。

为了解决严重的内涝问题，依照《下水道法》及相关规范，日本东京市政府于2007年制定了三个防御级别：60 mm/h降雨避免严重积水，75 mm/h降雨避免房屋或地下建筑进水，历史最大降雨确保人员生命安全（114 mm/h）。此外，应对内涝还制定了三条原则：确保人员生命安全（包括地下空间），道路积水深度不超过200 mm（若超过则应采取紧急措施），为保障房屋及财产安全，积水深度不得超过450～500 mm。

法国巴黎采用的是合流制管道系统，发生超标降水时有大量雨污混合水未经处理直接排入塞纳河。因此巴黎市政府建设了11座大型地下蓄水池（同时建立了联网信息系统），总储水能力达90万m^3，以暂时存储超标雨水，待雨后送至污水处理厂进行处理。其中2009年建成的伊富利一玛色那水库位于巴黎市国家桥的脚下，是目前欧洲最大的雨水库。由于短历时强降雨可能导致下水管网排水能力暂时不足，为避免城市出现内涝，巴黎市专设“安全阀”管道，即直通塞纳河的溢洪口管道，并设有紧急情况下才会打开的阀门系统。如遇特大暴雨导致塞纳河水位迅速上涨，这些溢洪口管道会封闭以免出现河水倒灌，同时设在塞纳河岸边的专用抽水泵站将会启动以接替溢洪口管道承担排水任务。

然而，目前国内在管道排水系统基础上，尚未明确提出城市内涝控制系统概念和对应的标准。

四、建设海绵城市的对策建议

（一）统筹处理好城市布局与排水的关系

解决城市内涝的关键，是统筹处理好城市布局与排水的关系，在给予水“来、去、留”有效空间的前提下，开展城市建设和组织人们的生活生产，可以考虑从以下几个方面入手。

1.结合现状，挖掘潜力

杭州的地理环境独特，有着江、河、湖、山交融的自然环境。城区近山滨江，地势低平，防洪主要依赖钱塘江、东苕溪的堤防，排涝主要依赖水闸、泵站、河道、管网，排水通道单一，排水依靠钱塘江和运河，且受下游水(潮)位顶托影响。城区以前有众多的湖荡、河道、洼地等可容纳大量雨涝水，雨后可从容排除涝水，因此，涝灾较少。后因人为建设，大量湖荡被挤占，水域不断缩小，譬如：1973 年浣纱河改建为人防坑道，原河道改为暗渠排水；20 世纪 50 年代古新河开挖时宽度为 38 米，因沿河单位民居不断占用，至 90 年代初最窄处仅为 4 m，导致雨水(特别是持续强降雨)无歇脚(短时滞留)之地，一时宣泄不及，使逢雨看海景象成常态化。

面对目前城市扩建、地面硬化、湖荡挤占、河道缩窄等具体现状，要解决雨涝的“去留”问题，只能设法让雨涝出城之前，在合适的地方“适当延长”停留的时间。按照现行规范，杭州城区 20 年一遇排涝标准，相当于可抵御一日降雨 210 mm左右，或三日降雨 280 mm 左右。城区现有绿地约 73 km^2(不含景区)，若改成下凹式绿地，如按低于周围路面地面 0.2 m 计，可增加储水容积 1460 万 m^3(约城区 35 mm 雨量)，还不包括渗入地下的水量；杭州地区有各种湖泊水荡约106 km^2，如按浚深 0.3 m 计，可增加储水容积 3200 万 m^3(约城区 110 mm 雨量)，如按浚深 0.5 m 计，可增加储水容积 5300 万 m^3(约城区 160 mm 雨量)。若此方案得以实施，杭城的排涝效果是相当可观的，将显著降低城市内涝的灾害程度。

2.老城改造，新城建设

老城改造、新城建设应区分对待。老城以增加绿色设施，使雨水可渗透地面，增强下垫面下渗和蓄水能力；新建城区尽量不改变区域原有产汇流特性。具体措施有：(1)加强新型排涝措施研究(如路面排涝研究)，多途径扩展行洪通道，切实提高城市排涝能力；加强城市河湖水系排涝能力研究，恢复、提高河湖水系的排涝能力。(2)工程措施与非工程措施并重，重视蓄、排建设的同时，提高基础设施的耐淹性，允许适度淹没(淹没水深、受淹历时)。(3)城市排水系统统筹规划与城市发展规划相协调，不能只顾眼前的经济利益，要用长远发展的眼光规划、建设城市防洪排涝体系。(4)新建开发区解决好渗、蓄、排问题，老城区改造做好蓄水池建设及局部渗水设施改造(雨水花园、透水路面、蓄水池建设)工作，多截留雨水，降低排涝压力。

3.统筹兼顾，综合规划

由于城市建设涉及多个部门，需要由规划、水利、城建、市政等部门联合编制用地竖向规划、防洪排涝规划及雨水系统规划，统筹安排道路、防洪排涝设施及雨水系统、排涝河道建设，改变以往城市基础设施建设中，就地块论地块、就路论路、就排水管网论排水管网的不良倾向，彻底解决城市基础设施建设中系统性差、道路走向与排水系统不协调、投资浪费等问题。应由各部门协调进行综合规划，对城市内河及下水道的现状进行全面普查核算，分析其应对城市内涝的能力水平，对超过城市现有排涝能力的涝水或极端天气降水，要研究采取合理可行的解决办法和具体措施，从源头上减少产生内涝的隐患。

4.分区治理，成效显著

应根据杭州自然环境特点，分区治理内涝，城外涝水和城内涝水分别解决，避免发生风险转移(在市区内)。清宣统二年(1910)《浙江省城图》记载："杭城西高东下，南高北下，高下相悬之处以坝为用，浙西水利图考所说尚未尽核。今按，庆春门内土桥长生坝(位于横河上)，以遏沙河之水，漫不入城，而北趋，内水涨仍可溢坝而出；新横河坝(位于梅东高桥与艮山门之间)防中河之水尽泄也；城外龙口坝，以遏江潮，而蓄内水；城河之出，凤山、候潮两水门，而下驶者，以永昌坝(位于通江桥东，城外贴沙河上)节宣之；会安坝(位于艮山门外上塘河上)以遏沙河来水，使折而入余家桥(位于城东北角外贴沙河与上塘河交汇处)，趋上塘河，此与永昌坝，皆遇水涨仍可溢过；猪圈坝、草坝(均位于武林门北)，以遏城河之出武林门者，使不再入艮山门；石灰坝、德胜坝，以遏施家、密驼两桥北流之水，而不使下泄；新河坝，以节宣西湖水之出圣塘诸闸者。"当时的城市建设者妥善地处理好了水"来、去、留"的问题，值得今天的杭州管理者借鉴。近日，《杭州市海绵城市专项规划》获市政府批复，对各城区实施分期、分批建设，采取各种雨水渗透和蓄滞措施，相信必将取得良好的排涝效果。

5.运用法律手段，确保持续发展

美国将城市排水列入法律，各个州都实施《雨水利用条例》。条例规定，新开发地区的雨水流量，不得超过当地开发前的水平，这就意味着各地政府必须从排水设施上着手解决这一问题，用这种方式“强迫”各地政府增加对市政排水设施的投入，从而确保城市持续发展，安全风险不会因城市的发展而增大。近年来，国内多地以立法形式要求新建、改建小区必须设置相应容积的雨水调节池。调节池中储存的雨水在洪峰过后排入河道，或作为绿地浇灌和城市清洁等用水。为保障城市水环境质量，新建排涝设施（例如地下大型调蓄水池）应充分结合城市污水处理厂及初期雨水污染控制、合流溢流污染（CSO）控制等措施，以确保城市持续发展。

（二）建设海绵城市样板区

1. 杭州建设海绵城市的优势

建设海绵城市，杭州具有诸多优势。其一，杭州具有完整的山、水、田、林的立体生态环境，这为杭州增添了自然韵味和人文内涵。其二，杭州有丰沛的雨水资源，年平均降水量为 1553.8 mm，水资源总量平均为 61 亿 m^3，其中地表水资源量 58 亿 m^3。其三，杭州地跨钱塘江、太湖两大流域，河网密布，大小河流有 2000 多条，而河流是陆地表面宣泄水流的通道，是自然环境的重要构成要素。其四，“五水共治”打下了建设海绵城市的良好基础。2013 年以来，在省委、省政府领导下，我省以治水为突破口，推进转型升级，通过治污水、防洪水、排涝水、抓节水、保供水的五水共治，实现了人水和谐的美丽浙江战略目标，为城乡发展构建了坚实的水利保障。上述优势为杭州建成大海绵格局提供了基本条件。

2. 建设规划

根据《杭州市海绵城市专项规划》，2020 年、2030 年杭城将分别有 25％、80％的城区达到海绵城市的建设目标，2040 年将全面达到海绵城市的建设目标。杭城建设海绵城市的规划范围，包括上城、下城、拱墅、西湖、江干、滨江、萧山、余杭、富阳九个区块，总面积达 4876 km^2。

3. 首个海绵样板区块的建设

通过相关方案的设计和比选，结合老城区改造工程，将率先在下城区进行海绵样板区块的建设，该区块位于三塘地块，集学校、公园、河道、道路四位于一体。通过 20 余个项目建设，改善该区域的河道水质，提升雨水收集利用率，以解决老城区的积水观海现象。

首个海绵样板区块建设主要包括三项工程:(1)在三塘启正九年一贯制学校项目中,将建设下凹式绿地,其比一般地面低 10～15 cm,让雨水慢慢渗透,发生大暴雨后,雨水会沿着植被浅沟快速排走,雨水经过土壤和植被时,借助植物的修复作用以减轻污染,让整个校园成为一个会"呼吸"的生态环境。该项目是今年下城区重点推进的第一个海绵城市工程,总用地面积约 6.9 万 m^2,规划在 2019 年建成。(2)下城区在今年 4 月推进城北体育公园改建工程,增加了植被绿化面积,对地面铺装加入透水性材料,以增加排蓄功能。(3)今年在三塘区块新建的道路工程中,也同步采用透水铺装材料,不仅可以增加蓄水量,提高渗透速率,过滤雨水中的污染物,以渗水补充地下水,实现海绵技术"渗"字功能,在干旱季节还可将蓄存的水释放出来,发挥调节水循环的作用。下城区率先打造的"海绵样板区块",是一个体量可观、联片成网的海绵体,目前在杭州尚属首个。

五、结束语

习总书记的十九大报告共有十三个部分,其中第九部分是"加快生态文明体制改革,建设美丽中国"。杭州有着得天独厚的生态文明、绿水青山的天然景观,杭州人民在推进社会经济发展的同时,更要不断提升城市品位,全面打造建设"海绵城市",彻底改变逢雨看海的局面,让杭州成为国际旅游城市、国际会议中心,把杭州建设得更加美丽。

(2017 年 10 月)

余杭临平城区五水共治的建议[①]

余杭区老科学技术工作者协会

水是生命之源，是发展之根，是城市之血脉。治水，是一个朴实而久远的命题。因水而兴的余杭，城区内河网密布，是典型的江南水乡。但是随着经济的发展和人口的集聚，越来越多的污染物排入河道，造成区域内严重的功能性缺水，加强五水共治迫在眉睫。4 月 20 日，余杭区老科学技术工作者协会会长张炳火、老领导程德鑫与工业组俞从钧等一行 10 余人，走访调研了浙江亿康环保工程有限公司，听取了该公司在科技治水方面的优势及项目介绍，交流探讨临平地区的水质特点及治理预案措施。

一、临平城区水质现状

根据《余杭环保》交接断面水质监测报告中临平区域 22 个水质监测点的监测数据，临平城区河道水质基本为劣Ⅴ类，达不到功能目标要求。

表 1　临平城区主要河流水质监测结果

镇乡街道名称	河道名称	监测点位						功能目标要求
		入境点			出境考核点（或中间考核点）			
		监测项目			监测项目			考核点现状类别
		COD_{Mn}	氨氮	总磷	COD_{Mn}	氨氮	总磷	
东湖街道	双林港	双林港丁塘大桥			双林港新 320 国道桥			Ⅲ
		18.40	19.80	11.400	11.80	8.18	4.140	劣Ⅴ

① 本文原标题为“关于余杭区临平城区五水共治建议”。

续 表

镇乡街道名称	河道名称	监测点位						功能目标要求
		入境点			出境考核点(或中间考核点)			
		监测项目			监测项目			考核点现状类别
		COD_{Mn}	氨氮	总磷	COD_{Mn}	氨氮	总磷	
	邋遢港	梅堰小区18幢西小桥			二号桥			Ⅳ
		15.00	16.70	1.870	6.80	3.74	0.406	劣Ⅴ
南苑街道	赭山港	幸福闸			人民广场桥			Ⅲ
		14.10	3.14	1.240	7.68	4.10	0.692	劣Ⅴ
	乔司港	方桥海王桥			分水墩闸站			Ⅲ
		7.28	4.84	1.000	6.72	2.86	0.453	劣Ⅴ
	王家畈港	/			西渠河闸站			Ⅲ
		/	/	/	6.32	2.47	0.292	劣Ⅴ
	洋头坝港	/			新杨桥			Ⅲ
		/	/	/	10.40	6.79	1.460	劣Ⅴ
星桥街道	上塘河	三义村			保障桥			Ⅳ
		6.32	6.92	0.842	5.44	2.06	0.239	劣Ⅴ
	和睦港	上塘河天都城交接处			万乐村西(临丁路桥)			Ⅳ
		5.92	3.03	0.388	5.04	2.43	0.271	劣Ⅴ
	打铁桥港	/			打铁桥港老320国道桥			Ⅳ
		/	/	/	5.56	1.52	0.140	Ⅴ
运河街道	运河干流	龙光桥			大麻			Ⅲ
		4.32	1.61	0.346	4.50	1.62	0.367	Ⅴ
	亭趾港	陆水湾港口			金锁桥			Ⅲ
		7.28	4.62	0.600	7.36	4.64	0.519	劣Ⅴ
	禾丰港	三角渡			繁荣桥			Ⅲ
		8.80	1.33	0.429	6.40	1.57	0.318	Ⅴ
乔司街道	和睦港	万乐村西			冯金桥			Ⅳ
		5.04	2.43	0.271	4.96	5.67	0.692	劣Ⅴ
	乔司港	外乔司杭海路桥			方桥海王桥			Ⅲ
		15.70	15.50	1.930	7.28	4.84	1.000	劣Ⅴ

续　表

镇乡街道名称	河道名称	监测点位						功能目标要求
		入境点			出境考核点(或中间考核点)			
		监测项目			监测项目			考核点现状类别
		COD_{Mn}	氨氮	总磷	COD_{Mn}	氨氮	总磷	
	月牙河	/			德胜路南			Ⅲ
		/	/	/	6.08	9.22	1.280	劣Ⅴ
	方桥港	/			方桥			Ⅳ
		/	/	/	7.68	7.34	1.390	劣Ⅴ
余杭经济开发区	禾丰港	一号桥E世纪家园			三角渡			Ⅳ
		8.48	11.50	1.170	8.80	1.33	0.429	劣Ⅴ
	新颜港	振兴东路杨树桥			陆水湾港口			Ⅳ
		6.08	2.90	0.281	7.28	4.62	0.600	劣Ⅴ
	邋遢港	二号桥(星光街)			横塘港闸站			Ⅳ
					6.72	4.44	0.439	劣Ⅴ
					杨树河北港闸站			Ⅳ
		6.80	3.74	0.406	5.52	3.80	0.458	劣Ⅴ
	小林港	小林港新320国道桥			小林港荷禹大道桥			Ⅳ
		7.04	2.96	0.388	6.24	2.43	0.387	劣Ⅴ
	陆水湾港	横塘港闸站			陆水湾港东湖北路桥			Ⅳ
		6.72	4.44	0.439	7.20	5.80	0.649	劣Ⅴ
	叶家桥港	/			叶家桥港星火闸站			Ⅳ
		/	/	/	9.28	3.53	0.586	劣Ⅴ

二、临平城区水污染成因分析

(1)优质水源缺乏。地理位置原因，临平城区优质水源缺乏，入境点来水的水质基本为劣Ⅴ类。

(2)截污纳管设施不够完善。临平城区污水管网有待进一步完善，特别是原老城区区块，目前仅星火南路(邱山大街至星光街)、九曲营路(东湖中路至红丰路)、木桥浜路(邱山大街至北大街)等道路实施了截污纳管工程,还有大量生活污水未纳入市政污水管网,直接就近排入水体,导致水体水质变差。

(3)水流不畅影响水体自净能力。为满足防洪的需要,河两端及沿河设置了许多泵、闸,用于控制河水流向和流量,使得原本通畅的河水与周边水体交换过程被人为阻碍,导致水流不畅、水体自净能力降低。

(4)农业面源污染。尽管区政府已经采取了畜禽禁养、肥药双控、农村生活污水治理等措施,但尚存未覆盖点,一遇暴雨冲刷污染物就直接流入河道,加剧河道水体污染。

三、水体生态修复目标

根据区委办《关于全面推行"河长制"的实施意见》(〔2013〕133 号文)中所提要求,到 2015 年年底,全区水环境污染问题得到有效治理,水生态修复能力不断提升,水环境质量明显改善。中部平原河网河道水质达到或优于Ⅴ类,力争70%的主要河道达到Ⅳ类及以上水质;东部平原河网河道全部消灭劣Ⅴ类,稳定达到Ⅴ类水质标准,力争 40%的主要河道达到Ⅳ类及以上水质;主要出境断面水质达到市考核要求。到 2020 年,全区主要河流水质全部达到功能区水质要求,实现"小河清,大河净"的目标。

四、河道修复建议

河道治理有多种方法,从技术方面来看,主要有:(1)化学方法。采用加入化学药剂杀藻、加入铁盐促进磷的沉淀、加入石灰脱氮等方法,但这些方法易造成二次污染。(2)物理方法。通过疏挖底泥、机械除藻、引水冲淤等来达到修复的目的。(3)生态修复方法。通过人工干预,重建水生态循环系统,利用自然界自身的净化能力修复被污染水体。从空间利用来看,主要有:(1)原位修复法。在原有河道内进行处理,无须增加用地。(2)旁路处理法。在待修复河体旁边建设处理设施,再将修复后的水注入需修复水体。

坐落于塘栖工业开发区的浙江亿康环保工程有限公司是一家较早专注于水生态修复系统研发的高科技公司,是参与"国家水体污染控制与治理重大专项——入湖口污染物削减与水生态修复技术示范”重大课题的唯一民营企业，拥有六项国家发明专利。2016年该公司设立院士工作站，重点针对我国城市河道治理过程中存在的治理成本较高、效果往复、易造成二次污染、修复后生态系统稳定性差等问题，在控制外援输入基础上，从有效重建水体生态系统的技术瓶颈入手，利用微纳米曝气复氧、固化微生物缓释和增殖以及水生态立体修复等三大核心技术，充分发挥工作站的人才、技术、研发等资源优势，推动技术团队向技术服务平台转变。

近年来，浙江亿康环保工程有限公司先后承接了衢州市龙游县芝溪等98.7 km河道、西溪湿地国家森林公园、超山国家级风景名胜区、运河支河圆满河等项目的治理任务，劣Ⅴ类河道和湖泊水体经过该技术体系修复后各项指标均达到地表水Ⅲ类水、Ⅳ类水水质标准，部分指标甚至达到了Ⅰ类、Ⅱ类水水质标准。

余杭区老科学技术工作者协会通过对该课题的调研，提出如下工作建议：

(1)建议邀请亿康环保工程有限公司院士工作站王浩院士为区政府做专题讲座。王浩院士是国内知名水利、环保专家，2016年受上海市韩正市长邀请，为上海市250多名处长以上领导做讲座，据说反响颇好。同时，建议区政府组织有关部门负责人赴“五水共治”有成效的地区(如浙江省龙游县等)考察、学习，听取当地政府部门对治水项目的介绍和评价。

(2)鉴于余杭全区水域面积较大，建议以临平城区作为治理试点。临平城区河道总长约69 km，平均宽度8～35 m，水体总面积106.29万m^2，是全区“五水共治”难度最大的区域。在临平城区治理见效的基础上，以点带面在全区铺开推广。

(3)科技优先，标本兼治。鉴于治水工程的复杂性，建议采取科学、先进的原位生态修复方案，通过控制内源污染，微纳米复氧，人工造流，生物控污，生物控藻，投放底栖动物，种植挺水、浮水、沉水植物等技术措施，建立起稳定的人工生态系统，实现人工生态体系向自然生态体系的演替，恢复水体生物多样性，并充分利用自然系统的循环再生、自我修复等特点，实现水生态系统的良性循环，从而达到水体修复的目的。

(4)加大一次性投入，降低运行总成本。原位生态修复相较引配水方案具有处理效果好、无二次污染、可稳定达到Ⅳ类水水质指标等优势。虽然初期投资较大，但从长时间（≥6 年）运行来看，日后运行维护费用低，因此原位生态修复总体投入远低于引配水投入。因此，建议加大一次性财政投入力度，提高治水效率。

（5）鉴于水处理治理与验收评价的特殊性，建议有关部门创新与改进针对水环境治理的项目招投标方法、资金支付方式，以检测达标为验收标准，合格后付款。

（2017 年 10 月）

余杭区委副书记王进批示

对《余杭毒品违法犯罪综合治理的对策研究》《余杭“智慧医疗”实施情况调查报告》《余杭生态循环的种养结合生产模式的调查与建议》《余杭家长学校近三年办学状况调查报告》《余杭临平城区五水共治的建议》五篇调研报告，2017 年 10 月 20 日，余杭区委书记王进做了批示：“区老科协注重发挥自身优势，克服各种不便，围绕区委区政府中心工作开展调查研究，成效明显，精神可嘉。这五个调研报告针对性强、内容详实、质量较高，提出的建议立足余杭实际，可操作性强。报告可送相关部门研阅，结合实际消化、吸收、借鉴，助推工作。”

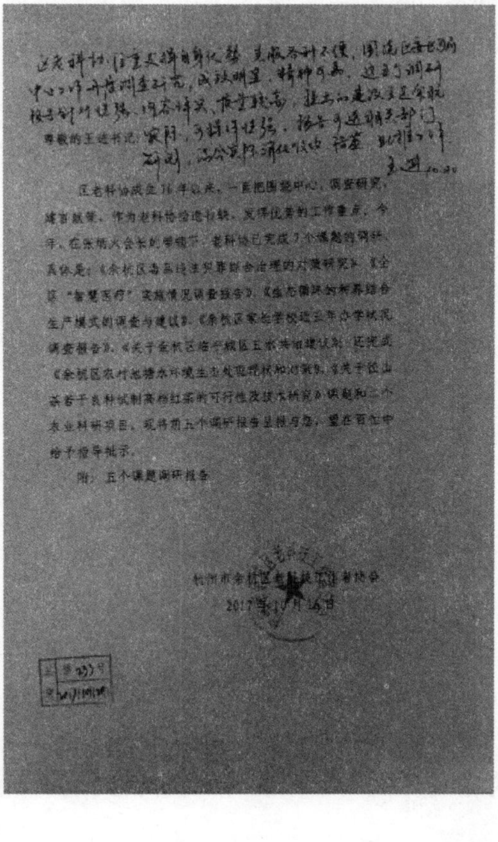

尊敬的王进书记：

区老科协成立15年以来，一直把围绕中心、调查研究、建言献策，作为老科协的主要任务、发挥优势的工作重点。今年，在朱炳火会长的带领下，老科协已完成7个课题的调研，具体是：《余杭区毒品违法犯罪综合治理的对策研究》《余杭“智慧医疗”实施情况调查报告》《生态循环的种养结合生产模式的调查与建议》《余杭区家长学校近三年办学状况调查报告》《关于余杭区临平城区五水共治建议》，还完成《余杭区农村池塘水环境生态处理现状和对策》《关于径山茶若干良种试制高档红茶的可行性及技术研究》课题和二个农业科研项目。现将前五个调研报告呈报与您，望在百忙中给予指导批示。

附：五个课题调研报告

杭州市余杭区老科技工作者协会

2017年10月16日

江南新城水系整治及品质提升的思路

富阳区老科技工作者协会农林水组

一、调研背景

根据杭州市富阳区第一次党代会提出的全面深入实施“十三五”规划，全力融入杭州大都市，高水平全面建成小康社会及今后五年经济社会发展的指导思想、奋斗目标和主要任务，围绕“三看四态”中的“城市发展向南看，全面建设富裕阳光的新型城区”这一目标，富阳区水利水电局组织有关专业技术人员，对江南新城建设中需要配套的水系整治及提升工作进行实地调研、分析和论证，综合结论为：江南区块的现有防洪、排涝、水生态、水系布置等方面的建设尚不能满足城市发展的要求。这次调研为江南新城建设总体规划与水利防洪要求有机统一，提供了一系列水利专项基础调查数据，提出了一条水利工作思路，供区委区政府和总体规划部门决策时参考。

根据江南区块的地理、水文以及社会经济条件，提出整治提升的五个具体目标：

(1)建立牢固的防洪体系；

(2)建立通畅的排涝体系；

(3)建立协调的水循环网络；

(4)打造“美丽生态洋浦江”亮点工程；

(5)形成高标准沿江、沿河、沿渠生态景观带。

二、调研范围及现状

本次调研范围为富春江南岸平原区，涉及春江街道、大源镇、灵桥镇，总面积约 35 km^2，地形地貌为冲积平原，海拔高程 7～15 m。

所调研的区域水面面积约 6.15 km^2，其中富春江水面面积为 4.7 km^2，洋浦江、大源溪、小源溪、中心渠等区块内河道水面面积为 1.45 km^2，水面率为 4.5%。主要水系可归纳为“两江两溪十二浦”。

(1)“两江”为富春江、洋浦江。富春江西起春江街道太平村，东至杭千高速，全长 14.3 km，江面宽在 300～1100 m 之间。洋浦江全部位于春江街道范围内，全长 4.1 km，江面宽 75～128 m，河底高程一般在 3 m 以上。

(2)“两溪”为大源溪、小源溪。其中，大源溪河道长 5.08 km，面宽 46～90 m，河底高程 0.5～3.8 m；小源溪河道长 2.8 km，面宽 30～90 m，河底高程 2.9～4.5 m。

(3)“十二浦”包括大沙渠、南峰渠、红渠、中心渠、沙田浦、永济浦、南浦、震龙浦、六一浦、三角潭、大浦、小浦，共计 12 条主要排水渠道。上述排水渠共长 12.5 km，两岸堤防共长 25 km。这些排水渠道的堤防工程除三角潭、大浦和小浦外，其他均已经过整治，堤顶高程大多已达到 20 年一遇标准。已建护岸大多为浆砌石护岸，缺乏亲水性和生态性，护岸内缺乏绿地。未整治段河道均为土质岸坡，岸坡坍塌、岸顶狭窄、河道淤积、杂草丛生，景观性差。

三、水系整治及提升思路

1. 建立牢固的防洪体系

(1)富春江防洪。调研范围所涉富春江干流堤防有：春江堤(长 4.7 km)、春江堤太平段(长 1.4 km)、灵桥堤(长 2.7 km)。上述堤防已纳入浙江省“独流入海”项目整治，实施标准均为 20 年一遇。局部堤段由于与道路规划存在一定矛盾，暂未实施，仅完成护岸部分。

根据城区防洪标准划分，远期标准应达到 50 年一遇。因此，对于江南区块后期建设标准按 20 年一遇还是 50 年一遇执行，建议进行专题会议讨论确定。

(2)区内山洪防治。山洪所涉河道主要有大源溪、小源溪、红渠、南峰渠、大浦、亭山渠、万仙渠以及相关的太平沿山渠、山建溪、观坞沿山渠等。

根据对保护区影响的大小，以及建设推进的快慢，设防标准如下：

红渠、亭山渠、万仙渠这三条山洪渠道位置相对集中，山洪会直接进入春江街道核心区，为保障拟建的秦望过江隧道安全运行，因此采用50年一遇标准。

其余溪道、渠道相对而言影响范围较小，且经济发展和城建推进尚需时日，因此采用20年一遇标准。

各河道现状及初拟整治措施见下表：

表1　山洪河道整治情况汇总表

序号	河道名称	起点	终点	汇流面积（km^2）	河道长度（km）	现状宽度（m）	现状标准（年）	远期标准（年）	初拟整治措施
1	大源溪	塔堰村	富春江	139	6.3	46～90	20	20	景观绿化
2	小源溪	杭千	大源溪	41	3.3	30～90	20	20	景观绿化
3	红渠	杭千	富春江	13.9	1.6	7～12	20	50	拓宽加高，绿化
4	太平沿山渠	太平村	红渠	1.2	2.1	3～7	10	20	拓宽
5	山建溪	山建村	红渠	7.3	4.5	5～9	5～10	20	拓宽、加固
6	南峰渠	南峰村	富春江	6	1	3～6	5～10	20	拓宽、加固
7	大浦	杭千	富春江	8.8	1.3	7.5～25	10	20	清淤、加固、景观绿化、新建观坞口节制闸
8	观坞沿山渠	白水坑	富春江	6.8	3.3	3～10	5～10	20	拓宽、加固、新建观坞口节制闸
9	亭山渠	亭山水库	中心渠	4.3	2.2	3～6	5～10	50	结合秦望隧道路线进行拓宽，向北延长至洋浦江，景观绿化
10	万仙渠	万仙肚塘坝	中心渠	2.3	3.8	3～5	5～10	50	拓宽、景观绿化

2.建立通畅的排涝体系

排涝体系建设包括三个方面：一是排涝标准的确定，二是河道水面率及河道调蓄容积的确定，三是排涝站建设。

(1)排涝标准的确定。目前富阳各新开发的区域，如场口新区、东洲新区，采用的排涝标准为20年一遇一日暴雨一日排除。

江南区块是富阳最重要的新城，为保障过江隧道这一重大项目的安全运行，建议排涝标准采用50年一遇一日暴雨一日排除。

(2)河道水面率及河道调蓄容积的确定。涉及排涝的河道有洋浦江、中心渠等,内河现状水面率约为4.5%,随着城市建设推进,下渗面积缩减,更需扩大河网面积,用于滞蓄涝水。

初步测算,区域内河拓宽后,水面率需提高到7%～8%,该项措施需新增占用土地面积1500～2000亩(现状河网占地约2400亩),因此在土地利用规划时应预留足够的空间。

此外,调蓄设施的建立,可采用"海绵城市"建设理念,采用地下蓄水设施,可在一定程度上减少地上空间的占用,提高土地利用价值。

河网布置方案见下表。

表2　排涝河网水系布置汇总表

河道名称	现状			整治后			
	河长 (km)	面宽 (m)	河底高程 (m)	河长 (km)	面宽 (m)	河底高程 (m)	初拟整治措施
洋浦江	4.1	75～128	1.85～3.6	4.1	75～128	1.85～3.0	河道护岸修筑、河道疏浚、两岸绿化,新建上洋浦江闸,新建洋浦江双向泵站,加固洋浦江老闸
中心渠	5.6	24	2.5～3.2	5.6	30	2.2～2.9	河道疏浚、两岸绿化、改建新洋浦双向站
永济浦	2	8～12	2.0～3.0	3.5	15	1.7～2.7	河道拓宽、河道护岸修筑、河道疏浚、两岸绿化、扩建永济排涝站
南浦	1	8～12	2.0～3.0	1	20	1.7～2.7	河道拓宽、河道护岸修筑、河道疏浚、两岸绿化、扩建南浦排涝站
南峰渠	0.5	4.5～6	4.0～5.0	0.5	6	4.0～5.0	扩建南峰排涝站
大沙渠	1.2	7.5～12	4.0～4.5	1.2	15	4.0～4.5	扩建大沙排涝站
三角潭	1.5	20～28	2.5～3.0	1.5	20～28	2.2～2.7	河道护岸修筑、河道疏浚、两岸绿化、扩建三角潭排涝站
六一浦	4.2	5.5～15	3.5～4.5	4.2	10～20	3.2～4.2	河道拓宽、河道护岸修筑、河道疏浚、两岸绿化、扩建六一排涝站和下郎双向站

续 表

河道名称	现状			整治后			
	河长(km)	面宽(m)	河底高程(m)	河长(km)	面宽(m)	河底高程(m)	初拟整治措施
沙田浦	1.8	8～10	3.5～5.0	1.8	10	3.2～4.7	河道拓宽、河道护岸修筑、河道疏浚、两岸绿化、扩建西闸排涝站
震龙浦	2.5	5.5～15	4.0～5.0	2.5	10～15	4～5	河道拓宽
大浦	1.3	7.5～25	0.5～4.5	1.3	15～25	0.2～4.2	河道拓宽、河道护岸修筑、河道疏浚、两岸绿化、扩建新建排涝站
小浦	1.8	5～15	2.0～4.5	1.8	10～15	1.7～4.2	新开河道、河道护岸修筑、两岸绿化
新震龙浦				4	20	2.0～2.5	新开河道、河道护岸修筑、两岸绿化、扩建震龙排涝站、扩建西塘排涝站
南浦延长段				3	20	2	新开河道、河道护岸修筑、两岸绿化、新建节制闸
亭山渠				3	20	2.0～2.5	河道拓宽、河道护岸修筑、两岸绿化
中心湖				新开湖泊，面积 10 万 m^2，湖底高程 2.0m			

(3)排涝站建设。调研范围内现有排涝泵站 16 座，排涝总流量24.4 m^3/s，合计装机容量 2085 kW。水闸 18 座，除下洋浦江新闸和下洋浦江老闸外，其余水闸均与排涝泵站结合。

这些排涝闸站由于建设年代较久远，且当时主要为解决农田排涝而建设，故排涝能力均较小，随着区内城镇化的发展，这些排涝闸站的规模越来越难以满足排涝要求。

且这些排涝闸站的日常管理维护相对较差，多个泵站进水口处淤积非常严重，甚至有个别排涝站的进水口已完全被淤泥阻塞(如南浦、永济和联合排涝站)。

表 3　现有泵站规模一览表

序号	泵站名称	所在河道	装机容量	设计排涝流量(m^3/s)
1	永济排涝站	永济浦	55 kW 一台 130 kW 一台	2.05

续　表

序号	泵站名称	所在河道	装机容量	设计排涝流量(m^3/s)
2	南浦排涝站	南浦	260 kW 一台	3.0
3	大沙排涝站	大沙渠	55 kW 两台	1.1
4	新洋浦排涝站	中心渠	155 kW 两台	4.0
5	南峰排涝站	南峰渠	55 kW 一台	0.72
6	六一排涝站	六一浦	85 kW 两台	2.0
7	下朗排涝站	六一浦	30 kW 一台	0.35
8	胜建排涝站	大浦	155 kW 两台	4.74
9	西闸排涝站	沙田浦	80 kW 两台	1.5
10	三角潭排涝站	三角潭	55 kW 一台	0.55
11	联合排涝站	灵桥镇	55 kW 一台	0.55
12	董家桥排涝站		55 kW 一台	0.55
13	姜家桥排涝站	小源溪	55 kW 一台	0.55
14	西塘排涝站		55 kW 两台	1.1
15	震龙排涝站		55 kW 一台	0.55
16	浦东排涝站		55 kW 两台	1.1

下一阶段将对上述排涝站进行进一步分析，结合排水分区、配水布局、土地利用分区等情况，进行站点布局和排涝流量分配。根据总体水面率和排涝标准进行初步测算，扩容和新建排涝站总装机容量约 7000 kW。

3.建立协调的水循环网络

“流水不腐，户枢不蠹。”由于平原区河道的流速较慢，一般不存在冲刷问题，但河道易淤积，水质自净困难。上述“十二浦”除大源溪、小源溪在枯水期仍有一定径流外，其余河网在枯水期几乎为死水，水质较差。

解决该问题，一方面要对源头进行控制，削减污染源，另一方面要进行生态调水，让整个水体连通并流动起来，定期置换新鲜水体。

前期富阳主城区完成了配水工程，目前东洲街道小范围内实施了调水换水措施，取得了一定效果。

在总结上述已有经验的基础上，合理规划调水分区、调水源头、调水流量，以减少重复建设，降低运行成本。

具体措施有：

(1)新建洋浦江上闸站，新建中心渠西端闸站，两站均采用双向流道泵站，换水、排涝一体化；

(2)新建相关配水节制闸；

(3)利用原有较大的提水泵站——太平翻水站，该泵站主要功能为供给工业园区生产用水，随着产业结构调整，提水量和提水时间可进行协调，部分用于调水所需。

4.打造“美丽生态洋浦江”亮点工程

洋浦江为江南区块最大的内河，距离主城区最近，主要水利功能为排涝调蓄，长度约 4.1 km，江面宽 75～128 m，现状河底高程一般在 3 m 以上，淤积严重，两侧景观较差。

考虑其地理位置和地貌特征，建议将其打造成为富阳过江后的第一条景观带，使得从富春江大桥或秦望隧道进入春江街道后，映入眼帘的是一条美丽生态的绿带。洋浦江从单一排水的功能定位，提升为现代新型城区中的生态休闲景观河道，成为江南区块水利工作的第一个亮点。

具体措施：河道清淤疏浚、生态护岸建设、新建上游双向闸站、新建下游闸站、配套沿线绿化景观带。

5.形成高标准沿江、沿河、沿渠生态景观带

除洋浦江外，其余整治、新开河道，均应突出生态性和景观性，摒弃硬化砌石方案，落实生态河道建设理念。

植物配备应遵循“保护原有植被、适地适树、多样性、师法自然、可持续发展”的原则。水下及近岸部分应满足水生植物和两栖动物生存的要求。

在居民活动区及道路外侧，种植垂柳、爬藤月季，与香樟、桂花、夹竹桃、山茶花等，形成四季交替、层次丰富的植物景观。

在工业集中区域，种植耐受性强的植物，如桑树、木槿、冷杉、白玉兰等，同时应对土壤加以人工干预，改善植物生长条件，促进生态恢复。

四、对规划工作的建议

进一步与区域其他相关规划进行协调统一，由规划部门统一出台整体的城市建设规划，再与各部门明确分项规划标准，如水利、国土、交通等，以便建设时有据可依。

（2017 年 10 月）

对农村环境的调查与思考

建德市老科技工作者协会农业组

一、农村环境保护的出路

“户富、村贫、垃圾多、环境窘”是当前我市农村面临的现实问题，是一个热点问题、难点问题，也是这些年市委市政府和各级领导关切的问题。面对难题，如何破解？

寿昌镇桂花村实施“科学划片、片长牵头、骨干监督、家家管护、人人参与”的创新措施，开展清洁乡村垃圾分类取得了成效。它告诉人们：理念引领行动，方向决定出路，只要走进人民群众中，办法总比困难多。农村环境保护重任应该由全体村民共同担当，农村环境保护方案应该由全体村民共同讨论确定，农村环境污染问题应该由全体村民共同治理，农村环境保护工作应该由全体村民共同承担。我市杨村桥镇与之不谋而合，在各村划片开展清洁乡村垃圾分类工作并取得了成功。建议在市相关乡镇扩大“村级片长制”试点，取得成熟经验，在全市推广。

二、农村环境保护实例解析

寿昌镇桂花村由上桂村、下桂村合并而成，全村371户1200人，方圆2.4平方公里，有坐村企业12家，外来打工者160人左右。外出打工者400人左右，其中常年在外打工者40户左右。全村有8个保洁员，月薪800元（偏低），加上突击保洁活动开支，全年保洁支出15万元左右。面对“垃圾日多、保洁效果下行，保洁经费需求上扬”的尴尬处境，村两委下决心实施改革，“群众的事情群众办”，走群众路线，改变“百人垃圾一人收拾”被动现状，探索深化“清洁乡村”新长效机制，推行了“片长制”的有效做法，将全村合理划分为12个片，片长牵头，骨干监督，家家管护，人人参与，村保洁员保留2个，只负责两个大片区的垃圾清运，保证日产日清。12个片，片长由德高望重的优秀党员担任，不发工资，义务服务做贡献为主(组织的重视对老党员的精神激励远胜其他物资的激励)，每月发400元活动费，用于购买扫把等清洁用具，发给轮值农民。短短5个月，村容村貌焕然一新，突击活动取消了，节约经费3万元以上。实现了“两提高一下降”，即村民环境卫生意识提高、村庄保洁水平提高、保洁费刚性开支下降的目标。在2016年度市、镇“清洁乡村”第三、第四季度考评中，总成绩位居全市前列。

桂花村环境清洁保护的主要做法有：

1.明确目标

桂花村两委确定的目标是：用三年时间，把桂花村建成“美丽庭院花园式全域旅游村”，托接寿昌航空小镇和新安江玉温泉的阳光雨露，滋润桂花村全体人民。依照“科学划片、片长牵头、骨干监督、家家管护、人人参与”的思路，实行村级管理与村民自治相结合的制度。制订《桂花村美丽家园工作方案》，这个改革方案经过自上而下、自下而上反复讨论修改。一是实行“三定”责任制。在各片区实行定区域、定人员、定职责，实行“联村干部和村卫生管理捆绑式责任制”考核，使村干部、驻村干部、包片领导“人人有担子、个个有压力”。二是实行卫生管理公示制。村两委对环卫管理分工负责，建立农户卫生“门前三包”责任制，每月负责检查评比。每周不定期组织卫生检查，督促环卫保洁人员和各农户、单位做好卫生落实工作，并及时在村公开栏予以公示。

2.做到两个统一

(1)管理统一。以《桂花村美丽家园工作方案》为依据，全村12个片区，每个片区聘请正、副片长各1名，各片区按户头分配卫生包干区域。统一制订了公共场所和农户家中的卫生保洁标准。农户的卫生保洁每天一做，垃圾日产日清。公共活动场所由保洁员每星期清扫两次以上。制订村卫生保洁考评、保洁员管理等制度，与农户签订“门前三包”责任状，规范和约束村民卫生行为。成立以村、组干部和片长为主体的卫生保洁督查队，负责农村卫生保洁工作的督查。与文明卫生乡镇创建结合，每年评选“文明卫生户”，予以表彰奖励。

(2)装备统一。村里每月固定列支用于各片区购买劳保用品，并将原有8名保洁员减至2名，作为固定垃圾清运员。整合农村环境整治项目资金，配备2台垃圾清运车，每辆清运车服务12个左右垃圾收集点，一个自然村设定不少于1个收集点。为了防止垃圾在清运过程中飞扬撒落、拖挂，配备可分离防滴漏密闭式垃圾收集箱。

3.做到三个到位

(1)村领导到位。成立了桂花村清洁乡村领导小组，由村书记、主任担任正副组长，村两委成员为组员，明确一位年轻村干部具体分管，负责日常工作，村领导小组负责农村清洁乡村的组织、协调、督查、考核等工作，主要负责同志经常亲自安排、一线调度，分管负责同志具体负责农村清洁工程，确保了工作规范化、常态化。

(2)发动党员到位。桂花村的片长全部由党员和村民代表组成，各个片长有充分的自主权。在片内，每个片长可以自创管理办法，片区内农户的保洁范围和公共场所保洁范围也均由片长划定，各个片区之间的保洁质量每月公示，还组建了由老教师、老党员、老干部等志愿者组成的监督队伍，负责对村内垃圾清理情况的监督，村内监督的效果明显。目前，全村已组建了由2名农村保洁员组成的专职保洁队伍、由24名正副片长组成的村庄保洁管理监督队伍。

(3)发动群众到位。利用文化大礼堂、文化墙、宣传栏、公开信、道德讲堂等多种渠道，营造浓厚氛围，形成人人知晓、人人参与的良好局面。群众被动员起来了，认识提高了，工作就主动了，既监督保洁员的日常工作，又相互监督农户房前屋后的环境保洁，增强了广大群众参与村庄环境整治的自觉性，提高了全体村民维护村容整洁的积极性。

4.做好四个保障

(1)资金保障。由乡镇整合村奖补资金及文明创建、连片整治道路管护等项目资金，设立资金专户，实行专账核算。各村发动社会力量参与环境整治，在尊重群众意愿的前提下，采取“一事一议”等方式，以创促建，以建促变，筹集资金20多万元，对村内公共设施进行改造。先后实施2.5公里道路“白改黑”、总长1.8公里的风情长廊、精品线路整治等一系列村庄基础设施提升工程。

(2)设施保障。通过政府采购的方式，为农村清洁工程提供必要的设施，如垃圾收集桶、垃圾池、垃圾房，为保洁员、片长配备垃圾清运车辆、扫把等必要的清扫工具。全村共配备垃圾桶2000个，配备垃圾收集车9辆，配备垃圾转运车4辆，建设垃圾收集房11个。

(3)制度保障。加大对农村环卫工作的投入力度。村财政每年拿出5万元，对每个自然村的垃圾转运每年补贴5000元，对组保洁员、片长每人每年贴补500元。该村片长带动村民自治的办法，较好地解决了桂花村的卫生保洁问题和污水处理站的日常维护问题。

(4)奖惩保障。实施以奖代补的补助政策，分两次拨付年度人口保洁经费和基础设施维护费用。进行全年不少于6次的明察暗访，检查结果按累计总分高低排定年度名次，前5位经费补助提高到25元/人·年，后5位经费补助相应扣减5元/人·年。

桂花村这些创新措施的实施，使清洁乡村行动取得了明显成效，具体表现在以下方面：

(1)生态环境效益。桂花村生活垃圾收运覆盖率达100%，全村实现生活垃圾无害化处置率85%，农村环境卫生状况得到明显改善，垃圾入河现象得到有效遏制。农村生活垃圾及时得到有效处理，改善了农村环境，遏制了污染势头，进而向好。同时配合《建德市农药废弃包装物回收和集中处置方案》(建政函〔2016〕150号)的实施，农村化肥、农药瓶(袋)等有害固废污染、塑料袋(盒)“白色污染”得到有效遏制，生态环境有了明显改观。

(2)社会效益。通过深入推进农村卫生保洁机制，群众的庭院卫生和公共卫生意识有了很大的转变，逐步树立起讲卫生、美环境的新意识，村民们的思想观念从“要我保洁”转变为“我要保洁”，良好的环保氛围正在形成。同时，还产生了一系列联动效应，以环境的变化引导了农民精神面貌的改观，形成比卫生、比健康、比文明的良好风尚。

(3)经济效益。桂花村分片措施实施短短5个月，取消了突击搞卫生清垃圾活动，节约开支3万元以上。随着农村卫生保洁工作的深入推进，农村垃圾集中收集处理，村容变得整洁，环境变得优美，给游客提供了舒适宜人的休闲环境，在招商引资、发展乡村旅游、人才就业等多方面带来了明显的正面效应。受到投资者青睐，进一步提升了村庄的美誉度，扩大了对外影响力。

三、关于农村环境保护的几点思考

1.宣传指导是基础

提高农民对卫生保洁重要性的认识，充分发挥其主体作用，是农村环境卫生长效保洁取得实效的基础。要坚持宣传发动与开展相关评比活动相结合，切实提高广大群众思想认识，让群众积极、主动地参与环境卫生整治及卫生监督管理，加大卫生保洁长效性、持久性的宣传力度，要发挥新闻媒体和社会舆论的导向作用，曝光不良行为，营造农村环境卫生长效保洁的良好氛围。

2.群众参与是关键

加强对农民的教育培训和指导，将环境保护作为农民培训的重要内容；教育群众养成良好的卫生习惯，遵守卫生管理规章，自觉做好房前屋后的环境清洁和绿化美化建设，主动搞好家庭卫生，清理庭院内的堆积物和生活污水，落实门前三包责任，不断增强村民的卫生意识、环保意识、健康意识，摒弃传统陋习，倡导科学文明，转变生活方式。

3.科学处理是核心

我市农村“户投、村收、镇运、市处理”的清洁乡村卫生保洁机制已形成，但也面临着许多新难题。如村内的厂区环境保洁问题、建筑垃圾处置问题、外住户庭院保洁问题等。为了破解农村生活垃圾的处置难题，提升农村保洁工作水平，第一，要科学合理分区划片，根据村里骨干人才分布、自然区域分布、道路交通分布等合理分区划片。第二，要选择科学合理的监督管理方式。第三，要明确科学合理奖励激励手段。第四，要实行农村生活垃圾分类制度。本着减量化、资源化、无害化“三化”原则，采取分类投放、分类收集、分类运输、分类处理的“四分”方法，在提高垃圾处理的科技含量和合理流程上下功夫，提高垃圾处理效益，降低垃圾处理成本，巩固提升农村卫生保洁成果，提升农村环境水平。

桂花村党总支书记蒋益民深有体会地说：待条件成熟，计划把党和政府部署布置的其他农村工作任务，因地制宜，也安排落实到片区，这样效率更高，效果更好。

（2017 年 2 月）

新安江城区优化公交车线路的建议

建德市老科技工作者协会工交组

在市行政服务中心搬迁至洋安区块后，交通不便成为办事群众的共同感受。

一、前期措施

为加快解决这一问题，我市在开展“最多跑一次”改革中推出了一项惠民举措——开通市区直达市行政服务中心的免费直通车。此公交线路于 2017 年 3 月底开通，投入两辆 20 座的中巴车。班车以罗桐埠为起点，市行政服务中心为终点，沿途经文化广场、市政府、新安江广场、半岛凯豪酒店 4 个站点。班车每天早晨均从罗桐埠发车，首趟发车时间 7 时 15 分，第二趟为 7 时 35 分，之后每隔 30 分钟左右一班，末班车 17 时。免费直通车上放置了“最多跑一次”办事指南，还播放视频，内容为“最多跑一次”838 项事项清单等，为办事群众提供热情高效优质的服务。免费直通车的开通，为新安江城区办事群众提供了方便，群众不用再转乘两趟公交车就能抵达中心了。

二、实施过程中存在的问题及原因分析

但是笔者发现，免费直通车运行以来，除了上下班 2～3 个班次以外，其余班次乘坐人员很少，财政支出的成本较高，造成较大的浪费，开通的效果与初衷存在较大的差距。分析原因：一是常住老城区的居民很少有人要去市行政服务中心办事，服务范围的人口数有限。二是真正要去市行政服务中心办事的是各乡镇村群众及企业人员，其中，有车族会自己开车到中心，东部乡镇群众乘班车可在附近下车走路到中心，西部乡镇群众乘班车到南站或府前站下车再转公交车

到中心。因此乡镇村群众及企业人员到中心办事很少有人乘坐直通车。三是每趟车间隔 30 分钟左右，对需要赶时间办事的乡镇村群众及企业人员来说，乘坐直通车并不是最佳选择。

三、调整措施

为了方便群众到市行政服务中心办事，同时也改善洋安新城居民进城不方便的交通现状，又能够减少财政支出，现提出如下建议：

(1)将现在大润发的 5 路车始终站，改设为市行政服务中心始终站。

(2)将现在 1 路区间车在东站的始终站，改设为市行政服务中心始终站。

(3)将现在 3 路车在东站的始终站，改设为市行政服务中心始终站。同时将每趟车间隔 15 分钟一班改为 10 分钟一班。

(4)取消免费直通车和新开通的南站至行政服务中心的 K12 路公交车。

（2017 年 6 月）

建德浙农农副产品综合批发市场废弃物管理的调研

建德市老科技工作者协会农业组

2017 年 8 月 8 日上午，老科技工作者协会农业组 6 名会员，对更楼街道清洁乡村、垃圾分类处理问题进行了一次专题调研。更楼街道分管领导、党委委员吴海华和王芳等相关人员参与了调研。活动过程中，调研人员对建德浙农农副产品综合批发市场（以下简称“农批临时市场”）进行全方位踏勘，重点检查了垃圾房、垃圾箱，同时对更楼街道农村生活垃圾资源化处理站、垃圾中转站进行了全面考察。通过与保洁人员、摊主的交谈，以及与市场领导与管理人员和后塘村干部群众代表的面对面座谈，深入了解了农批临时市场废弃物处理存在的问题。现将农批临时市场的废弃物管理情况报告如下。

一、基本情况

2016 年，建德市人民政府为改善新安江街道城东农副产品批发市场的经营环境，通过招商，引进浙江浙农控股集团的下属企业——浙农实业投资有限公司全资子公司、建德浙农农副产品批发市场管理有限公司，在更楼街道商贸街筹建临时性的农副产品综合批发市场。浙农控股集团是浙江省供销社直属的大型国企。

目前，农批临时市场占地面积 23000 余平方米，其中建筑面积 4564 平方米。有营业房 25 间（每间 28 平方米）、面积 700 平方米，固定摊位 98 个；为自产自销户提供临时摊位若干个。市场设有大卡车、小汽车等车位 166 个，非机动车车位若干个，提供免费停车服务。

农批临时市场于 2016 年 9 月 20 日正式营业。现有管理人员 17 人（含农产品质量安全监测人员 2 名)，根据市场批发、零售综合性服务的特点，实行三班制工作。

二、废弃物处理的做法

农批临时市场的农副产品，主要来自杭州、衢州、金华等地。每天深夜 12 时至次日凌晨 6 时，是各地农副产品进场时间；接着，本市及周边县返销户纷至沓来进场交易。经销的品种覆盖蔬菜、肉类、水果、豆制品、水产品、干货、苗木等农副产品业态 23 个。新安江农贸市场等从农批临时市场进货，由于净菜进城，减少了城市垃圾的数量。农批临时市场日产垃圾 8 吨至 10 吨，市场制定了环境整治保洁、垃圾分类处理的规章制度，配置了绿、黄两色垃圾桶，配备了 5 名市场保洁人员，年支付工资 14.4 万元。

三、废弃物处理中存在的问题

从调研情况分析来看，市场对废弃物的处理主要存在以下三个方面问题：

1.废弃物处理方式粗糙

据初步统计分析，农批临时市场的废弃物每日产生 8 吨至 10 吨，并且与日俱增，数量不少。这些废弃物，80％是有机物，含水量高，是传统意义上的优质有机肥原料。除了大的发泡塑料包装箱，这些废弃物分拣后被集中堆放在市场右侧旮旯里待售，其余的废弃物都由垃圾运输车混装全部运送到寿昌填埋场，实在可惜！

2.废弃物分类处理能力缺失

这么大的农批临时市场，按理市场应该有自己的废弃物、垃圾回收和处理厂，但是却没有。附近仅有更楼街道所有的“农村生活垃圾资源化利用中心”的一台设备，每天只有 1 吨的处理能力，何况更楼街道本身每日要处理大量餐厨垃圾，自顾不暇。

3. 管理经费拮据

目前农批临时市场管理体制是“自收自支、自负盈亏”，量入为出。管理经费以收养支，由于新开张，试营业，受公益性质属性所限制，收入有限，人头开支刚性，所以经济拮据，捉襟见肘，想办的事情一时办不了，甚至亟待解决的急事，如废弃物分类处理等发展循环经济绿色生态的大要事，也办不了。

农批临时市场管理方一开始也试图进行规范化管理，按规定进行垃圾分类储存、分类投放、分类搬运，外包装的泡沫塑料箱（板）、纸箱等，集中存放以便回收，废弃物进行可堆放肥分类处理。但是实施一段时间，前功尽弃，不了了之。现在塑料袋等小的包装物则与农产品根、须、叶、皮等废弃物一起清扫混装填埋，没有分开。

四、关于废弃物处理的几点建议

农产品批发市场废弃物管理已在国内外受到普遍重视，我们如何才能将这类宝贵资源，变废为宝，充分利用呢？

1. 宣传培训

加强宣传，加强培训，持之以恒，使之家喻户晓，提高市场管理者和买卖双方的认识、素质。垃圾分类是使垃圾转变成资源，实现垃圾减量化、资源化、无害化的重要途径和手段。通过综合处理回收利用，减少污染，节约资源，提高垃圾的资源价值和经济价值。要广泛、有效地开展宣传，要加强垃圾分类知识宣传和培训，提高市场管理者、保洁者、经营者和顾客的认识。摊主、顾客是分类的源头，要从源头上自觉做好垃圾分类工作。对垃圾进行有效分类处理的科学管理方法是对传统的垃圾收集处置方式的改革，为此，市场保洁人员责任重大。要加强垃圾分类知识培训，提高他们的责任意识和业务素质。同时，保洁人员队伍要保持相对稳定，做好与清运人员的配合工作，确保市场整洁卫生。

2. 培育样板，推广示范

农副产品综合批发市场的建立，活跃了当地经济，增加了经营者收入。广大经营者是市场运行的主体，要有主人翁意识，把环境整治、垃圾处理当作自己的分内之事。市场管理者要培育样板摊位，树好典型，做示范，使经营者学有榜样；管理部门积极推广，形成良好的氛围习惯。

3. 规划建设废弃物分类处理设施

浙江浙农控股集团正在与市政府合作，参照浦江县现代化农批市场的思路和模式，计划在我市更楼街道建设高端的雄踞浙西的现代化农副产品批发市场。为此，特别建议：在规划中要配设高端的现代化废弃物分类处理配套设施，并且要达到规划、建设、使用"三同时"。当前要与更楼街道联合，实施现存废弃物分类处理办法，科学合理利用现有的垃圾资源化处理中心设施，妥善处理厨余垃圾（可堆肥垃圾），达到双赢。

4. 生态补偿，增加投入

按照"环境补偿机制"的思路，采取"生产一吨有机肥奖励多少人民币"方式补偿生产厂家。因筹建时间紧迫，且属于临时性建筑，农副产品综合批发市场较为简陋，设备配套不齐。建议政府与相关部门增加一定的投入，给市场增添必要的设施，提供一定的垃圾处理经费。

总而言之，建设建德市农批临时市场，是一项带动一方经济，服务建德百姓，致富建德农民，牵一发动全身的综合民生工程，一定要科学规划，精心建设，精心管理，使之成为"市政府放心、老百姓称心、经营者开心、主办方舒心"的多赢市场，建设在建德，造福于浙西，耀眼于浙江，自豪在建德人民心中。

（2017 年 9 月）

淳安农村污水处理设施运维情况的调研报告

淳安县老科技工作者协会城建环保分会

自2014年我县根据省市统一部署实施“五水共治”行动以来，在全县农村开展了生活污水治理工作，按照“确保质量为先、确保建好管用、确保群众满意”的总体要求和治理区域“全县覆盖”的总体目标，扎实、有力、全面推进农村生活污水治理工作，至2015年年底，政府投入10.2亿元，建成污水管网2991.4千米，化粪池7.85万座，人工湿地1494处、5.3万平方米，处理终端1863套，实现423个行政村全覆盖、11.34万户农户受益、85％以上纳管率之目标。这些治污设施运行如何、污水处理效果怎样，是全县上下共同关心和议论的热点话题。县老科技工作者协会也非常关注这项工作，发挥余热，成立了课题组，深入全县各大乡镇实地查看，并分别召开乡镇部门座谈会，全面了解情况，广泛征求意见，在此基础上形成了本调研报告。

一、污水处理工作主要成效

随着2014年第一批农村生活污水处理设施的建成使用，我县农村污水处理设施运维同步开展。2015年以来，淳安县秉承“三分建设、七分管护”的农村治污设施运行维护管理理念，以“确保建好管用、确保群众满意”为工作目标，扎实开展农村污水处理设施运行维护工作，取得了明显的成效。

(1)政策机制比较完善。我县于2014年就制定了《淳安县农村生活污水处理设施运行维护暂行办法》(淳生态办〔2014〕3号)，之后两年又根据实际情况不断完善，出台了目前实施的《淳安县农村生活污水处理设施运行维护管理办法(试行)》(淳政办发〔2016〕24号)，同时配套出台了《淳安县农村生活污水治理设施运行维护管理工作绩效考核办法》(淳政办发〔2016〕24 号附件)、《淳安县农村生活污水处理设施乡镇对专业运维单位运维实绩考核办法(试行)》(淳治污办〔2016〕6 号)、《淳安县农村生活污水处理设施运行维护标准(试行)》(淳治污办〔2016〕7 号)等有关规范性文件。这些文件在运维要求、职责分工、资金管理、考核管理等方面都做了非常明确、细致的规定,形成了较为全面的"1＋X"政策模式和县环保局、乡镇、运维单位、村级组织、农户"五位一体"的责任模式。

(2)机构队伍逐步健全。县、乡镇、村均建立了运维工作领导及监管队伍,为工作开展提供了较为有力的组织保障。一是县治污办。县委、县政府保留了"五水共治"行动中成立的农村治污办,并从有关单位抽调人员,强化力量,设立昌文、千威、千汾、淳杨四个片区工作组,指导推进各片区污水运维工作。二是乡镇运维工作站。实行专业公司社会化运维,运维公司在各乡镇设立工作站,并按照 800 户/人的标准配备专职运维服务人员,统一着装,目前有专职运维人员 165 名。三是村级监督员。每个行政村按照不少于 1 人的标准配备村级污水设施运维监督员,目前共配备了村级监督员 468 名。

(3)长效管理机制不断深化。我县及时调整工作思路和监管重点,运维方式不断深化和创新。一是运维重点从中间向两头深化。加大污水前端收集、终端运维和出水水质考核力度,从源头管控污水排放,做好农户灰水精细化管理,"两黑三灰"应纳尽纳,做好终端日常运行维护和周边环境美化保洁工作。二是运维方式从应急整改向常态维护深化。依托"乡镇运维工作站"模式,增强技术力量,立岗明责,规范运作,形成镇、村、运维企业三级巡查、三级维护、三级考核运维机制,促进运维工作向常态化发展。三是运维意识从乡镇干部重视向运维公司、村级组织及村民重视参与深化。加大对运维企业监管和考核的力度,通过乡镇主体责任落实及日常巡查、交办单、奖罚等手段来推动村两委落实主体职责,选优配强运维监管人员,确保"村规民约"落实到位。多渠道、多形式宣传引导农户参与农村治污工作,提高农户认识度,落实受益主体职责。

(4)运维方式有所创新。为使农村污水治理及设施运维工作精益求精,县治污办及乡镇、村不断自加压力、开拓创新,涌现了一大批新的好经验、好做法。一是管理方式有亮点。石林镇推行农村治污运维"九宫格"工作法,枫树岭镇"3＋3"模式推进农村治污运维,大墅镇治污运维监管推行"五个一"制度,汾口镇四项制度促运维。二是运维工作精细化。临岐镇"三统一"法加强灰水收集精细化管理，富文乡实施农村治污运维三级联动“三色卡”管理，左口乡“开盖神器”自带彩色“说明书”，姜家镇推广人工湿地无土种植技术，富文乡率先在富文村临池自然村试点推行污水运维终端一体化循环回收技术，实现污水终端零排放。此外，各乡镇还在污水处理终端池进水前端增设沉渣井，进一步过滤污水中的垃圾和漂浮物，提高终端污水处理效果；大多乡镇还在污水处理终端池出水口增高渗漏井，确保处理后的污水不直排环境。三是完善监管网格建设。威坪、屏门、界首等多个乡镇成立了乡镇和村级污水设施运维管理领导小组，利用团委、妇联等力量建立“娘子军环保队”“网格长”“环保员”等监管队伍，实行党员分区负责等制度，建立网格化管理模式。四是考核奖励激发积极性。部分乡镇、村对农户开展考核评比，自行投入资金，对积极参与运维的农户进行奖励，在激发农户积极性方面起到了一定的效果。如文昌镇在落实村级组织和村级监督员工作职责的过程中不断创新举措，结合各村特色和实际，在王家源村率先成立了“洁美家园积分兑换超市”，极大地调动了村民的积极性，运维成效显著提升；梓桐镇与企业签订协议，有偿回收各行政村所有农户家的治污废渣用于企业果园施肥，这项举措有针对性地解决了治污废渣清理难、回收难、处理难的问题，为我县农村治污运维工作提供了新思路。

(5)工作成效持续彰显。一是相关数据大幅提升。目前，农村污水设施特别是处理终端基本运行正常，污水纳管率已从2013年的30%提高到85%，“两黑三灰”等污水经过处理后水质合格率达95.36%。二是乡村面貌得到改善。从现场调研和群众日常反馈来看，此举使乡村改变了原来猪圈、沟渠、道路污水横流的脏乱现象，村容村貌确实变整洁、变卫生、变美丽了。三是工作成效获得肯定。我县于2014—2016年连续三年荣获“浙江省农村生活污水治理工作优胜县”称号，2016年荣获“浙江省农村生活污水治理设施运行维护管理工作优秀县”和“杭州市农村生活污水治理设施运行维护管理工作优秀县”称号，尤其是全省首创的“乡镇运维工作站”模式，得到了省市的高度肯定。

二、污水处理工作中存在的问题和不足

由于当初治污工程时间紧、任务重，加上受经验缺乏、设计缺陷等因素制约，随着污水处理设施运维工作的推进，陆续暴露出一些问题和不足。主要体现在

以下五个方面：

(1)责任落实不够到位。一是农户主体意识不强，存在“政府热、农户冷”现象。很多农户对治污工作的认识不足、参与不积极，不愿及时清理沉水弯、接户井和化粪池，甚至对出现的堵塞问题充满怨言，更有甚者直接砸坏、挖毁设施，而对此行为，政府缺乏制约措施，即使列入村规民约也很难真正执行到位。二是村级监督力度不足。部分村级组织对污水设施运维工作不够重视，对村级监督员配置不够强，甚至作为福利岗位来安排，存在“虚监督”“假监督”情况。三是乡镇监管不够严格。部分乡镇对运维公司一边有意见，一边又做老好人，对运维公司日常考核不明不细，上报分数普遍在95分以上，考核流于形式，使主管部门无法对运维公司进行优劣甄别，择优合作。

(2)污水纳管存在盲区。总体来说，我县污水处理已经覆盖到各区域，但具体点上仍有或明或暗的遗漏问题。一是部分地区治污工程实施未到位。威坪镇唐村、横塘两个村，因房屋密集无法铺设管网，村庄地势太低污水难排放，还有1400多户污水未纳管；界首乡严家村新农居点农户即将搬迁，但污水处理设施建设尚未启动，浪川乡芹川村污水设施建设还没启动。二是部分污水未完全收集。农村多数洗衣台板结构简单，未实施改造，台板上的洗衣灰水仍然任意流淌。三是遗漏户跟进不及时。治污工程实施时有些农户因矛盾纠纷没有建化粪池或纳管，之后矛盾是否解决，矛盾解决后是否补建，后续跟进存在缺位。有的农户污水仍旧没有纳管，有的农户私自开挖、没有经过预处理就直接纳管。四是新增户管理有难度。少数家庭散养户、新建房户再次建设污水处理设施时不想自己出钱，仍依赖政府拖着不建，而按照政策农户“只能享受一次”。五是经营户存在隐患。目前，未纳管的农家乐和民居民宿治污设施由各经营业主自行建设和管理，这些经营点往往处在沿湖沿线和环境敏感地带，如果监管不到位极易成为污染曝光点。

(3)工程遗留缺陷较多。我县“五水共治”三年行动两年完成，项目实施匆忙，特别是2014年的项目问题缺陷较多，造成运维工作存在“先天不足”。一是农村沿用老旧设施问题多。为节省资金，对原污水处理设施“能用则用”，老化粪池建设工艺和质量不过关，效果不好；其他还存在老管子太细、标高不足、易堵塞等问题。二是工程设计不够合理。2014年实施的农村污水处理项目，处理池前没有设计沉渣井，影响污水处理效果；部分化粪池、窨井等设施选址地势太低、提升泵功率不够，污水排不出去，时常出现粪便、粪水在道路上满溢横流的现象，严重影响环境卫生。三是施工质量存在欠缺。部分支管网与总管网衔接部位未严格按要求施工，窨井建设不够精细，标高落差设置不严谨；部分路面开挖后浇筑质量不高，出现起砂、毛糙、坑洼甚至下陷现象，群众意见很大。

(4)投入保障仍有不足。虽然我县对农村治污工作非常重视，投入了大量人力物力财力，但在部分领域仍与实际需要存在一定差距。一是县治污办队伍不稳定。目前我县农村治污办仍是临时机构，现常驻 18 人中有 11 人为外单位抽调人员，占据绝大多数，且经常变动，不利于工作稳定。二是乡镇缺专业人员。目前实施的机构改革，乡镇可以设立生态办等类似机构，但只是原有人员的重新组合，没有引入新的专业人员，技术短板仍未弥补。三是运维公司人员不够专业。运维公司聘用的人员多数是民工，他们没有学过专业知识，只能做管网、窨井清理等简单工作，难以胜任终端设施、动力系统等专业性强的维护工作，以致相关设施出现问题不能及时发现处理。四是资金投入不够充足。今年全县农村污水设施新建改造项目资金安排近 7000 万元，但乡镇上报的项目预算资金达 1 亿元，存在较大缺口，导致很多项目不能及时实施。另外，村庄分布散、地势高的乡镇，如金峰乡，反映按标准配置的专职运维人员不够用。

(5)处理质量有待提升。虽然我县农村污水经处理后水质合格率总体较高，但也存在部分乡镇和部分环节不理想的情况。一是乡镇间达标率不平衡。据了解，有的乡镇的污水处理后水质合格率很低，原因比较复杂，其中养殖废水的超设计排放是一大因素。目前农村污水处理设施是按照全县 20％的养殖率来设计的，但据农业部门统计，全县仅散养生猪约 3.5 万头，与全县 11 万余农户相比，养殖率已超 30％，进水污染物超过设施处理能力，尤其是传统养殖大区，问题就更为明显。二是无动力设施处理质量偏低。据反映，农村无动力设施水质合格率明显低于有动力设施，而目前无动力的终端处理系统有 1312 套，约占总数的 70％；同时与之配套的人工湿地面积也明显偏少，标准是每户 1 平方米，但全县人工湿地仅 5.3 万平方米，还不到标准要求的一半，造成处理工艺落后、处理能力存在不足。三是雨水进窨井影响明显。由于农村雨水收集系统不够完善，有些污水设施位于地势低洼处，雨水经常进窨井、化粪池和终端处理池，尤其是雨季，大量雨水进入污水处理系统，既大大增加终端池的负荷，又破坏生物菌种保养，严重影响污水处理效果。

三、深化和完善运维工作的几点建议

农村生活污水治理工程是“坚定秀水富民路、建设康美千岛湖”战略的重要载体，只有起点没有终点，需要不断深化和完善运维工作，提高污水处理实效，提升社会群众满意度。

因此，调研组在调研的基础上参考国内外的一些有益做法，特别提出以下几点建议：

(1)编制农村治污运维规划。尽快编制淳安县农村污水处理设施运维规划已经成为当务之急。国务院2015年发布的《水污染防治行动计划》(国发〔2015〕17号，简称“水十条”)已经明确，以县级行政区域为单元，实行农村污水处理统一规划、统一建设、统一管理，有条件的地区积极推进城镇污水处理设施和服务向农村延伸。尽快编制相应规划，有助于保障“五水共治”实施以来政府在农村治污方面巨大投入取得的绩效，同时确保农村治污运维监管的长效化和常态化。

(2)理顺农村治污运维监管机制体制。农村治污运维要尽快归位于行政职能。根据现有实际情况，为方便衔接，建议在县环境保护局增设“农村治污办”(科室)牌子，与县生态办(美丽办)类似，农村治污办代表县政府履行县农村治污领导小组办公室的日常职责，与县住建局、县农办、县水利水电局等相关单位按照各自的行政职责履行对县域农村治污运维全方位的监管和考核职能。同时，适当加大农村治污运维在县委、县政府年度“生态环保”专项考核中的权重，以考核权重设置为导向，保证县域农村水环境保护工作实效。

(3)突出经济适用导向，拓宽资金渠道。现有的运维监管模式，包括污水处理设施定期更新更换材料，资金需求量逐年加大，对我们这样一个“加快发展县”财政体制来说，无疑是一个较重的包袱。作为一项长周期的工作，长效运行维护管理应该秉持“轻装上阵”的理念，千方百计向简便易行、投入最低、效益最优方向努力。

一是合理确定农村治理模式和技术。在编制相应规划时，要算清“建设成本＋运行维护管理成本＋环境影响成本”的总账，不搞单一模式和标准。随着城镇化发展脚步进一步加快，对处于县域几个中心镇(如汾口、威坪、姜家等)周边的农村，在污水处理厂建设和扩容之际，对于具备进厂处理条件的，优先纳入城镇污水处理系统。二是部分环境容量较大、污水成分简单、人口少且居住分散的村庄，则可选用生态处理池或分户、联户处理模式，实现后期低成本维护或免成本维护。三是推广循环利用技术。根据处理设施对进出水的检测报告分析，我县农村生活污水的主要污染物为氮、磷，重金属含量绝大多数符合一级排放标准，处理后一般均达到或高于农业灌溉用水标准。因此，可以在强化监测的基础上，将农村治污终端出水通过建设泵送系统或以在其周围建设储水池的方式，引入蔬菜、苗木等的微灌系统，或直接将苗木场、绿化地等作为生态湿地，减少向环境的直接排放量，这是保护饮用水源的有效措施。

(4)完善农村治污运维政策。不断完善农村生活污水治理设施长效运行维护管理资金政策，探求保障性运维资金的有效来源。同时，依照国家、省、市最新的各类相应的法律、法规，进一步修正、完善我县已有的农村治污建设、运维、管理各项政策，使之更加符合淳安生态化发展趋势。

根据淳安农村发展的步伐，建议在已经建立集中式饮用水供应的农村，逐步建立与渐次推进农村自来水收费机制，按照城乡一元化发展态势，将农村生活污水处理费收缴纳入村规民约，建立村户分担机制，同时参照城市居民缴纳生活污水处理费的做法，设立涵盖前、中、后三段的农村生活污水治理设施专项维修基金。这样做，一方面符合水资源节约的原则，另一方面也为农村污水运维资金寻求有效来源，补充政府财政投入的窘迫和不足。

(5)加大宣传引导。农村治污能不能取得长效成果，农村百姓的支持和广泛参与是重点和难点，没有农村百姓收集好前端污水，建成的污水处理设施只会成为摆设。由于受经济水平、文明素养等影响，目前我县农村老百姓主动治污、全民治污意识还不是很强，有些农民不太爱惜污水处理设施，如接户管被堵，农户不但不及时主动清理，反而直接敲掉、挖掉。下一步，我们要抓好正反两方面的典型，通过宣传教育、引导、激励等多种手段，消除在运维过程中的“政府热、农民冷”的现象，要让老百姓积极行动起来，主动投身于农村治污行动中。要求农户做好自家厕所水、厨房水、洗涤水等三水接入状况的巡查，自家化粪池、接户管、户用检查井的清理，搞好自家房屋周边环境卫生。引导村民自觉爱护、保护污水处理公共设施。

(6)严格责任机制。点多面广的治污工程建设和治污运维管理工作，必须有严明的纪律保障，没有规矩，不成方圆。一是工程质量要实行责任终身追究制。

2014 年,我县就出台了农村污水治理设施管理质量终身追究制度,如发生质量问题,无论是设计、施工企业,还是乡镇、村的干部都有相应的责任,特别是施工质量问题,施工单位必须按质量要求整改到位,不整改到位的将按照规定追究责任。尤其是运维企业要注意和建设企业做好运维交接,对存在质量问题的工程要由建设企业整改到位,绝对不能带病运维。二是"谁损坏、谁负责"。县运维办法已经规定,农村治污设施资产归县政府所有,任何人不得随意破坏治污设施,谁破坏,谁就要承担设施维修费用;对恶意破坏治污设施的,公安部门要追究刑事责任。三是要淘汰管得不好的运维单位。将当年实绩考核不合格的运维单位,列入黑名单,取消其下一年度农村污水处理设施运维资格,并退出我县农村污水处理设施运维市场。四是强化纪律保障。在治污运维管理工作中,对"不作为、不担当、弄虚作假"的行为,我们也要坚决做到"零容忍",要严明责任和纪律要求。

(7)确保持续投入。虽然"五水共治"的治污主体工程已经完工,但目前仍处于"补课"阶段,需要持续不断地投入,增强资金保障。一是排查摸底制订计划。对农村存在的应建未建、应纳未纳及各种损坏问题,环保主管部门要及时牵头进行全面排查摸底,列出清单,按照"能早尽早"原则,合理制订计划。二是突出重点,强化保障。因地制宜推进浪川乡芹川村,威坪镇唐村、横塘村,界首乡严家村新农居点等地的污水设施建设,跟进做好矛盾纠纷遗漏户的设施补建工作,做到污水"应纳尽纳";逐步淘汰老旧设施,推进提升改造;推广已在临岐镇、文昌镇实施的洗衣灰水收集系统改造技术,将其纳入政府投资项目,以政府补助形式大力推进;对水质不达标且人工湿地面积低于标准或终端处理系统无动力的,根据实际情况,着力落实扩建和提升改造,切实提高水质达标率。三是调整完善确保实效。对设施改造提升资金,要根据乡镇村排摸及申报情况,统筹考虑财力和轻重缓急,尽量足额安排,确保急需项目能及时实施;要根据乡镇区位特点、物价上涨等实际情况,合理调整运维资金配套标准,保障污水设施运维工作取得实效。四是加快运维智慧化平台建设。智慧运维管理平台要包括基本信息记录、运维效果展示、实时监测、报表管理、考核管理、培训管理、运维资金使用情况记录、宣传管理、计划规划等功能,并实现与省市平台对接。要认真调研、合理规划、准确配置、加快推进智慧化平台建设,充分考虑适用性和指导性,将人工与智能相结合以监管农村治污设施运行,智慧化平台决不能成为给别人参观的一种摆设。

(8)落实运维责任。针对农村“五位一体”责任体系的薄弱环节，要进一步创新方式，强化举措，落实责任。一是激发农户积极性。在加强宣传教育的同时，要深入研究办法，通过考核评比、物质奖励、树立典型等途径激发农户积极性，同时把正面引导与反面制约相结合，把农户工作做实做细。二是严格乡镇监管责任。乡镇要切实担负起对运维公司和村级组织的监管主体责任，敢于做难人，用好巡查、运维交办单填写、奖罚、退出等手段，严格落实运维办法，推行网格化管理等做法，确保各项设施得到及时有效维护。三是强化协同治理。环保和农业部门要严格把控规模养殖场的备案审批工作，充分利用好沼气池，加强对企业污水处理排放的监管和违规行为的处罚；乡镇要加强对新建房污水设施建设的监管，对居民阳台洗衣污水收集问题要从设计建设上研究举措。

(9)完善考核机制。按照结果导向和问题导向，完善县对乡镇、乡镇对运维单位、乡镇对村级组织和村级监管员等层面的考核，推进运维工作落实。一是优化乡镇考核。县治污办要以水质达标率为重点，参照农村环境检查排名做法，加强对乡镇日常运维监管工作的考核，定期检查和不定期抽查相结合，督促乡镇落实责任，不断创新工作方式方法，提高运维实效。二是强化村级考核。乡镇在村级考核上，要完善考核内容，将对矛盾纠纷户的协调化解、遗漏户的后续补建、新建房户的设施建设落实等工作纳入考核范围；要细化考核要求，对村级监督员履职及相关跟进服务要有制度、有量化、有记录，并与评优评先挂钩。三是严格运维公司考核。乡镇要严格落实《淳安县农村生活污水处理设施乡镇对专业运维单位运维实绩考核办法》(淳治污办〔2016〕6 号)文件要求，规范落实设施运维标准和运维台账工作；同时优化考核内容体系，将专业技术人员配置情况纳入运维公司考核内容，督促运维公司提高专职运维服务人员中的专业人员比例。

(10)加强运维梯队建设。运维梯队机构是污水处理设施运维工作的具体执行者，是重要的力量保障，需要进一步增强和优化。一是乡镇治污机构。乡镇作为基层行政机关，是治污工作的关键环节，非常需要专业技术力量的支撑，因此，可以在设置生态办机构的基础上，通过公务员、事业人员、合同工等招聘，引进环保专业人员，强化专业力量。二是村级监管队伍。村级监督员是一线监督者，不能作为村主要领导及其亲属的福利岗位，要避免职位虚化，可与村监委结合，由责任心强、敢说话、做实事的人担任；同时加强新任村干部培训，提高村干部农村治污及设施运维工作的业务水平。三是专业运维公司。要增强专业人员力量，对专职运维服务人员设置“门槛”，提高终端处理系统等设施的运维水平。运维队伍的技术人员应占一定的比例，要充实技术人才，加大技术培训，建设一支技术过硬的多面手运维队伍。四是加强服务指导。县乡镇村治污队伍要增强服务意识，在农户、养殖户、经营户申报相关污水设施建设事项时，尽量做到“最多跑一次”；县治污办要运用专业优势，结合“践行‘四个人’要求，党员干部进村社访民情解民忧”等活动，主动深入服务，及时协助和指导解决治污中的疑难问题，为乡镇村和农户排忧解难，充分发挥合力作用。

（2017 年 9 月）

尽快启动杭黄高铁文昌站至富文乡接线工程的建议

淳安县老科技工作者协会交通分会

杭黄铁路、千黄高速串联起了杭州、千岛湖、黄山这几个著名的景点，使之成为名副其实的黄金旅游线，淳安将从过去的偏远之地变成重要的交通节点。淳安将以杭黄铁路、千黄高速建设为契机，坚定走秀水富民路，建设康美千岛湖，主动接轨长三角，积极融入大都市，努力争当诗画浙江“大花园”的先行区，成为绿色崛起的“新蓝海”，在杭州世界名城建设中展现千岛湖的独特韵味、别样精彩。

杭黄铁路于2014年开工建设，将于2018年10月正式开通营运。杭黄高铁的建成通车将使我县更加受益于大城市的带动辐射，将对我县旅游业的发展起到巨大的推动作用。与此同时，如何实现从高铁场站至周边乡镇的快速通达，客观上对我县的交通也提出了新的要求。今年以来，我们老科技工作者协会交通分会的会员就如何尽快启动高铁文昌站至富文乡的接线工程，进行了广泛的、深入的调研，先后组织了县交通设计有限公司、交通局交建科及富文、文昌(高铁新区)等乡镇部门的领导到实地进行线位勘察，并召开了座谈会，广泛听取了沿线村干部和老百姓的意见。

现就如何尽快启动杭黄高铁文昌站至富文乡的接线工程(以下简称“高铁接线工程”)提出如下想法和建议：

一、高铁接线工程建设的必要性

(1)高铁接线工程的建设是加快构建新区(高铁新区)、新城(青溪新城)一体化，促进淳安新发展的需要。

千岛湖高铁新区将形成“一心两轴”三大板块的发展格局，千岛湖高铁新区坚持建设“康美之都，养心天堂”的目标不动摇，积极发展高铁沿线经济，是淳安今后经济发展的主平台，融入杭州、接轨上海的大门户。千岛湖高铁新区区位优势明显，生态环境绝佳，发展前景广阔。

青溪新城由中心区、坪山区块、鼓山区块、珍珠半岛高新区块、丰家山区块，以及外围的大地区块等“一心五区”构成。青溪新城以特色产业、城市建设、社会事业、生态环境协调发展为原则，着力发展先进制造业和高新技术产业，大力发展总部经济、旅游休闲、商贸物流、信息商住等现代服务业，将青溪新城建设成为可持续发展的新型工业聚集区，创新创业先行区，城市建设示范区，城乡统筹引领区。

现有新区（高铁新区）、新城（青溪新城）交通连接方式单一，仅靠 302 省道、303 省道连接。本项目公路建成后，新区、新城连接将增加一条快速、便捷的公路通道，将大力促进新区、新城一体化形成，促进淳安新发展。

（2）高铁接线工程的建设是提升区域路网布局，改善沿线交通出行条件，统筹城乡发展的需要。

现有新区、新城、富文乡交通连接方式单一，仅靠 302 省道、303 省道连接。从富文乡经 302 省道、303 省道到高铁站约 43 千米，如通过本项目公路到高铁站约 13 千米，里程缩短约 30 千米。从青溪新城经 302 省道、303 省道到高铁站约 33 千米，如通过本项目公路到高铁站约 23 千米，里程缩短约 10 千米。

富文乡位于淳安县东部。东与建德、桐庐毗邻，西南与千岛湖镇相连，北与文昌镇交界。富文乡地理条件、环境资源得天独厚。境内森林茂盛，气候宜人，旅游资源十分丰富，山庄、别墅、农家乐林立，十分方便游客吃、住、玩。富文乡现辖 10 个行政村，8000 余人口。

高铁接线工程的建设，将优化区域路网布局，促进富文乡融入新区（高铁新区）、新城（青溪新城），改善富文乡对外交通出行条件，推动基本公共服务均等化，统筹城乡发展，实现经济发展成果全民共享。

高铁接线工程的建成可使青溪新城、高铁新区、千岛湖镇城区三地的交通形成环线，在公交车不能上高速的情况下，可考虑开通以青溪新城为起点途经富文乡至文昌高铁站的公交线路，方便百姓出行。

（3）高铁接线工程的建设是有效分流交通，减轻 302 省道、303 省道交通压力的需要。

杭黄铁路将于2018年10月建成通车，千黄高速也将于2020年建成通车。届时，302省道、303省道的交通压力可想而知。如何分流交通、提高302省道、303省道通行能力是个迫在眉睫的交通大问题。文昌站至富文高铁连接线工程的建设，可以优化区域路网布局，缩短交通距离。今后，文昌、富文、新区、新城各地的联系，可以通过本项目公路快速、便捷地直达。从更大区域范围看，临岐、屏门、瑶山方向，淡竹、建德、金华方向的客流和物流也可以通过本项目公路快速连接，从而有效分流302省道、303省道交通流量，解决交通拥堵问题。

(4)建设高铁接线工程是加快提升大旅游产业，打响“度假千岛湖”品牌，发展富文乡特色旅游的需要。

淳安县第十四届党代会提出：加快提升大旅游产业，打响“度假千岛湖”品牌。推动大旅游产业全域化、国际化、品质化、融合化、智慧化发展，全力建设产业链完善的国际休闲度假旅游目的地。深化全域景区建设，完善“一城一湖一圈两极多点”格局。

富文乡境内旅游资源十分丰富，环境资源得天独厚。富文乡森林覆盖率达98%以上，这里峡谷幽深，古松荫翳，溪涧清幽，鸟语花香，负离子每立方米高达137.68亿个，是绝佳的旅游、休闲、度假胜地。本地有知名旅游景点，诸如森林氧吧、王子谷漂流、林海归真等，慕名前来的游客络绎不绝。近年来，富文乡党委、乡政府立足本地优质生态资源，结合百源经济、绿道经济和文创产业工作的推进，通过建设富文民宿品牌、丰富乡村旅游内涵，着力推进乡村旅游品牌的梳理和重构。围绕“养生富文、乡村兴民”这一核心定位，富文着力打造民宿经济品牌，树立全县民宿经济标杆。青田、雪坑源等民宿，吸引着四方游客观光休闲。

本项目公路建成后，从高铁站、高速互通出口至富文乡仅10多千米里程，驾车只需20分钟左右。富文乡的自然景观、休闲项目、民居民宿与外界的空间距离将大大缩短，旅游环境将显著提升。

二、高铁接线工程建设方案

1.路线走向

本项目起点平交接302省道文昌桥头，起点桩号K0＋000，路线往东南方向布置，经文昌村、横坑口村后沿横坑坞爬坡而上，设横岭隧道穿越横岭山脉，先后经岬坞里村、聚壁村、临池村，直至终点富文乡，并顺接2015年建成的金富公路，终点桩号K13＋200，路线全长约13.2千米。

2.建设规模

本项目路线全长约13.2千米，新建隧道1座，长1570米，新建桥梁9座，415米(其中302省道至文昌宋畈村1.5千米路段需由高铁新区建设)。

3.建设标准

本项目拟按交通运输部《公路工程技术标准》(JTG B01—2014)的二级公路标准建设，设计速度为40千米/小时，路基宽度8.5米(2×3.5米行车道＋2×0.75米土路肩)。

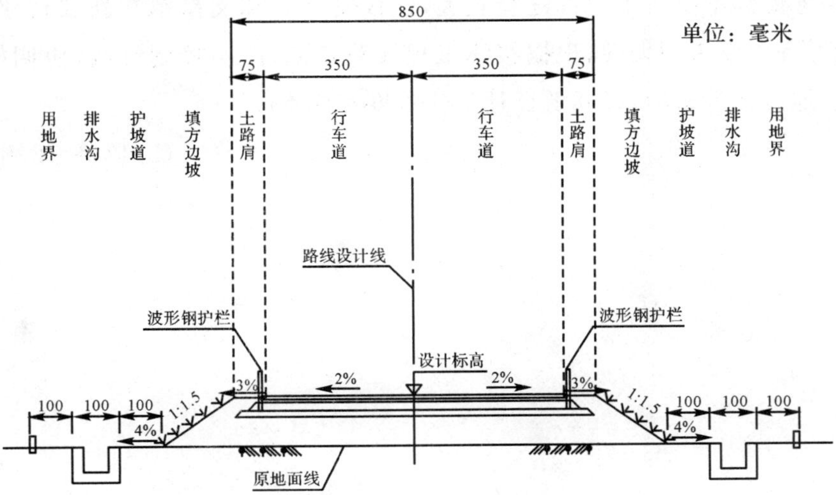

路基标准横断面图

4.建设高铁接线工程的投资估算

本项目估算投资约3.8亿元(不含302省道至文昌宋畈村1.5千米路段建设费用)。

三、高铁接线工程推进建议

(1)尽快启动文昌高铁站至富文连接线的工可、环评、水保等项目前期工作。建议在2018年启动前期工作，争取2019年正式开工建设，2021年建成通车。

(2)高铁新区在新区的规划建设过程中，要充分考虑此条接线的走向。所建新区道路必须满足二级公路通行要求，建议文昌高铁站至宋畈村的1.5千米路段由高铁新区作为建设主体，这样便于高铁新区的工作协调，实现高铁新区规划一盘棋。

(3)多方筹措资金，争取上级支持。该高铁接线工程可以作为302与303两条省道的连接线工程。县交通部门要积极与省市交通主管部门进行对接，争取将其纳入上级交通部门的项目计划，尽最大努力减少县政府的投资额。

(4)考虑到本接线工程拆迁量较大，建议富文乡和文昌镇在新农村建设、村庄整治过程中要未雨绸缪，根据接线工程线路走向，严格控制红线，协调好农民建房、土地流转等事项，以降低征迁工作难度和成本。

(2017年12月)

第二篇
工业及农业农村经济发展

余杭生态循环的种养结合生产模式的调查与建议

余杭区老科学技术工作者协会

在环境立区战略思想的指导下，随着城市化、工业化进程快速推进，我区畜禽禁养范围不断扩大，畜牧生产量迅速减少。资料显示，2016 年全区生猪存栏 4.08 万头，羊存栏 4.72 万头，家禽存栏 91.7 万羽，比 2006 年分别减少 77.3%、1.4%和 79.8%。这些畜禽限养措施的实行，在防止畜禽排泄物污染、保护环境方面取得了明显效果，但也直接影响了农民的收入。2016 年全区畜禽总产值为 5.1 亿元，比 2006 年减少 2.4 亿元（按当时现行价计算），畜禽产品加工和饲料兽药等相关产业的产值也随之减少，种植业有机肥严重短缺。

如何在保护生态环境的前提下，适度有效稳定我区畜牧业，探求农牧业增效、农民增收之路，是近年来老科协农业专家一直关心、关注和思考的问题。今年，区老科协专家们向区相关农牧部门了解情况，并深入畜禽养殖场调查，认为生态循环种养结合的生产模式具有实用性、可行性和指导推广价值。

实施生态循环的种养结合生产模式的启示和建议：

实施生态循环的种养结合生产模式要想取得明显的生态、经济和社会三大效益，应在种养结合过程中着重处理好以下三点：

（1）适度的种养配比。承包土地上所种植的茶、蔬、果、竹等农作物年所需有机肥量，应与在该土地上所养殖的猪、羊、鸡等畜禽年产生的粪尿垃圾相当，即按照承包土地年所能承载消化的粪尿垃圾量来确定畜禽养殖数量。

（2）合理的种养布局。畜禽养殖舍及畜禽排泄物处理等相关设施应建在种植基地的中心或上方里面位置，这样不仅有利于动物防疫，而且有利于畜禽粪便运送施用和沼液灌溉，还能节省工本。

（3）配套种养设施。必须建有与畜禽养殖排泄物及污水处理相配套的粪尿干湿分离系统，建有干粪堆积发酵房、沼气池和储气罐等无害化处理设施设备，同时制定管理责任制度，并严格落实，确保养殖粪污物零排放。

在环境立区的大战略下，特别是在建设“美丽余杭”的今天，如何进一步科学有效地加强畜禽养殖污染防治，做到既能充分利用土地、秸秆等资源，变畜禽粪污为“宝”，又能增加农民收入，是创新余杭农业的重要内容之一。为此，建议推广实施上述生态循环的种养结合生产模式。推广该模式，我们认为主要有以下几点可行性特点：

(1)成熟可复制。该种养结合模式，经多年探索已创新总结出一整套成熟的经验，有的种养结合模式，如梨—桃—羊模式，梨—桃—鸡模式，已经制订了余杭农业地方标准，从而有利于推广应用。

(2)现实有需求。我区现有粮食种植面积 23.88 万亩，茶园面积 6.45 万亩，蔬菜面积 33.15 万亩(复种数)，果园面积 5.2 万亩，这些种植业施畜禽有机肥严重不足。这样，一方面，由于土壤有机肥缺乏，使用化肥过多，造成越来越多的土地土质变差，农产品口感等品质日益下降；另一方面，部分偏远城镇、居住点、河流、旅游区、开发区、公路等，属畜禽宜养区，不受政策的限制。

(3)政策能支持。各级政府和相关部门对推进生态循环农业发展十分重视，有对建设农牧结合生态牧场的资助政策(如《浙江省农业厅关于做好 2015 年畜牧业转型升级支持专项实施工作的通知》浙农专发〔2015〕62 号文件)。

总之，推行“生态循环的种养结合生产模式”，对于解决畜禽养殖污染，促进畜禽养殖全面转型升级，为种植业提供优质有机肥，促进有机农业、农产品的发展，提升农业品牌，对于充分利用土地、草料等资源，对于有效促进生态平衡、保护环境，对于满足市场和消费者对优质、安全农产品的需求，对于促进农业增效、农民增收，都大有裨益，能使余杭农业取得更好的经济效益、生态效益和社会效益，这正是当前农业供给侧结构性改革的重要内容和举措。

(2017 年 7 月)

径山茶核心区加工场所建设亟待抓紧

余杭区老科学技术工作者协会

本月 27 日，余杭区老科技工作者协会对径山茶核心区块的情况进行了一次调研。本次调研由农业组组长叶森炎同志带队，参加调研的有我区多位老一辈茶叶科技工作者，老领导程德鑫和凌美娟同志也参加了这次调研活动。从这次调研的情况看，有些问题真的比较突出，故而特报告如下：

一、核心区块的品牌优势正在逐渐丧失

在政府的正确领导下，径山茶核心区块所有业主在“大径山”建设问题上是有共识的，都具有一种为服从大局而甘愿牺牲自我的宝贵精神，都毅然按规定搬迁下山，但因此而造成的困难和损失也不可小觑，主要表现在以下方面：

(1)由于上山、下山、食宿等诸多不便，采茶工确实难招，有的即便来了也待不长，造成大量茶叶无人采摘，如佛鼎茶厂今年就因此至少减产 30%。

(2)因鲜叶采下后不能及时下山摊放(保证径山茶质量的关键工序之一)，导致径山茶质量受损，尤其是香气和鲜爽度，受到了严重影响。

(3)临时加工场所达不到国家食品生产加工的许可要求，在这种不得已的情况下，虽然质监部门也给予了适当谅解，茶农的直接经济损失也可以暂且不计，但产品质量和品牌信誉毕竟受到了严重影响，甚至有的客户上门一看就回去了。

二、新茶厂的建设进度堪忧

转眼间，距 2018 年春茶生产已只有六个月时间了，但据我们了解，山下的茶厂建设还迟迟没有动工的迹象。按理，径山茶核心区块茶厂统一下迁至里洪是

年初就研究决定了的，但截至本月25日，还仅仅完成了土地的招、拍、挂程序，接下来还要办理不动产证、工程设计图审、工程规划许可证、建设工程许可证等等，据说按正常审批流程还需要四个多月，也就是说要到明年2月份才能真正开工建设，而那时又恰逢天寒地冻，如此进度又怎能确保在2018年春茶生产前茶厂得以交付使用呢？为此，我们呼吁有关部门一定要抓紧，抓而不紧就等于不抓。所以建议由区政府领导直接牵头，召集相关职能部门开个现场办公会议，一竿子到底完成所有应走流程，尽力争取早日动工，让2018年的春茶生产不再有违国家食品生产的相关法规，弥补品牌信誉损失，同时，还要进一步提高径山茶核心区块的品牌形象。

三、建议：统一解决采茶工食宿和鲜叶的临时摊放问题

茶叶加工可以下山，但茶园是下不了山的。事实证明，每天用专车接送采茶工上下山也是不可取的，在确保安全问题上则更是难以担责。对此，本协会在今年2月28日就曾提交过同样的调查报告，相关方面也曾给出了一些临时性的解决措施，但这毕竟不是长久之计，也不可能再有了，为此本协会再次建议：

(1)在径山选择合适的食宿用房以解决采茶工的食宿问题。经调研，我们认为最理想之地是径山乱泥塘原五峰公司茶厂旧址，现有厂房面积千余平方米，建议先由政府收购，然后委托径山村做好综合森林防火、污染治理、景观协调等工作，把它设计改造成比较像样的采茶工食宿用房。据初步估计，此举至少可解决一半采茶工的食宿用房问题，不足部分先挤挤再说，待条件成熟时再行扩建。

(2)鲜叶的临时摊放问题也是必须解决的。鲜叶摊放看似简单，其实是决定径山茶品质的关键性工序之一。它的重要性也不仅仅是为了散发部分水分，更重要的是科学地摊放，能促成一系列有利于径山茶品质提升的生物化学反应。正是这个原因，鲜叶采下后就要及时过称薄摊，一个采茶工所采茶叶一般要分4次过称，所以一定要有一个临时性的摊放场所。经调研，调研组认为，这个场所的选择也以利用乱泥塘原五峰公司的茶厂最为理想，故建议在规划改建采茶工食宿用房时，也一并将临时性的鲜叶摊放场所考虑进去。

(3)关于采茶工食宿用房的综合利用问题。径山茶采制季节不长，一般仅一个月左右，但茶园管理是常年的，管理人员需要住宿，生产工具需要仓库，特别是大量有机肥的采购和存放处理，更需要大量场所。所以，上述建设名为采茶工食宿用房，而实质用途是综合性的，能解决许多相应问题。

(2017 年 10 月)

富阳农技队伍推广体系现状和发展对策

富阳区老科技工作者协会农林水组

为认真贯彻落实区委、区政府“三看四态促转型”的战略路径，着力推进农业供给侧结构性改革，促进“三美”农业发展，富阳区老科技工作者协会农林水组针对产业业态和干部精神状态转型升级议题，组织开展了对全区农技服务体系现状的调研。通过走访农口部门、乡镇(街道)和种养大户、专业合作社、家庭农场，召开座谈会、发放调查表等方式，对我区现有农业、林业、水利、气象等涉农科技队伍(以下通称农技推广队伍)推广体系现状、问题有了深入了解。

现针对调研发现的新情况和新问题提出相应的建议，供参考。

一、农技推广队伍现状与存在的问题

1.农技推广力量不足，与广大农民对农技推广服务的迫切需要不相适应

调查显示，目前，农技推广队伍面临的主要矛盾有两个。一是人手不足。全区各乡镇街道从事农技服务的人员仅 70 人左右，三分之一乡镇只有 1 至 2 人。二是精力不足，仅有的农技人员以兼职为主，混岗使用，主要精力仍放在兼职岗位和中心工作。混岗使用，既有客观原因，也有主观因素：从客观上看，作为区、乡(镇、街道)两级政府部门，每个阶段均有突出的中心工作，个人必须服从全局；从主观上看，农技推广工作不仅工作环境恶劣、工作艰苦，而且农技人员待遇低、晋升渠道不畅，导致年轻农技人员难以安心工作，农技推广意识下降。人员力量不足、混岗使用、人员错位，导致农技人员忙于应付面上工作，使农技推广服务功能弱化，一些先进实用的现代农业技术不能在第一时间推广转化，不能满足广大农民新形势下的需求，阻碍了现代农业产业的发展。

2. 人员结构老化，专业结构不够合理，与现代农业科技发展需要不相适应

调查表明，我区区、乡（镇、街道）两级农技推广队伍中的农技员，绝大部分属于20世纪80年代毕业的大中专生和乡（镇、街道）招聘的具有实践经验的农民技术员。这支队伍在当时服务“三农”工作中，特别是在促进农业增产、农民增收等方面，发挥了重要作用。但随着经济社会发展和岁月的流逝，农技队伍中存在的问题越来越突出。一是人员结构老化比较严重，特别是乡（镇、街道）一级的农技人员多数已退休或接近退休，工作后劲缺乏，如林技员近3年内面临全部退休；二是专业结构不够合理，知识结构参差不齐，缺乏高技能复合型人才，难以满足智能化、信息化、自动化、设施化、生态化等多样性现代农业的发展需要；三是新老衔接脱节，新生力量培养力度不足，导致创业创新意识弱化，从长远看还会导致技术权威严重断层。

3. 新生力量培养缓慢，缺乏农业生产实践锻炼，与现代农业转型升级要求不相适应

20世纪80年代，在农村家庭联产承包责任制等双层经营体制改革形势下建立起来的“县、乡、村”三级农技推广服务网络，为推动农业科技进步和成果的转化，实现农业增产、农民增收发挥了支撑作用。老一代农业科技工作者，“三勤四会”（即脚勤、手勤、嘴勤，会说、会做、会写、会跑）的优点，是对他们深入生产一线，开展试验、示范和指导等生产实践活动的肯定。但随着经济社会的发展，农业科技试验、示范和指导等模式也发生了新的变化，县、乡、村三级农业科技试验、示范基地也不复存在，一批通过招考补充进入农技队伍的新人，虽掌握扎实的专业基础理论知识，但由于缺乏生产实践锻炼，实际工作水平、实践中指导服务的能力还不能满足现实工作需要，导致农业科技成果转化滞后，影响了农业产业转型升级、建设三美农业的步伐。

4. 重视程度不够，评价机制缺乏，待遇偏低，与农技人员职务、职级不相适应

从基本面看，农口职能部门和人事管理部门对农技推广队伍建设是比较关心和重视的，如职称评定、职称聘任、继续教育培训、正常晋升等均能按相应规定实施。但在涉及深层次的问题上，往往避重就轻，如：在职称评定上重论文、成果，轻工作实绩，使一心扑在推广一线上的农技人员晋职机会缺乏；在职称聘任、岗位职级等设置上与农技人员正常职称晋升脱节，普通农技人员因岗位设置限制而无法聘任，特别是乡镇一级，副高级岗位只设副高7级不设副高5级和6级，区级农技部门正高级指标偏少，区农技推广中心只有一个4级岗位指标，而且没有2级和3级岗位设置，导致农技人员晋升路径不畅，有资格无岗位；农技人员待遇偏低，主要表现为一个单位工资基数包干、年终考核奖不设奖金系数、无车补等，与农技人员职称、职务脱节，难以体现技术职务的价值走向，造成职高职低一个样、干多干少一个样、老人新人一个样，辛辛苦苦三十年不如考个公务员，待遇差距悬殊，严重挫伤了农技人员的工作积极性和创造性。

综上所述，目前农技服务体系、机制、队伍与推进农业供给侧改革、推动农业产业转型升级、建设三美农业还有诸多不适应之处，应予解决。

二、对推进农技推广队伍体系建设的建议

1.建立农技推广责任制度，完善农技推广责任体系

为加强现代农业科技的推广力度，有效支撑“三美农业”建设，建议恢复建立农技推广责任制度，完善农技推广责任体系（包括责任目标体系、考核体系、培训体系、保障体系、领导体系等），全面实施农业首席专家和责任农技员制（具体可参考临安市的做法）。通过该制度的实施，调动农技人员的工作责任性，提高农技人员的工作效率，增强服务能力。通过首席专家团队建设来攻关破解制约农业产业转型的瓶颈，促进生态化的三美农业建设。

2.建立新老交替制度，注重新生力量培养，稳定农技推广队伍

随着区、乡（镇、街道）两级老一辈农技推广人员因年龄原因逐步退出推广一线，要建立常态化的新老交替制度，加快培养新生力量。一是对乡镇农技人员实施定向招生培养方案，规定定向招生培养的农技人员在一定的服务区域内，达到一定的服务周期，方可换岗流动，以稳定农业科技服务队伍（可参考社区服务医生的做法）；二是合理配置农技力量，根据产业结构的多样性，配备相应专业的技术人员，确保满足服务需求；三是建立农技推广工作蹲点示范联系制度，按照农业产业

发展与分布情况，筛选一批现代农业示范基地，由年轻农技人员前去蹲点指导服务，政府和主管部门可参照乡（镇）下派村级指导员模式，给予蹲点农技人员合理的生活、用车等补贴，同时科技部门在年度科技专项经费中切块给予蹲点农技人员开展科技成果转化应用以及试验、示范所需的经费保障。通过农技推广蹲点示范，在实践中锻炼提高年轻农技人员的推广服务水平，增强服务现代三美农业的能力。

3. 建立科学的评价机制，着力激发农技人员的工作积极性

基层农技推广工作是一项既平凡又重要的基础性社会化工作，可谓"种田亏本有饭吃"，社会意义远大于经济利益。因此，我们建议面向基层农技推广人员建立科学的考核评价机制。一是在职称评定上既要看成果、论文，更应看重工作实绩，着重将农技推广人员服务农民的工作成效作为评价的主要内容，以激发其服务基层的自觉性。二是在岗位设置和职务聘任上，要向基层倾斜，使基层农技推广人员"流血、流汗而不流泪"。可设服务年限奖励机制，达到一定专业工作年限的技术人员，给予一次性奖励、授予荣誉称号等，终身享受。在每年召开的"三农"会议上，要表彰一批农技工作者，给予重奖。三是要按农技人员岗位技术职务、职级建立相应的考核办法，并根据考核结果和岗位技术职务确定考核奖金系数，实现同工同酬。通过建立科学的考核评价机制，激发农技人员的工作积极性和创造性，服务"三美"农业。四是在提拔重用上给予一定倾斜，在领导干部配备、后备干部选任和干部提拔上要有一定比例的农技人员，既鼓励他们安心岗位工作，又提高机关、乡镇的指导服务水平。

4. 建立现代农业科技推广网络，完善农技推广服务体系

建立现代农业科技推广网络，必须以强化区、乡（镇）两级农技推广队伍为基础。在巩固完善区、乡（镇）两级农技推广队伍的基础上，一是要充分利用种养专业大户、专业合作社、家庭农场和农业企业，培育有一技之长的农民技师，依托他们的种养基地，组织开展现代农业科技成果示范，带动现代农业科技的推广与普及，以补充专业队伍的不足。二是要加强与大专院校、科研院所等的横向联系与合作，依托他们的技术优势与资源，联合建立科技成果转化基地，以加快推进农业科技进步的步伐。

（2017 年 8 月）

富阳美丽乡村建设的调查与思考①

富阳区老科技工作者协会城建环保交通组

富阳区在“美丽乡村”建设中，坚持以生态型乡村建设为导向，大力开展特色小镇、特色村创建，精品线路规划，杭派民居、生态村及古村落保护等活动，带动了乡村旅游、民宿产业、电商经济等的发展，使“美丽经济”得以绽放，人居环境持续优化，农民生活水平不断提高，广大农村群众获得感和幸福感与日俱增。

一、美丽乡村建设成效

1.美丽村镇建设稳步推进

近年来，富阳区已完成“沙洲风情、都市农业”和“循环经济、转型发展”两条精品线路建设；优化了“孙权故里，激情场口”和“美丽西部、梦里银湖”精品线路，并使之逐渐成为乡村旅游经典；新建的“浙江味道，银杏之秋”和“烟雨桐洲”精品线路已基本成型。精品线路建设带动了20个美丽乡村特色村创建，从而提升了美丽乡村整体形象。探索具有地方人文特色的民居新模式，成功建造洞桥文村、场口东梓关村、大源望仙自然村、新登秉贤村等浙派（杭派）民居示范村。续建完成大源蒋家村、场口东梓关村2个省历史文化村落保护利用重点村；新增洞桥大溪村、文村村、灵桥新华村为省历史文化一般村，累计完成一般村12个。开展乡镇整体推进工作，打造清洁乡村。鹿山街道等10个乡镇（街道）实施整乡镇推进，开展农村生活垃圾分类及减量化资源化处理试点项目工作。进一步完善了“清洁乡村”工作，促进农村环境卫生的长效管理。目前，东洲街道黄公望村等6

① 本文原标题为“关于富阳区美丽乡村建设的调查与思考”。

个村获杭州市“打造国内最清洁城市”示范点称号；春江街道新建村等 3 个村获得杭州市“清洁乡村”先进单位称号。

2. 生态农业发展势头强劲

至 2016 年年底，全区有区级农业龙头企业 121 家，拥有固定资产 23 亿元，建有各类基地 42 万亩，带动农户 11 万户，年收购农副产品 33 万吨，收购资金 18.8 亿元。同年实现销售收入 65 亿元，上缴税收 2.5 亿元。目前，已建成粮食生产功能区 141 个，面积 13.8 万亩，其中省级粮食功能区 2 个，现代农业综合区 1 个，3 个主导产业示范区，12 个特色产业精品园，并已通过省级认定。积极引导工商资本和民间资本投资现代农业园区建设，目前投资已超过 2 亿元，涌现出了高桥大鲵精品园、新登上旺蛋禽养殖示范区等一批现代农业园区典范。去年还创建完成宝鑫、乔雅、蓝郡等 6 家产业综合园。

3. 发展美丽经济成为强村富民的重要途径

利用环境优势推进农村经济发展是“绿水青山就是金山银山”理论的生动实践。美丽乡村建设打造了农村的优美环境，带动了农家乐和民宿产业的发展，据最新统计，我区经认定的农家乐总数为 168 家，年接待量达 268.5 万人次，营业收入 2.43 亿元。现有民宿 142 户，床位 2400 余张，从业人员超过 2000 人。目前已成功培育打造了 9 个农村现代民宿示范点和 2 个民宿示范村（东洲黄公望村、新桐江洲村）。2016 年又增加 8 个现代民宿点参加杭州市竞争性分配，被确定为创建项目。至 2016 年年底，全区乡村共接待游客 759 万人次，实现营业收入 5.67 亿元。

2015 年，区政府出台扶持政策，每年安排 200 万元用于扶持农村电子商务发展。全区已有 40 家农业龙头企业开展电子商务活动，专业人员 200 余人，建成电商为民服务点 235 个，开设农产品专营店 28 家，建立农产品展销中心 4 家。培育农产品电子商务平台 1 个，电子商务村 2 个（秋丰村和东坞山村），村微平台 4 个，网上年销售农产品 3 亿元。

4. 农村环境整治日新月异

近年来，富阳在整治农村环境方面开展了“百千工程”“四边三化”“清洁城乡”“小流域环境综合整治”“生态村镇建设”“三改一拆”“五水共治”等活动；关停和取缔了一批小造纸厂、小化工厂、小印染厂、小电镀厂、小制革厂等污染企业，使农村环境面貌发生较大变化。实施村级沟渠塘、河道村级河长制，实行村级河道水环境质量责任制，使村级河道黑臭现象得到改观，水质不断提高。开展农村生活污水治理，先后建成污水终端处理设施1247只，受益农户96562户。开展农村生活垃圾集中治理。全区建有垃圾中转站21处，垃圾运输车1348辆，农村垃圾桶(箱)23514只。全区有村级保洁员2547人，并每年统筹安排一定资金专项用于“清洁乡村”工作。开展“美丽庭院”建设。以洁化、序化、绿化、美化为内容，坚持围绕中心抓重点、培训到人抓基点、督查入户抓焦点、分类推进抓难点“四个点”开展美丽庭院创建。

5.生态文明理念得到充分彰显

经过几年的努力，农村居民生态文明观念逐步增强。一是农村生活陋习开始改变。垃圾到处抛的现象少了，以往生活垃圾往溪沟抛，靠大水冲的现象不见了，生活污水到处排的陋习有了较大改变。二是农村村庄比以前整洁了。一些行政村实行村主干道保洁员保洁，庭院和门前户主“三包”的制度；有些村还建立了巡逻队，加大对村庄卫生的监督力度。三是将村庄生态环境建设写入村规民约，作为村民自我约束的制度。四是积极参与文明家庭、美丽家庭和美丽庭院评比和竞赛活动，通过评比和竞赛渗透生态文明理念，提高生态环保意识。

二、美丽乡村建设中不容忽视的问题

随着各地美丽乡村建设深入开展，当前，富阳美丽乡村建设与规划目标和其他地区相比，还存在一些不容忽视的不足和问题。

1.建设不平衡，线路尚未“成线”

按照“串点成线、连线成面、整体推进”的工作思路，富阳确定的精品线路是好的，但在“成线、成面”和整体推进方面还有待加强。特别是“串点成线”方面，有的地方出现“断头路”现象，例如“美丽西郊、梦里银湖”精品线，可与黄公望金融小镇、受降抗战纪念馆、云水湾风情小镇，以及部村、洪庄、坑西等连线成片。“浙江味道、银杏之乡”线路，可与岩岭湖景点、文村建筑、万市银杏、新民村等联片成线。同时，目前实施的精品线路大都紧靠交通要道，远离交通要道的村庄列入较少，这样就会造成资源配置不平衡，一些有条件成为精品线路的村有意见。

2.规划调子过高，管理费用过大

美丽乡村建设必须因地制宜，凸现农村味道。所以，在规划中不能照搬城市规划，而要在规划中体现新农村元素，不然就不是美丽乡村建设了。农村像城市一样建公园，投入大，后续管理难，费用支出高，不符合农村实际。针对农村生活污水治理，应探索一条运维费用低、治理效果好的治理路径，配套的各种设备应符合当地实际需求，以免后续运行因费用大而成为摆设。

3.政府唱独角戏，尚未进市场

美丽乡村建设在富阳已全面铺开，虽已在探索如何将建设中的一些工程纳入市场化运作，但尚未形成吸引外来投资的机制，发挥社会力量的作用，往往出现“政府主导有余，社会参与不足”的现象，农民主体作用没有充分发挥，他们认为美丽乡村建设是政府的事，存在“等、靠、要”的思想。

4.因地不制宜，风格同质化

在富阳美丽乡村建设中推出的农村住宅建筑风格，缺乏地方特色，大都以徽派建筑风格为主，一些群众笑称“青砖立面马头墙，尖木栅栏围着房，水泥油路通四方，草皮植在路两旁”，建筑风貌同质化现象严重。这种人工雕琢痕迹明显、风格雷同的美丽乡村建得多了，给人审美疲劳和弄巧成拙之感。因此，建筑要有地方特色，农村味道。

5.村级经济薄弱，巩固后劲缺乏

从2016年富阳开展的审计情况看，截至2015年年底，全区年经营性固定收入为0的村20个，年经营性收入0—12万元的村142个，年经营性收入12万—20万元的村27个。目前富阳区还有162个村年经营性固定收入在12万元以下，消灭经济薄弱村的任务十分艰巨。

6. 生态文明理念还有待加强

农村干部是美丽乡村建设的倡导者和执行者，农民群众是村庄的主人，是美丽乡村建设的直接受益者，是美丽乡村建设理所当然的主体。但从目前情况看，少数地方还有“等、靠、要”的思想，农民群众参与建设的主动性、积极性还未被充分调动起来，存在着“干部干、群众看”的现象。与此同时，农村的生态文明理念还不够强，生态环保意识薄弱，一些陋习没有彻底改掉，仍有一些地方存在“脏、乱、差”的现象。

三、美丽乡村建设与农村生产、生态等方面的关系

美丽乡村建设涵盖了农村生产、生活、生态等诸多方面，要妥善处理好以下几个方面的关系。

1. 政府主导与农民主体之间的关系

建设美丽乡村，政府是主导，农民是主体，村里的事由农民说了算，政府的主要作用是编规划、给资金、抓机制、搞服务，不能包办代替，不能千篇一律，不能强迫命令，更不能加重农民负担。要探索建立政府引导、专家论证、村民民主议事、上下结合的美丽乡村建设决策机制。

美丽乡村建设不是给外人看的，而是要让农民群众得实惠，为农民造福。美丽乡村建设不能“涂脂抹粉”，乡村不仅要成为城里人到乡村旅游休闲的快乐“驿站”，而且要成为广大农民群众赖以生存发展、创造幸福生活的美好家园。美丽乡村建设的最终目的是让生活在本地的农民提升幸福指数。评价美丽乡村建设的根本标准是增进农民民生福祉，让农民真正享受美丽乡村建设成果；促进生态文明建设和社会主义新农村建设。因此，从规划、建设到管理、经营，自始至终都要实行农民民主参与机制，以保障政府规划建设的美丽乡村和农民心目中想要的美丽乡村相统一，而不是政府的一厢情愿，更不能沦为显现政绩的形象工程。

2. 政府与市场、社会的关系

美丽乡村建设投入大，不能靠政府用重金打造“盆景”，不能靠财政资金大包

大搅，否则不可持续，也无法复制推广。要发挥市场配置资源的基础性作用，以财政奖补资金为引导，鼓励吸引工商资本、银行信贷、民间资本和社会力量参与美丽乡村建设，解决投入与需求的矛盾。

建立有效的引导激励机制，鼓励社会力量以结对帮扶、捐资捐助和智力支持等方式参与农村人居环境改善和美丽乡村建设，形成"农民筹资筹劳、政府财政奖补、部门投入整合、集体经济补充、社会捐赠赞助"的多元化投入格局。

对美丽乡村建设中的一些具体项目（譬如乡村垃圾的收集、运输和处理）的实施，要积极探索新路径，如通过政府购买的方式，交由企业或市场去运作，形成长效运行机制。村庄内部的公共服务设施的维护和运行，也须积极发挥村民自治和社会组织的作用，大力培育和发展乡村社会组织，探索农民自我组织、自我维护、自我管理的社会民主治理机制，最终形成"政府引导、市场运作、社会参与"的美丽乡村建设新局面。

3.财政奖补与美丽乡村建设的关系

并不是所有的乡村都能建成美丽乡村。美丽乡村要建，更多村庄的基本生产生活条件和人居环境也急需改善。要结合农村建设的规律，把财政奖补资金的基数部分用于改善农民的基本生产生活条件和人居环境，而将增量重点用于美丽乡村建设，两者并行不悖。要以普惠保基本，以特惠保重点，妥善解决好重点投入与普遍受益、面子与里子、锦上添花与雪中送炭的关系。

美丽乡村建设的奖补资金，主要用于对美丽乡村建设中的制度创新的激励，而不是用于一般性的硬件设施的建设；同时，要运用好奖补资金，引导和撬动社会资本的投入。

4.统一标准和尊重差异的关系

由于发展不平衡，各地情况千差万别，因此，必须因地制宜，尊重差异，保持特色。在此基础上，对规划编制、资金项目规范管理、建设标准等应有一些一般性的统一要求，源头上规范，嵌入式管理，防止各行其是。牢固树立规划先行、无规划不建设的理念，完善美丽乡村建设规划和标准体系，逐步将标准化工作嵌入美丽乡村建设全过程。

美丽乡村建设除了做好标准化、均等化的基础性公共服务外，还要在乡村特色上做文章，切实把一些具有特色的古村落保护好，把乡村非遗项目传承好，把优秀的乡村文化发扬光大，而不是简单地用同质化的建设标准裁剪、改造乡村。

5.牵头部门与其他部门之间的关系

美丽乡村建设是各级各部门的共同责任，参与的部门越多，对工作的开展越有利，在党委政府领导下，相关部门要各司其职，各尽其责。在推动美丽乡村建设时，整合相关部门的资源，形成建设合力，把分散在各个部门中的各种惠农资金统一整合到美丽乡村建设平台上，使之发挥最大效益。

6.美丽乡村“硬件”建设与“软件”建设的关系

美丽乡村既包括村容村貌整洁之美、基础设施完备之美、公共服务便利之美、生产发展生活富裕之美，也包括管理创新之美。在完善村庄基础设施、增强服务功能的同时，要努力深化农村改革，创新农村公共服务运行维护机制、政府购买服务机制、新型社区治理机制和农村产权交易流转机制等。在美丽乡村建设中同步推进相关改革，进一步破解城乡二元结构，释放农村发展活力与潜力，激发美丽乡村的活力。

四、建设美丽乡村的对策建议

1.规划引领，提升美丽乡村建设品质

美丽乡村的建设规划必须先行。要结合富阳地理环境特点和山水优势，因地制宜，因点施策，统筹规划，分类指导，按区域、分层次设计，切忌持有“乡村城市化”的设计理念，规划要体现“乡土、乡味、乡愁”，以“农”为主，兼顾现代气息，保持田园风貌，防止千村一面。对地处城区街道的乡村要将其融入城市规划，不能再走“城中村”的老路，要有前瞻性。对地处平原的乡村，可根据村庄的文化积淀，资源的沉积率，建设一村一品、一村一特色的美丽乡村。对地处山区的乡村，重点放在规划村庄景区化建设，依托自然环境优势，保护自然山水环境，挖掘人文历史古迹，让美丽的山水环境为美丽乡村建设服务。

在乡村民居建设中，要划分区域，建筑物要与周围环境相协调，要适合农村

居民居住，体现“大气、美观、实用、整洁”，各村各有特色，杭派、徽派等建筑各具特色，改变千篇一律的村貌，使民居与自然景观相融合。

2.突出建设主体，推进市场化运作

美丽乡村和景区化建设要充分发挥农村居民的主体作用，积极探索引入市场机制。要进一步明确美丽乡村建设为了谁、依靠谁的问题。村庄是农民的居住地，也是农民生产生活的重要场所，农村居民是美丽乡村的主人。因此，建设美丽乡村，政府是主导者，农民是主体，村里的事要由农民说了算，要探索建立政府引导、专家论证、村民议事上下结合的美丽乡村建设决策机制。

美丽乡村建设和景区化建设投入大，不能光靠政府的资金打造“盆景”，不能专靠财政资金大包大揽，否则不可持续。要发挥市场配置资源的基础性作用，以财政奖补资金为引导，鼓励吸引工商资本、银行贷款、民间资本和社会力量参与美丽乡村建设，解决投入与需求之间的矛盾，推动美丽乡村建设向前发展。

3.壮大村级经济，增强发展后劲

美丽乡村建设需要大量资金投入，而富阳区不少村级集体经济薄弱，建设资金主要靠政府奖补，因此发展村级集体经济，是美丽乡村建设的当务之急。一是要盘活村集体存量土地，开展生态农业承包经营，为村级集体经济增加来源。二是大力发展电商经济，利用村集体空置的房屋，建立电商服务站等，为村级集体经济增添活力。三是根据村庄景区化建设实际，可参照奉化滕头、桐庐狄浦等村提供景区有偿服务的做法，来增加集体经济收入。同时还可引进一些无污染的企业，来促进村级集体经济发展。

4.串珠连线成链，把乡村建成大景区

富阳要从点上精品向面上美丽转变，继续做好精品线路这篇文章，要进一步谋划点线杰作，穿珠成链，延长线路，使线路景区化，以吸引游客眼球。要挖掘沿线的人文景观、历史典故、风土人情、自然景色，丰富景区旅游内涵；要建设民宿、饮食、特产、地方文化等服务体系，留住游客；要把美丽乡村建设与旅游景点建设有机结合起来，努力打造富阳乡村景区化建设新格局。

5. 制定保障措施，巩固建设成果

美丽乡村和乡村景区化建设工作是一项长期任务，因此要制定切实可行的保障措施，来提高建设的成效。区级层面要建立考核机制和标准，实施定期核查、考核、评比，发现问题及时纠正。相关部门和乡镇可指派人员，与美丽乡村进行联系，及时掌握美丽乡村建设情况，帮助解决一些实际问题。将美丽乡村景区化建设列入生态文明建设目标，成为生态文明建设重要内容和年终考评的依据。

6. 加强宣传教育，提高文明意识

要切实加强对农村居民的生态文明理念教育，结合农村文化礼堂建设，定期对农民进行生态环保知识培训，以及美丽乡村建设如何发挥农民主体作用的教育。要运用农村党员活动日、村民代表大会等大力宣传美丽乡村建设的意义。要利用广播、电视、网络、微信等媒体宣传美丽乡村和乡村景区化建设的目标任务。通过宣传教育，动员广大农民积极参与美丽乡村建设，从参与中感受美丽乡村建设带来的实惠，进而推动美丽乡村建设的深入发展。

（2017 年 9 月）

富阳区委书记朱党其批示

对《富阳美丽乡村建设的调查与思考》一文，2017 年 9 月 14 日，富阳区委书记朱党其做了批示："问题看得准，意见提得好，充分体现了老科技工作者的家乡情怀。谨此表示衷心感谢！希望今后多提这样的意见。此文请献忠副区长牵头认真研处，并请吴区长、林亮副书记关注。"

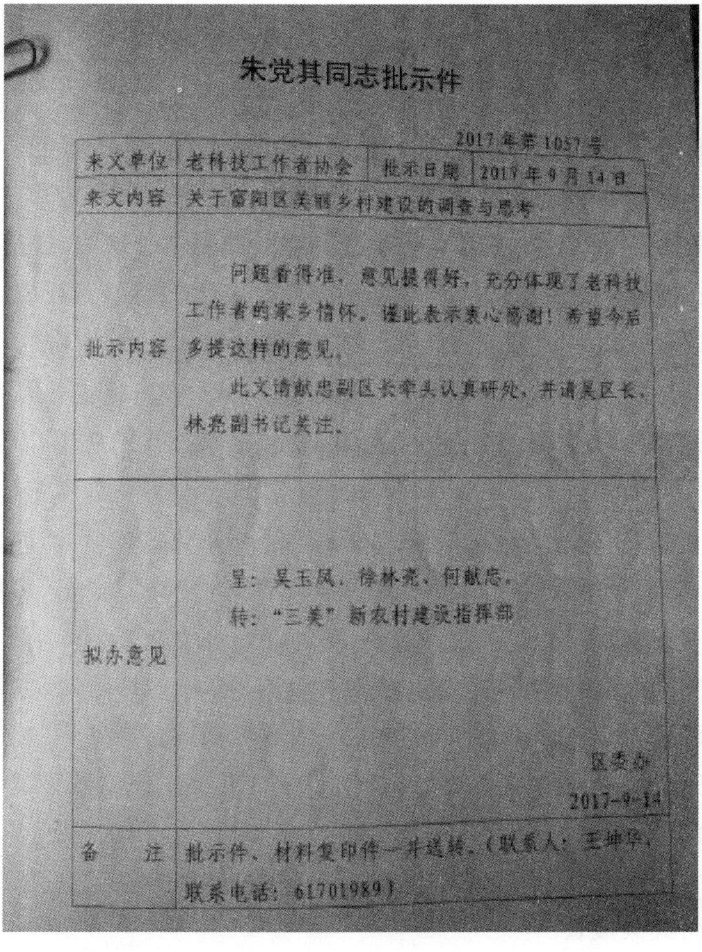

朱党其同志批示件

2017 年第 1057 号

来文单位	老科技工作者协会	批示日期	2017 年 9 月 14 日
来文内容	关于富阳区美丽乡村建设的调查与思考		
批示内容	问题看得准，意见提得好，充分体现了老科技工作者的家乡情怀。谨此表示衷心感谢！希望今后多提这样的意见。 此文请献忠副区长牵头认真研处，并请吴区长、林亮副书记关注。		
拟办意见	呈：吴玉凤、徐林亮、何献忠。 转："三美"新农村建设指挥部 区委办 2017-9-14		
备　　注	批示件、材料复印件一并送转。（联系人：王坤华，联系电话：61701989）		

发展临安竹笋、山核桃产业的几点建议

临安区老科学技术工作者协会

近几年，临安市山核桃和竹笋两大主导产业出现不少问题，有些问题还严重制约了产业健康发展。

一、临安竹笋、山核桃产业存在的问题

由于多种原因，临安市山核桃和竹笋两大主导产业出现不少问题，特别是山核桃滞销和部分雷竹林失管，这两个问题尤其突出，有不少农民兄弟和村干部向笔者咨询两大产业的发展前途。笔者认为出现这些问题是不奇怪的，这是产业发展过程中必然要发生的。因为我们的经营主体是千家万户农民，经营规模小，在产业开始发展时不少农民温饱问题还未解决，他们要奔小康，急于致富，根本不管自然条件是否适合，盲目扩面增量，有的从山脚种到山顶，单一经济作物几万亩集中连片，如岛石 80%是山核桃，严重破坏了生物多样性。全市山核桃从 10 万亩发展到 46 万亩，雷竹从 3.3 万亩发展到 40 多万亩，全部靠农民辛勤劳动种出来。为了增产增效，他们不惜代价盲目施肥、打草甘膦，结果林地土壤退化、病虫害增加、产品品质下降。就拿山核桃滞销来说，也与我们经营主体和销售大户缺乏正确的市场预测有关。

实际上，临安山核桃和竹笋市场前景是十分令人看好的，因为这是在临安特殊的小气候和土壤条件下培育出来的土特产，已得到一批特定消费者的认可。特别是临安优质山核桃和高品质雷笋还是供不应求的。同时，我们也要认识到山核桃与竹笋毕竟是全市农业的两大支柱产业，事关农民增收致富，不能轻视。只要我们在市委、市政府的正确领导下，通过政策引导，运用科技手段，和企业、农民齐心合力，坚持“新、绿、优”理念，认真对待和解决存在的问题，就一定能让这两棵摇钱树健康成长。

二、促进临安竹笋、山核桃产业发展的建议

1.树立新理念，促进产业转型升级

要引导农民从盲目扩面增量，向追求生态可持续减量提质增效转变。按照山核桃、雷竹生物学特性，对于山顶、山脊和地下水位过高不适合山核桃和雷竹生长的位置，逐步改造更换其他树种。这里笔者特别强调的是山顶要“戴帽”，因为山顶的这顶帽子，一是实现临安全域景区化的关键，临安86%是山，一抬头就能看到山顶；二是山顶森林植被是涵养水源的小水库，岛石等山核桃集中产区，不尽快使山顶“戴”上混交林这顶帽子，农民喝水都要成问题；三是山顶逐步恢复以针、阔混交林为主的复层林（乔木＋灌木＋草本），“戴帽”是山区减少泥石流发生的最好生态减灾模式。山东面和太陡的山坡可采用无人机飞播和人工直播造林或更新其他森林植被。因积水又难以改造而造成严重退化的雷竹林和山核桃林，可引导农民恢复其他农作物种植。

香榧是集生态效益、社会效益、景观效益于一身的生态经济树种，可将其培育成临安农民增收的第三棵摇钱树。但是，目前临安已出现盲目扩种香榧的现象，甚至在严重积水的大田畈里都种上了香榧。大田畈种香榧有三害：一是地下水位高，易烂根；二是水稻土太黏，不易发根；三是夏季太热，易晒伤。因此，香榧种植千万不要走山核桃盲目扩面的老路。由于其他县市山核桃、雷竹产业迅速发展，临安在全国面积和产量所占比重会下降。笔者认为我们不用去争全国产量最大，而要争全国品质最优，品牌最响，效益最好。

2.培育一批三产融合发展的新型主体

要对现有竹笋、山核桃专业合作社和农业产业园进行认真调研，分析筛选出一批规模适中、班子强、管理善的经营典型，将其培育成示范型三产融合发展多功能专业合作社和农业产业园。同时支持专业合作社联合起来创办新联合体，走“农合联”现代农业规模产业化之路。加快林地（土地）流转，这是培育新型主体、实现规模经营的关键，要鼓励工商资本、返乡农民、大学生、电商企业等通过竹笋、山核桃林地流转建设多功能产业园。太湖源竹种园就是一个成功的例子，

通过土地流转，经营者经十多年努力，形成了竹子一、二、三产业融合发展的科技产业园，而且通过景观建设使园区成为花园式竹子休闲观光园。我们可以培育不同类型的新型主体和职业农民，创建不同类型的三产融合发展的花园式产业园、科技园和创业园，并将这些产业园集聚起来，使之成为美丽幸福农业产业带和集聚区。

3. 实施山核桃、雷竹林景观改造

在公路沿线照面山的山核桃林中，可套种金镶玉竹种、香榧、茶叶、美丽箬竹等常绿植物（金镶玉竹笋很好吃，也很好看，又耐修剪，不影响山核桃张网采收），林下可套种牧草。将山核桃纯林改造为“山核桃＋竹子＋茶叶＋草”等多种植物套种的复层林，既可以保持水土，又可解决冬荒，成为美丽景观带。牧草还可以用来饲养鸵鸟、山羊等草食动物。对公路两旁严重影响全域景区化战略实施的退化竹林，镇、村要通过调查制定规划，责令承包户限期改造。全市要统一认识，农户有土地承包经营权，也有管好承包地的义务。当前是最好时机，只要清理死竹，砍掉老竹，留养新竹，竹林就会恢复生机。要加强照面山森林保护，严禁在照面山采用劈光、烧光、挖光方式营造经济林和毁林造田、造地。对全市公路两旁照面山林相改造，市林业局要做好规划，市政府要出台林相改造扶持政策。全市要严禁砍伐阔叶林，因为阔叶林是美丽临安的“心脏”。

4. 建设农业科技推广队伍

建设美丽幸福新农业，科技创新、科技人才培育、推广应用新技术是关键。如：生产高品质雷笋（水果笋）供应市场，就要推广个性化竹林土壤生态修复和营养补充技术；山核桃要推广干腐病综合防治和生态化经营技术。在农业科技推广队伍建设方面，市林业局试行农业科技首席专家制，不同产业设置首席专家，并组建相关科技团队，这是一个很好的创举。因此，建议山核桃、雷竹和香榧重点镇（街）至少配备一名专职山核桃、雷竹和香榧林技员，重点村要培养一名山核桃、雷竹和香榧科技带头人，市林业局也要组成若干个以首席专家为带领者的技术团队，上山下乡、进村入户开展农业技术指导，市政府要制定激励农业科技人员上山下乡的政策。市科技局可将确有真才实学（不唯学历职称）并长期坚持上山下乡的农业技术带头人聘为科技特派员，给予一定的下乡补贴。

5. 做好临安山核桃和雷竹的故事宣传

临安是山核桃唯一的原产地，山核桃是临安特殊的气候土壤环境培育的特色乡土树种和森林食品，对此应大力宣传。要讲好临安竹笋故事，宣传临安天目雷笋、天目笋干和太湖源头高品质“水果”笋品牌，提高临安特色农产品的知名度。同时，加强对临安山核桃、天目雷笋品牌和原产地的保护，千万不要将湖南山核桃和江西等外地雷笋混充临安山核桃和雷笋出售，砸临安的牌子。

6. 探索和培育增收新增长点

除了继续加大对香榧等新兴产业的培育外，还要按照市场需求大、三产融合好的发展原则，加强对临安农民增收新增长点的探索和培育。临安有 404 万亩山，发展林下经济，前景十分令人看好，可重点培育。首先可把发展野生动物驯养作为发展林下经济的一个新兴产业来培育。笔者通过多年观察、调研和参与，发现鸵鸟产业是种植业、养殖业、加工业、服务业四业同步，市场需求量大、产业链特别长、三产融合发展的好产业。鸵鸟养殖基本无污染，发展鸵鸟产业有利于促进临安畜牧业结构调整。临安具有得天独厚鸵鸟养殖条件，临安钱林生物科技有限公司（董事长陈根春）与中国科学院合作，对鸵鸟油进行深度开发，取得了突破性进展，相关副产品的加工生产也日趋完善。生产的鸵鸟油被化妆品和健康养生行业看好，并开始应用。

建议市政府和市林业、工商、商务、科技、卫生等相关部门和太阳镇继续加大支持力度，通过招商引资，集聚各方人才，加大与中国科学院的合作，将鸵鸟产业培育成促进临安农业增效、农民增收新的增长点。

（2017 年 4 月）

临安市副市长楼秀华批示

对《发展临安竹笋、山核桃产业的几点建议》一文，2017 年 5 月 2 日，临安市副市长楼秀华批示："请农办、农业局和旅游局阅研、商议后反馈意见给卢书记、我和王安国同志。"

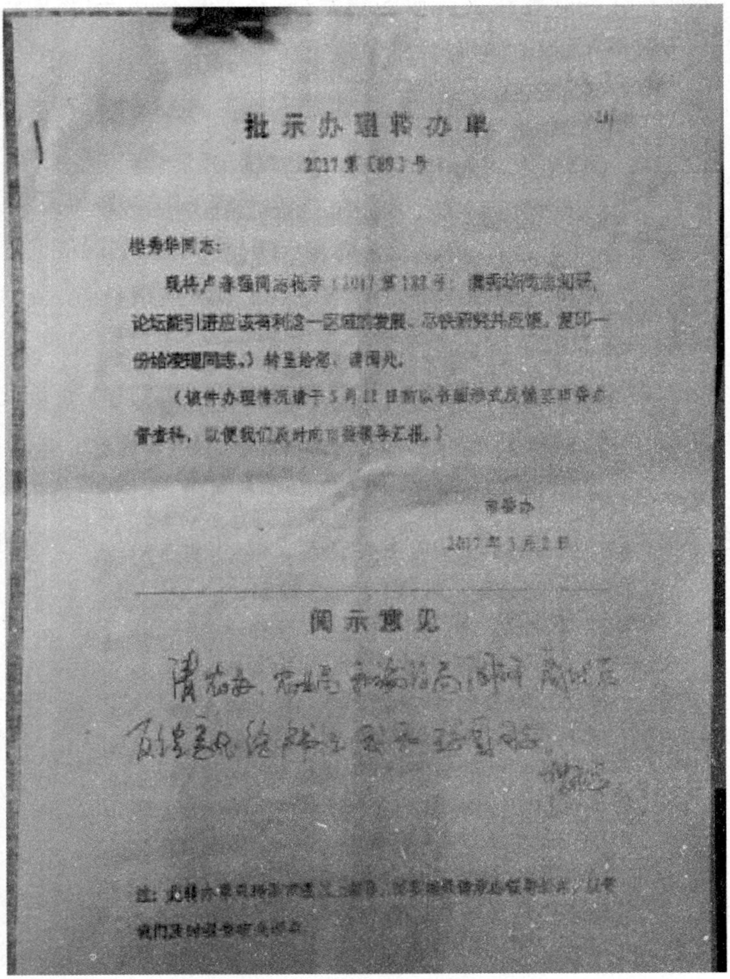

批示办理转办单

楼秀华同志：

市委办

阅示意见

临安205省道两旁区域建设生态景区的建议

临安区老科学技术工作者协会　王安国

一、省道两旁建设生态景区涉及的范围

全域生态景区包括太湖源镇白沙、指南、临目、东坑、里畈、杨桥、高云、宗社、金岫、浪口、青云11个村，锦北街道泥川村，锦城街道横街、钱皇铺、青柯3个村。

二、建设全域生态景区的优势条件

(1)205省道临安段已成为省美丽公路样板，临安市首条精品线。

(2)本区域内有中山、低山、丘陵、小平原，有20多万亩天然林和近自然人工林，2000多种物种，生物多样性十分丰富。

(3)太湖源知名度高、品牌响，太湖源国家生态公园正在申报，境内已有太湖源、神龙川、红叶指南等景区。杭州竹文化园、横街葡萄园，每年接待游客60多万人次，加上农家乐客人，游客达百万人次。

(4)太湖源镇为科技部国家科技合作基地，基地示范点白沙村从1992年起开始参与实施国际项目。来自68个国家的3500多名外宾在白沙村与竹种园参观、考察，接受培训。白沙村和竹种园也成为国际示范林网络、国际竹藤组织、国际生态发展联盟的培训基地、生态文明教育示范基地和项目合作伙伴，并在国际上享有一定的知名度。竹种园与国际竹藤组织合作，两次参与承办了以白沙村为主要示范典型的国际森林可持续经营研讨会，并以竹为媒与“一带一路”沿线国家开展科技合作。

(5)白沙村和指南村已开始编制创建4A级景区村落项目规划,项目完成后两个村面貌将焕然一新。同时白沙村准备在白沙与指南村古道连接处申报太湖源国际论坛项目。项目起因是,2008年和2010年参加国际会议(国际森林可持续经营研讨会)的代表考察白沙村后,建议在白沙村建设太湖源国际论坛会址,定期召开山区可持续发展论坛。

2013年国际生态联盟主席考察白沙村,对白沙村农家乐提出减量提质建议,并在现在花千谷农户家中专门提出具体改造建议。他非常赞同在白沙建一个太湖源论坛国际会议场所,同时,他提出,论坛建筑要有特色,除了保证开会场所和部分高级专家和官员的住宿,其他代表要住在经过改造的农家乐中,论坛投资者要有经营国际酒店经验,拥有高端客户资源,能帮助促进白沙农家乐减量提质。

白沙村按照这个理念,引进上海博大投资发展公司,该公司实力强,并有经营高端酒店管理经验、人才和高端资源。项目一期完成后,公司选择合乎条件的农家乐帮助其改造提升,太湖源客源容量比原有减少270位住宿客人,扣除本项目100位客人,实际可容量比原有单日减少170位住宿客人,按全年150日计可减少约2.5万人次住宿客人。现项目已完成大部分程序,建议市政府给予支持,尽快使该项目动工,既提高太湖源国家生态公园档次,又能促进白沙村农家乐减量提质,保护饮用水源。

(6)该区域范围村落特色明显。白沙、临目、指南、东坑位于太湖源国家生态公园,以原生态、自然充分体现了大自然"野"的味道。里畈、杨桥、高云、金岫、宗社和锦北街道泥川村的竹子特色十分鲜明,以杭州竹文化园(太湖源竹种园)为核心带动周边村庄共同打造世界级竹文化特色小镇。泥川村为全国文明村,宗社村为少数民族村,素云自然村还是香榧示范村。浪口、青云两村是太湖源镇集镇所在地,可结合中心集镇建设。锦北街道横街村果园观光、青柯村鸟笼文化、钱皇铺村钱王文化都有自己的特色。

(7)区位优势明显,能提升临安城市建设品位。项目实施区与临安主城区无缝对接,是离杭州、上海较近的以天然林为主的国家生态公园。市委、市政府将临安城东扩,将青山湖变成第二个西湖,并通过城中村改造,大大提升临安城市品位,这是个高瞻远瞩的决策。如果本项目建成,将使临安城东有青山湖国家森林公园,城西有太湖源国家生态公园,临安将形成城(临安国际化主城区)、乡(太湖源中心镇及相关中心村建设)、野(天然林、近自然人工林和农村野味浓自然村庄)一体化城市格局,临安主城区将拥有世界级品位。去年一位来自美国的专家考察太湖源后,深感中国变化太大了,太湖源完全可以与美国加利福尼亚州媲美。

三、在205省道两旁区域建设生态景区的建议

临安具有建设生态景区的先天优势,若能得到政府及社会力量的支持,生态景区的建成指日可待。建议实施一系列措施助推生态景区的建设。

1.绿化、美化、彩化工程

205省道从临安段环城西路起至白沙村市苓两边照面山实行全面封山育林,除采茶、采果、挖笋、科学伐竹外,严禁采伐一切林木,并因地制宜补植色彩树种,进行林相改造。

2.大树补植工程

建立行、游、娱和文化科研、体育、医疗等一系列观光、休闲、养生体系。初步设立以下9个子项目:

(1)世界竹子种质资源库建设,收集竹种600种以上;

(2)世界竹子培训基地建设;

(3)世界竹子产品展销平台建设;

(4)世界竹文化研究中心建设;

(5)医养结合世界竹子养生中心(馆)建设;

(6)观光型高品质竹笋加工示范厂区建设;

(7)观光型工艺竹材加工示范厂区建设;

(8)观光型高品质竹笋基地建设;

(9)杨桥、高云、里畈、宗社、金岫、泥川3A级村落景区建设。

3.特色文化观光村景区建设

(1)青柯鸟笼文化3A级村落景区建设;

(2)钱皇铺钱王文化3A级村落景区建设;

(3)横街葡萄文化3A级村落景区建设。

(2017年4月)

临安区委书记卢春强批示

对《临安205省道两旁区域建设生态景区的建议》一文，2017年10月31日，临安区委书记卢春强做了批示：“请登峰、秀华同志重视研究此项建议。感谢协会的支持和建议。”

临安区委副书记章登峰批示

对《临安205省道两旁区域建设生态景区的建议》一文，2017年11月2日，临安区委副书记章登峰做了批示：“已和王安国同志联系转达卢书记的意见和谢意。请秀华区长阅研，我们择时专门上门拜访听取意见，时间由你确定。”

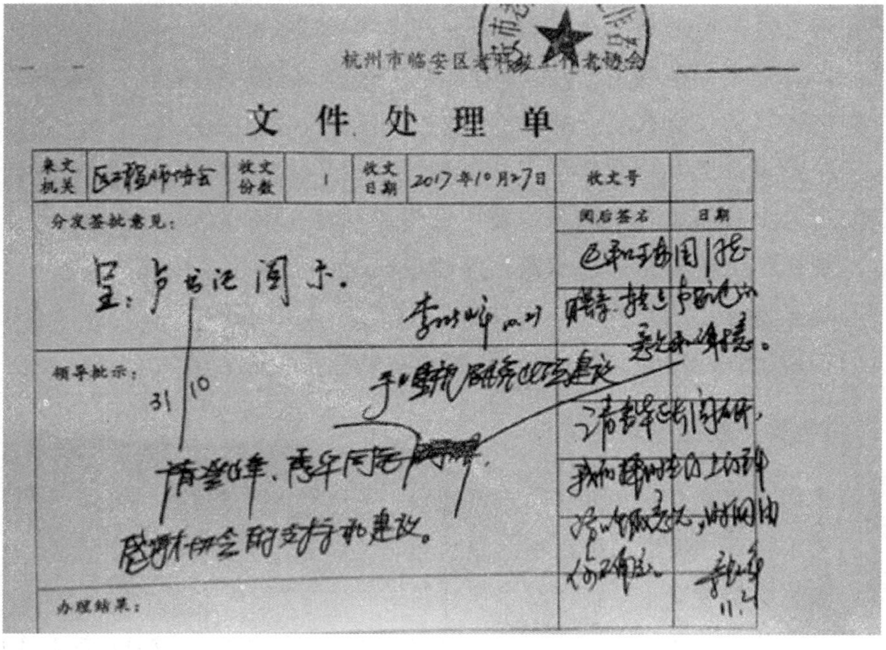

杭州市临安区老科技工作者协会

文 件 处 理 单

来文机关	区工程师协会	收文份数	1	收文日期	2017年10月27日	收文号	

分发签批意见：

呈：卢书记阅示。

领导批示：

31/10

请登峰、秀华同志……感谢协会的支持和建议。

阅后签名 日期

已和王安国同志联系转达卢书记的意见和谢意。请秀华区长阅研，我们择时专门上门拜访听取意见，时间由你确定。

11.2

办理结果：

生态养生，打造临安旅游品牌[①]

临安区老科学技术工作者协会

2013 年 8 月，浙江省公布十大养生福地评选金榜，入选名单依次为临安、桐庐、永嘉、泰顺、乌镇、新昌、武义、定海、仙居、遂昌。临安荣居榜首，这对临安人民是莫大的鼓舞，临安旅游界为此特别兴奋。旅游经济是注意力经济，受人关注了，旅游才能兴旺。此后，临安旅游界在发展生态养生旅游目标上开动了很多脑筋，做了不少实事。

近几年，由于全域景区化，民宿、村落景区等旅游新业态发展太快，生态养生的概念受到冷遇，本文就从这一现状出发，再次提出临安应该厘清思路，坚持生态养生旅游目标的建议。

一、历史回顾：生态优势为临安旅游挣了第一桶金

临安旅游的起点不高，动作也迟。20 世纪 70 年代初，桐庐瑶琳仙境开发成功，为全国县级旅游竖起一面旗帜，几乎同时，我们临安也在思考发展地方旅游业的问题。

当时在县府办内成立了旅游办公室，主要的工作是探讨如何利用天目山、青山湖、湍口温泉、瑞晶洞这几处资源，意在以这几处旅游点为切入口把临安的旅游业搞起来。经过了十多年时间，这几处资源利用成效甚微，临安旅游没有起色，可以说旅游开发尚未破题。1997 年，省下派干部邱忠军任临安市副市长，他提出“打造全国一流的生态旅游城市”的目标，让临安在“生态旅游”上捷足先登，先人一步，临安旅游这才破了题。1998 年太湖源景区建成，1999 年浙西大峡谷

① 本文原标题的“生态养生，临安旅游应该打造的一块品牌”。

建成，2000年后，火山石谷、神龙川、大明山、白水涧等一批生态旅游景区开业。此时，临安旅游才引起社会的关注，华东片的"浙西板块"也就在那时候形成。

浙江工商大学旅游学院陈仙波教授曾撰文对临安生态旅游发展做过实证分析。他指出："临安市旅游业自1997年起发展5年来，从无到有，从小到大，至今已接待海内外游客近900万人次，仅旅游区(点)门票收入就达7400万元，旅游总收入占全市生产总值的比重从1997年的3%上升到2001年的近10%。这些生态旅游产品的推出，在给临安旅游带来生机的同时，也激活了上海的旅行社市场。其中，浙西大峡谷不仅在上海市民中知名度较高，而且还成功地进入了新加坡旅游市场。特别是在短线旅游线路中，临安生态游一直在华东市场上名列前茅，临安旅游的一级市场得到成功的开发和巩固。各客源地城市的旅行社都有临安旅游线路，也都从中获益。临安生态旅游知名度不断提高，为今后临安建设成为华东著名的休闲度假胜地奠定了坚实的基础。"

从陈教授的实证分析中，我们应该有两点领悟：一是肯定了"生态旅游"的观念引入为临安旅游破了题，是生态旅游让临安旅游获得了第一桶金；二是认为临安选择发展生态旅游的战略是正确的，他说："要在全市范围内把生态旅游的气氛搞得浓浓的，以实现一、三、五年内分别接待游客280万、350万、400万的战略目标。临安市发展生态旅游的经验，为浙江全省树立了一个样板。"

临安旅游的成功是在全世界刚刚兴起生态旅游的早期，吃上了头口水取得的，就当时来说它是一种新业态，社会的认可度还非常低。太湖源景区开业时，因为设施尚不完备，遭遇了不少媒体的否定。杭州还有一家权威的大报，干脆就撰文说临安的生态旅游是"毛柴火，长不了"，"出不了几个月就会寿终正寝"。这给临安的旅游业施加了极大的压力。面对压力，临安旅游界选择了继续探索，砥砺前行，结果还是成功了，临安生态旅游并没有在"寒冬"中败落，而是持续红火，形成了临安旅游异军突起的局面。

二、"江南养生殿"是临安生态旅游的概括与愿景

"浙西板块"之所以能异军突起，关键是临安"生态旅游"的牌子叫得早。"搭个棚，开条路，就开始收门票了"，被旅游界视为旅游开发的"临安模式"。这种模式之所以行之有效，有多方面的原因，其大背景就是"回归自然"的社会趋向。都

市人、平原人没有见过山，进入山区，山山湾湾的自然景观让城里人、平原地区人感到十分新奇，大有“回归自然”的感觉。冲着自然生态而来的旅游大军成为临安旅游经济的消费客户。临安生态环境不错，有让广大游客赏心悦目的景致，而且因为处事“早”，临安人抓住了商机，沾了不少光。但从总体上来讲，临安还没有特别出众的“旅游资源”，业已开发的生态旅游景区“低、小、散”特征明显，好景不长的问题确实不容忽视，寻求、探索临安生态旅游可持续发展的路子就成了临安旅游界的一件大事。

进入 21 世纪后，临安旅游的生态景区日趋成熟，由生态旅游构成的旅游业态也日趋稳定，这时候，周边县市的生态旅游也迅速发展起来，大家对“一杯羹”的争夺一下子激烈起来。以观光为主的临安生态旅游优势明显减弱，“生态牌”还能不能打？这时候临安人意识到了不能把吸引游客的动力只拴在“生态观光”上，于是他们大胆挖掘“生态观光、生态运动、生态体验，生态养老”的综合性旅游内涵。2013 年市旅游局又提出把临安建成“江南养生殿”的宏观目标，使生态旅游的内涵与外延都得到了拓展。

“江南养生殿”的提出是对生态养生的概括，也是推进临安生态旅游的一种激励。据考，江南养生殿的创意是从萧山区“华东会客室”的创意中得到启发而萌生的。“殿”要比“室”大，气势不一样；“养生殿”与“会客室”内容也不一样，市场推广更吸引人。将养生、保健、长寿这些功能融合在生态观光之中，生态旅游的含金量就非同一般了。用“江南养生殿”这种形象的比喻来表达我们临安旅游发展的愿景，也有独到之处。但是“养生福地”的桂冠并没有给临安带来多少福祉，原因有两个：一是对“江南养生殿”的理论研究不够深入，也不够普及，旅游圈内对这个问题的认识不是很统一，一些人反应热烈，一些人反应冷淡，推进的步调难以一致；二是领导层的规划未落地，缺乏具体的实施方案，“江南养生殿”的标杆性项目没有落地，结果带来了有名无实、唱唱高调的指责。

三、打造“江南养生殿”品牌生态养生旅游的可行性

养生，可作动词，也可作名词，原指道家通过各种方法颐养生命、增强体质、预防疾病，从而达到延年益寿的一种医事活动。养，有调养、保养、补养之意；生，有生命、生存、生长之意。现代意义的养生指的是根据人的生命过程规律主动进

行物质与精神方面的身心养护活动。生态养生可以让人放松心态,使身体平和。生态养生旅游是一种新兴的旅游形式,其将生态旅游和养生旅游相结合,往往依托旅游地优美的生态景观,同时利用诸多的养生手段和完善的养生设施,为游客提供集观光、休闲、养生服务于一体的综合旅游体验。

对临安旅游做出具体的考量,我们认为,发展以“江南养生殿”为标志的生态养生旅游是临安当下旅游业转型升级的一条捷径。实现这一宏观目标,可以从以下三个方面进行可行性分析:

1.资源优势

临安位于北纬29°56′到30°23′之间,处于世界公认的旅游黄金线上,景色秀丽,风光宜人,空气、阳光都有利于养生,有许多资源优势。

一是空气。PM2.5指环境空气中直径小于等于2.5微米的颗粒物。细微颗粒越少空气质量越好。我国依据空气中所含PM2.5的多少将空气质量分为优、良、轻度污染、中度污染、重度污染与严重污染六个档次。在多年的监测中,临安区域内的PM2.5值都在“优”与“轻度污染”之间。这样的空气质量在长三角区域内非常难得,因此,在旅游宣传中,外地游客对临安的广告语“真山真水真空气”十分认可。前几年,临安推出的旅游吉祥物是森林氧吧的“氧气宝宝”,天目山景区试行“临安卖空气”,浙西大峡谷进行“哪里负氧离子多”的评选等,都是对临安好空气的有效传播与宣传。

二是阳光。临安是山区,群山高耸,把阳光的辐射面分出阳面与阴面,阳光照射有阴阳之分,这就避免了阳光暴晒无遗的问题,阴阳面阳光交错出现,非常适合动植物生长。西部山区地势高峻,不少居民生活区海拔在500米以上。生物学家已经指出,海拔500～800米间的地区,太阳辐射产生的紫外线对人体最有益。紫外线对人体照射的强弱非常有讲究,太强与太弱都不利,像昌北山区的一些山地正好处在紫外线对人体最有益的位置,因此有人断言:昌北多美女,姑娘多细皮嫩肉,就是因为那里的阳光照射提供了最好的紫外线。

三是水。临安有太湖和钱塘江两大水系,两大水系的水源区都在临安境内。因为水源区的环保相当可靠,水流清澈,水量丰沛,许多山区农家都采用山泉水作饮用水,品质更佳。临安境内地下水资源丰富,开采地下温泉用于养生保健,颇受市场欢迎。温泉是养生保健项目中的稀缺资源,湍口温泉、九龙温泉都可以为临安的养生旅游发挥极大的作用。

四是健康食物。五谷杂粮是临安居民的传统主食,米面粗粮、青菜豆腐、植物油、家酿酒这些农家食物是当下十分受人推崇的健康食品。进入21世纪以来,临安种植高山蔬菜、无公害蔬菜,又有效地增加了临安健康食品的品类。

五是道地药材。临安山区的中草药资源十分丰富。获得诺贝尔奖的"青蒿素"原料青蒿在临安可谓俯拾皆是,许多有益于养生保健的草本植物,如车前草、金银花、厚朴叶等非常富足。另外,传统的中药浙八味中有一味叫"於术",主产区在天目山,为传统的道地药材。昌化出产的山茱萸果皮,当地人叫"药枣皮",中药里叫"淳萸肉",《本草纲目》里记载其有"大补"之功。近年来随着农业产业结构的调整,农民种植的红豆杉、三尖杉、石斛等植物为养生保健提供了物质基础。

2.事业有基础

分析临安建设"江南养生殿"、发展生态养生行业的可行性,除了考量我们的物质条件外,还要看这一块领域的事业基础。临安发展生态养生的基础相当不错,我们从三个方面来论说。

一是历史上有彭祖寓居临安的传说,彭祖是中国长寿的代表人物,据传活了800岁。他在临安城东的百岗岭隐居,后人为他建了祠,修了衣冠冢,留下了一些他的传说。改革开放后,天目永安集团公司在开发青山湖北缘的旅游景区时,把彭祖列为主题,建起了"八百里养生文化公园",这从一个侧面可以说明彭祖的长寿及养生之术在临安源远流长,有相当大的影响力,这种影响力便是养生文化,养生文化无疑是这一领域发展的社会基础。临安正是利用这种养生文化进行了一系列实践,如天目山大树林中的瑜伽台、神龙川的神农尝百草的场景、浙西大峡谷里老嫩乡公采草药献身的故事等等。

二是整个旅游行业对推进生态养生发展的集体意识初步形成,也不断地在实践探索中取得经验。除前面我们已经讲到的景区里体现养生文化的内容,其他旅游企业也在探索践行。钱王大酒店餐饮部推出的"钱王鼎""彭祖鸡",就是利用本土养生文化的题材设计的新产品。旅行社组团出游时常把"登高、健身、散心"的口号叫得很响,千方百计用养生保健的内容来组织出游;景区景点在项目创意、设施设计、营销促销中都主动地与生态养生的内容进行"粘贴"。顺应时势发展起来的乡村旅游、民宿、农家乐也根据各自的情况改善条件，掺入养生保健的内容，拓宽接待范围，延长接待时间，让不少城里老人争相到临安来度假养老。从许多方面看，行业中已经有了较好的生态养生群体意识。

三是政府的导向功能已经明显奏效。临安在创建一流优秀生态旅游城市的总目标下，在不同的发展时期，实施了一系列引导旅游行业走向休闲度假、生态养生的举措，如设计森林氧吧宝宝、制订三年行动计划、建立清凉峰旅游度假区等等，倡导旅游企业提升改造、转型升级。这一切都强化了临安旅游要发展生态养生的意识，建成“江南养生殿”的宏伟大计就有了比较扎实而统一的思想基础。

3.市场有需求

旅游市场的出现与形成具有一定的随机性，但总体上说与社会发展密切相关。随着生活质量的提高，人们越来越关注自身的健康。人不可能不犯毛病，也不可能长生不老，但减少疾病，争取益寿延年是可能的。益寿延年需要有好的环境，对好环境的追求就催生了一个庞大的生态养生的客源市场。萧山航民村不少农民到天目山来购买小产权房，是因为临安的绿水青山、清新的空气吸引了他们，雾霾天、酷暑天，他们就举家来临安生活。这一现象就足以说明，生态养生旅游的市场越来越广阔。

四、打造临安生态养生旅游品牌的对策

通过以上分析，不难看出，临安旅游把发展的目标定格在“生态养生”上是正确的，前几年提出的“江南养生殿”的目标形象也十分可取。但为什么进展不快，收效不大呢？这一问题值得大家思考。笔者认为有价值的新事物，其推进都有一个过程，在发展生态养生的旅游转型中，生态养生的目标一时难以实现也很正常。这需要我们针对现实提出对策并加以实施，如此，确定的目标才能实现。为此笔者提出以下三条对策，供大家参考。

(1)统一思想，避免生态养生的认识误区。有人认为临安的生态旅游基础很好，生态观光的优势已经让旁人无法企及。因为名气大，各旅游景区都有一些自己的客源，让都市人利用双休日、节假日到临安来转一趟，调节一下，已经很好

了，再搞“养生”新花头难度太大。有人认为即便打出“生态养生”的旗号，其拉动市场的力度也不如组织一次“模特儿大赛”强劲。这就陷入了“生态养生”无效应的误区。另外，如今政府倡导全域景区化，发展村落景区，有人认为再说什么“生态养生”就有些背时。其实，全域景区化是对旅游领域的外围进行扩展，生态养生则是对旅游内涵进行提升。两者相互支撑，发展才会更快。

(2)典型引路，集中精力抓好几个生态养生旅游项目。前些年，临安提出了生态养生的概念，也确定了“江南养生殿”的形象目标，但在具体项目的部署上缺乏能指导全局的典型样板。招商引资也好，重点项目推荐也好，还没有把“生态养生”项目放在应有的位置上，生态养生的氛围没有营造起来。要扭转这种状况，需要有意识地开发、培育几个生态养生的项目来引领发展之路。

二十多年前，上海有几个医生就想在天目山创办“森林医院”，如果能创办起来，这种森林医院必将为临安的生态养生树立榜样，可惜，他们的设想没有得到临安的重视，天目山的森林医院始终没有建起来。如果那么早就有了像模像样的“森林医院”，临安的生态养生可能早就形成气候了。当然现在抓典型引路仍然不晚。如今临安境内养老机构很多，因为生态环境优美吸引了大批老年人前来养老。我们可以对这些养老机构进行筛选，挑出若干加以扶持与培育，把它们树立为临安生态养生的标杆，以此扩大市场影响力，推进临安生态养生事业的发展。

(3)政策扶持。有人说，中国的旅游属于政府主导型，临安生态养生旅游能不能快速发展壮大，关键在于政府的政策引导。我们认为必须把发展临安生态养生旅游，把临安建成“江南养生殿”，当作事业来抓，而且在政策上有明确的扶持倾斜。一般来说，在生态养生领域里的企业，其规模没法与一些大工业企业相比。所以，在资源要素的配置上要给予适当倾斜，比如，项目立项、项目用地、项目资金、项目用电等。

因为社会发展很快，生态养生的模式与内容变化也很大，政府决策者就应该顺应时代的变化探索新的扶持政策。比如中国式养老，是居家养老为主。现在许多都市人、外地人都到临安来购买房子供父母养老。购买的房子是小产权房，小产权房与现行的房地产政策不相容，但市场又很大，这就需要我们认真研究这个新问题，妥善解决。

温泉是生态养生的稀缺资源。千方百计寻找地下温泉的地方很多，但因为地质条件不同，许多地方是找不到地下热水的。我们临安地质构造有利于地下热水的生成，开发温泉项目是很好的资源利用方式。昌化镇的九龙台地已经打出了高山温泉，但因为手续程序的问题，无法开发使用，这对临安发展生态养生事业确是极大的损失。

五、结束语

临安提出打造“江南养生殿”的目标，是临安发展生态养生旅游的概括与愿景。随着大众旅游时代的到来，生态养生将受到越来越多人的推崇，很值得我们临安的干部群众与旅游业界认真总结与回顾。

国际上的生态养生旅游在20世纪50年代就已推行，国外成功的生态养生旅游模式有很多，主要集中在温泉、海滨和森林旅游上。温泉、森林这两种资源对我们临安来说真可谓是得天独厚。湍口芦荻墩温泉有诗人赞美它“此处无冰常度岁”。冬天不结冰是地热引起的，而地热这种资源由临安的地质结构决定，肯定有相当多的蕴藏，关键是要去探测，用科技钻探的办法完全可以把它开发出来。据传，大华集团公司、国资委的矿业公司都在斥巨资寻找地下温泉，这是很有见地的，对增强生态养生旅游的氛围大有好处。浙江富丽科技公司一年多前就在九龙台地钻探出了温泉。海拔千米的高山上发现温泉，这在世界上也是很罕见的，当然是我们临安发展生态养生旅游的利好。可惜的是温泉钻探到了，但取水许可证被有关部门卡住了，有资源不能利用，是全社会的损失。

临安是森林中的城市，植被资源丰富，天目山大树华盖，很有发展森林养生的优势。前面已经说过，1985年前后，有三位上海老医生，相中天目山的森林资源，提出了在天目山创办森林医院的计划。当时的天目山管理局与上海的三位医生还签订了书面合作意向书。新华社记者还专门写了一条新闻在《人民日报》海外版上报道。可见“森林医院”这种创意受到社会推崇，如能把这类项目搞起来，我们的生态养生旅游的内涵就更加丰富了，但事实上我们没有多少人去考虑森林医院这档子事，就是天目山的旅游经营者也没有去想。

从国际上成功的例子来看，生态养生旅游的主体资源是温泉、森林、海滨。这三者中有两项是我们临安的强项，我们应该在温泉与森林上多动动脑筋，这是我们应该考虑的。

（2017年10月）

临安区委书记卢春强批示

对《生态养生，打造临安旅游品牌》一文，2017 年 11 月 9 日，临安区委书记卢春强做了批示：“感谢协会和陈钢山同志对临安旅游的关心和支持。打造生态养生旅游品牌，值得研究，应是临安大旅游的一份（分）子。请沈建同志研答、吸纳。”

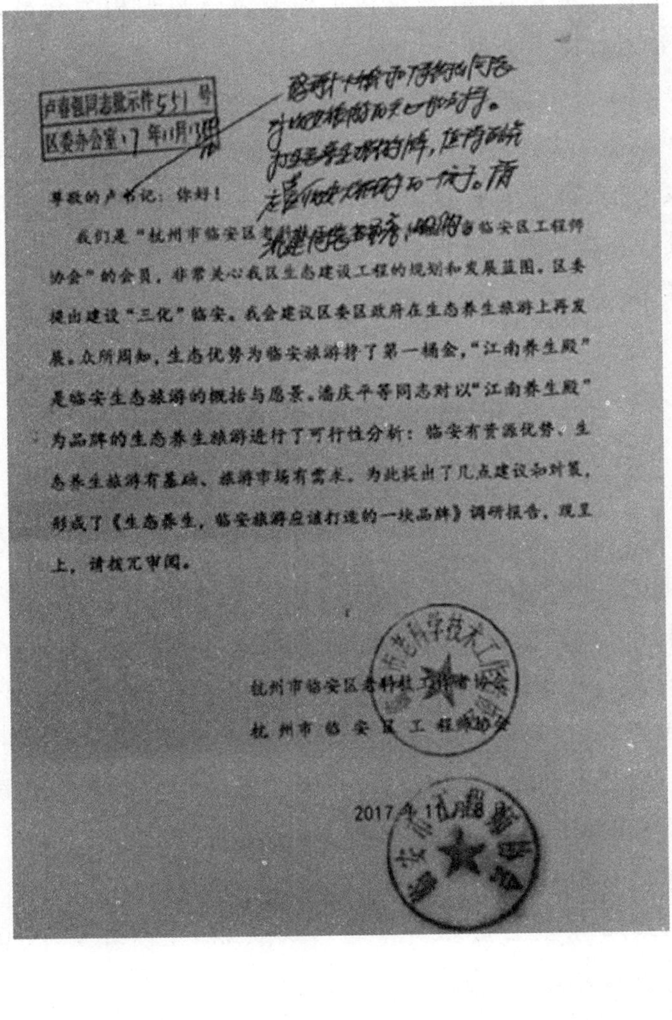

卢春强同志批示件 551 号
区委办公室 17 年 11 月 13 日

尊敬的卢书记：你好！

我们是“杭州市临安区[illegible]临安区工程师协会”的会员，非常关心我区生态建设工程的规划和发展蓝图。区委提出建设“三化”临安。我会建议区委区政府在生态养生旅游上再发展。众所周知，生态优势为临安旅游挣了第一桶金，“江南养生殿”是临安生态旅游的概括与愿景。潘庆平等同志对以“江南养生殿”为品牌的生态养生旅游进行了可行性分析：临安有资源优势、生态养生旅游有基础、旅游市场有需求。为此提出了几点建议和对策，形成了《生态养生，临安旅游应该打造的一块品牌》调研报告，现呈上，请拨冗审阅。

杭州市临安区老科技[illegible]协会
杭州市临安区工程师协会

2017 年 1[illegible]

桐庐蜂产业调研及建议

桐庐县老科技工作者协会

前不久，县委书记朱华在全县产业大会上提出“扎实推进生态产业化与产业生态化”的要求，引起了很大的反响。为推动我县蜂产业这一生态产业的进一步发展，今年6月至8月，县老科技工作者协会组织相关会员，联合县畜牧兽医管理局，对本县蜂产业进行了近两个月的调研。调研组先后深入杭州天厨蜜源保健品有限公司、浙江蜂之语蜂业集团有限公司、杭州碧于天保健品有限公司等蜂产品加工龙头企业和内蒙古异地蜜源基地及部分桐庐蜂场开展调研。通过听取汇报、召开座谈会、察看现场和集中研讨等方式，对我县蜂产业发展现状及其存在的问题进行了分析论证并提出对策建议，供县领导及相关部门决策时参考。

一、目前蜂产业的基本情况

我县是全省蜂产业大县，在全国享有一定的知名度，曾有“全国养蜂看浙江，浙江养蜂看桐庐”之称。1979年，洋洲公社蜂场因连续12年高产，受到国务院嘉奖；2006年，我县被中国养蜂学会命名为“中国蜂产品之乡”；2008年，我县启动全国首个蜂产品质量安全示范区建设；2012年，该示范区被国家质检总局认定为国家级示范区；2013年，我县引进先进的蜂王浆挖浆机及其配套设备，在全国率先推行蜂王浆机械化生产新工艺。1994年以来，我县先后建起杭州蜂之语蜂业股份有限公司、杭州天厨蜜源保健品有限公司、杭州碧于天保健品有限公司等28家蜂产品加工、经营企业，产品远销日本、美国、欧洲等30多个国家和地区。

调研显示，2016年全县蜜蜂饲养量6.45万群，生产蜂蜜5400吨、蜂王浆

250 吨，养蜂年产值 0.88 亿元；主要蜂产品加工、经营销售总额 7.2 亿元，蜂业产业链总产值 8.4 亿元，约占浙江省蜂业产业链总产值的 21%；出口蜂王浆 255.7 吨，约占全国出口总量的 31.8%；出口蜂王浆干粉 85.8 吨，约占全国出口总量的 39.9%。多年以来，蜂产业已成为我县农业六大主导产业之一，而且被称为“空中产业”“生态产业”，既不与种植业争土地，又不与养殖业争饲料，在农业经济中占有特殊的地位。但是，以生态优势、资源优势、品牌优势为特征的桐庐蜂产业目前还存在诸多制约因素和问题，蜂农队伍日趋老龄化，行业逐步萎缩，蜂产品加工业因循守旧、总量增长缓慢，某些方面日趋下滑，产业发展后劲与竞争力令人忧虑。

二、蜂产业中存在的问题及其原因

1.养蜂业

我县 2010 年拥有蜂群 7.94 万群，2016 年下降到 6.45 万群，下降了 18.8%。究其原因，主要有三个方面：

(1)蜂农年龄结构老化。全县养蜂队伍中，50 岁以上的蜂农占 70%左右，且文化程度偏低，思想较为保守，创新发展意识缺乏。蜂农被戏称为“高级乞丐”，蜂群转地放养流动性大、工作辛苦、收入较低，有文化的年轻人不愿以此为业，导致该行业后继乏人。

(2)养蜂组织管理薄弱。我县养蜂业组织化程度很低，大多数采取以家庭为单位的传统流动放养模式。从管理层面看，县、乡(镇、街道)两级对养蜂业管理日趋弱化，没有把它当作一项农业主导产业来抓，管理人员、技术人员力量不足。从组织层面看，蜂业专业合作社在技术推广、维权服务、产销衔接等方面的作用没有得到很好发挥；县蜂业协会作用难发挥，缺乏应有的“话语权”。

(3)蜜源基地拓展滞后。众所周知，养蜂业必须以充足、安全的蜜源为依托。然而，我县目前还没有建成县外标准化蜜源基地，蜂农基本上是采取传统的家庭式自然流动“追花夺蜜”的饲养方式。这样的养蜂模式风险隐患很大，蜂农没有安全的蜜源基地，在内蒙古、东三省等地区四处流动放养，一旦密源地不科学施用农药，蜜蜂便会大批死亡，蜂农损失巨大。同时，蜂农出门在外，屡屡遭受各种名目的乱检查、乱检疫、乱收费等行政干预，还有强行低价收购蜂产品等欺行霸市的行为，这严重挫伤了蜂农的积极性。

2.蜂产品加工营销业

(1)企业做大难。目前，我县的蜂产品加工企业规模普遍不大，28家企业中产值过亿元的只有“蜂之语”“天厨蜜源”“碧于天”3家。1994年年底，杭州蜂之语蜂业股份有限公司的前身“杭州天地保健品有限公司”成立，发展到2003年，该公司的年产值就已过亿元，然而，十年后企业的产值仍在1.2亿元上下。究其原因：一是政府重视不够，蜂产业作为农业主导产业的定位没有落实到位，缺乏发展规划，政策支持力度不大，没有充分兼顾“农业企业”的特点，企业做大做强难；二是行业检测手段跟不上，假蜂产品冲击市场，“指标蜜”“树胶”及其制剂在出口检测中反而比真蜂蜜、真蜂胶容易通过，竞争无序，企业生存发展日趋艰难。

(2)产品创新少。2007年年初，杭州蜂之语蜂业股份有限公司的“蜂之语”品牌被中国蜂产品协会评为“中国蜂产品最具影响力十大品牌”之一，“蜂之语”牌蜂王浆蜂胶粉胶囊、蜂胶软胶囊、洋槐蜜以及杭州天厨蜜源保健品有限公司的“万事吉”牌蜂王浆冻干粉、蜂胶软胶囊、天蜜软胶囊6个产品荣获“中国蜂产品消费者满意十佳产品”称号。“蜂之语”商标、“万事吉”商标先后被认定(裁定)为“中国驰名商标”。但是，近10年来，我县蜂产品再也没有出现有较大影响力的新品牌，而老品牌的市场认知度和影响力也没有进一步提升。例如“蜂之语”公司想把中药膏方的工艺引入蜂产品制剂生产，还打算生产“蜂胶白术片”。但受种种因素的制约，搞了4年，还未能获得国家有关部门的认定。

(3)宣传力度小。“中国蜂产品之乡”这一称号，对蜂产业来说应该是一张“金名片”。但是，命名后这10多年来，我县对这张“金名片”的宣传一直没有引起足够的重视。主流媒体如广播、电视、报纸、网站等对“中国蜂产品之乡”宣传很少。在全县城乡看不到由县里统一打出的“中国蜂产品之乡”大型公益广告。在桐庐城市规划展示中心的“桐庐荣誉墙”上，“中国蜂产品之乡”区位不明显，广告效应不佳。县域内各旅游景点既没有“中国蜂产品之乡”的广告牌，也没有相关的宣传小册子；“蜂之语”“万事吉”这两个品牌主要靠企业自身进行宣传，在社会上影响力不大。

三、发展蜂产业的对策建议

1.各级领导重视是落实产业定位之关键

加快桐庐蜂产业发展，符合我县第十四次党代会提出的“生态立县、产业强县、全民兴县”三大战略，是推动农业产业结构调整、促进传统产业转型升级的正确选择，应该引起全县各级领导的高度重视。为此，建议县政府及产业主管部门积极落实《浙江省蜜蜂产业振兴三年行动计划》，抓紧制定并完善蜂产业发展规划及相应政策，争取省级蜂产业集聚区项目及早落地，助推我县蜂产业发展；县农林局应进一步加强对蜂产业的领导、协调、引导；县蜂业协会应由一位离岗或退休的县级领导担任会长，扩大影响力，切实发挥其协调、服务、管理的作用。

2.加强基地建设，保障蜂农生产基础

养蜂业是蜂产品加工业的基础，而发展养蜂业需要充足、安全的蜜源。内蒙古、东北等地区有着与我们当地错季节的丰富蜜源，每年7—8月份我县有大批蜂农转场该地区从事养蜂生产。因此，建议在进一步巩固县内养蜂基地的同时，积极加强异地蜜源基地建设，在广泛征求蜂农意见、选好蜜源区块的基础上，由县政府出台相关政策，支持我县养蜂企业建立若干个异地标准化“蜜蜂生态牧场”，确保养蜂业安全生产，提高养蜂业的经济效益。

3.优化政策扶持是助推产业发展之保障

蜂产业既然是桐庐农业六大主导产业之一，政府和相关部门应认真研究产业政策的制定和落实。我们建议：一是借鉴江山、龙游等市(县)的经验和做法，制定出台扶持蜂业发展的相关政策，推进县内养蜂场标准化建设、蜂具更新换代以及新技术的应用；二是建立由政府推动、企业主导、整合全县蜂产品加工企业实验室检测优势资源和蜂产品原料的检测共享平台，对县内相关企业开放，以实现检测仪器、人员的有效配置，节约检测费用与时间，保障蜂产品原料安全。

4. 延伸产业链条，促进创新驱动

结合我县打造全国首个健康产业集聚区——富春山健康城建设项目，积极推动蜂产品保健、蜂毒蜂疗健康产业发展，有效延伸蜂产业链条，促进创新驱动发展。为此，建议县政府支持鼓励蜂产业企业引进民间资本，与富春山健康城联合开发蜂产品保健休闲文化中心，弘扬蜜蜂文化、养生文化；鼓励有条件的养蜂企业联手相关医疗机构，创建以蜂毒蜂灸为特色的蜂疗机构，推动蜂疗保健等健康产业发展，形成一条一、二、三产业融合发展的产业链。

5. 抓好品牌宣传，提升产品形象

品牌是具有经济价值的无形资产。为此，建议政府在品牌宣传中进一步发挥引导、推进和服务的作用，加大对品牌的宣传和保护力度。一是政府要对行政主管部门提出明确要求，牵头、联合相关部门形成合力，整合有效资源，建立桐庐蜂产品电子商务平台，将我县的名牌优质蜂产品统一上网进行营销服务和宣传；二是利用多种媒体，如广播、电视、报纸、网站、微信、直播等，加强品牌宣传，通过舆论引导营造全社会关注、信赖、购买品牌产品的良好氛围；三是进一步整顿和规范市场经济秩序，加大打击销售假冒伪劣产品等违法行为的力度，为品牌发展营造一个公平的、法制的、健康的市场环境；四是引导、推动相关企业或蜂业协会举办我县优质蜂产品，尤其是品牌蜂产品推介会，扩大品牌效应，提升产品竞争力。同时，要加大对“中国蜂产品之乡”这张金名片的宣传力度。建议由政府出面协调、蜂业协会出资，在荣正财富广场“蜂巢大楼”上设置“中国蜂产品之乡欢迎您”大幅公益广告；组织编印“中国蜂产品之乡”宣传册，投放到各车站、旅游景点等人流密集处；在蜂产品外包装上加印“中国蜂产品之乡”字样，不断提高桐庐蜂产品的知名度和美誉度，助力我县蜂产业做大做强。

（2017 年 9 月）

建德工业升级之后的思考

建德市老科技工作者协会工交组

面对经济发展新常态，我市一大批企业通过实施“两化融合”发展战略，提升企业智能制造水平；通过优化产业结构，培育新的经济增长点；通过实施创新驱动战略，推动产业结构转型升级，打造我市工业经济升级版。

一、建德工业“两化融合”的发展现状

2015—2016年，我市连续两年“两化融合”指数进入全省前列。2016年，我市“两化融合”发展指数91.3分，位列全省第16位，杭州第10位。实施智慧经济发展三年行动计划、“互联网＋”行动，加快推进“产业智慧化”和“智慧产业化”，2016年，全市70%以上的规模以上工业企业完成信息化改造，5家企业入围国家“两化融合”管理体系贯标试点企业名单，11家企业获评杭州市“工厂物联网”企业，其中3家企业被评为杭州地区示范样板。成为全国首个“支付宝＋县域服务”试点城市和省内第四个“农村淘宝”试点县（市），成功引进中国网库、丘丘谷等一批优质电商平台。全力打造建德浙西跨境电商产业园、逸龙文创园等重点园区，成功创建中国（杭州）跨境电子商务综合试验区建德园区。

1.生产管控水平不断提高

我市企业将ERP系统与OA系统结合运用，实现了采购、供销、财务结算、物流业务的一体化管理。解决了企业流程烦琐、异地操作、物流管理等方面的问题，形成完整的链条，大大提高了企业管理水平。

2.产品创新能力持续优化

“两化融合”，打造信息环境下具有研发创新能力的企业，结合信息技术条

件，对企业研发所涉及的业务流程进行重构和优化，在研发活动中采用相应的信息技术和工业技术手段及工具，强化在研发设计中数据和知识的深度应用，使企业的研发实力不断增强。如深蓝科技公司在销售部门收到客户所需颜色小样后，实验室通过荧光颜色测色仪分析后由电脑从数据库中自动调出颜色配方，通过实验室自动配色机打出小样，再由电脑修正获得最终配方，将配方上传至服务器，生成条形码或二维码。生产人员获得条形码后在生产自动配色系统中扫描，从服务器下载配方至生产自动配色系统，然后由生产自动配色系统完成配方中各个材料的称量、搅拌等工艺，最终自动完成产品生产。

3.企业竞争能力持续提升

企业通过统一管理系统平台和生产控制系统中的大数据，对其生产的产品进行数据挖掘，不断调整生产控制系统的工艺参数，以信息化的先进控制方法优化生产管理，提高生产效率，降低生产成本，增强企业的核心竞争力。

4.企业节能减排有效推进

近几年，我市工业企业利用信息化开展节能减排工作。如南方水泥行业应用的CAM水泥稳定生产智能控制系统，实现从原料配比、生料粉磨、熟料煅烧、水泥制备等工艺过程的数字化和智能化控制，为企业节能减排起到了积极作用。专业化的能源信息管理系统在化工、水泥等行业得到应用，并向其他行业发展。

5.企业智能智造步伐加快

随着"数控一代"、物联网等智能技术的运用，我市装备产业由"制造"走向"智造"，正加速产业升级的步伐。华电电站的"智能"化水平正引领着我市装备制造业升级的新"风向"。

6.个性化定制引领新时尚

个性化定制完全消除了库存，是真正的消费者交了钱，企业根据消费者的需求组织生产。这样，消费者可以用相对便宜的价格，买到品质优良的商品。企业通过个性化定制，不仅自身成功实现转型，还打造出一套柔性生产的整体解决方案，让更多时尚产业实现转型升级，驶入了快车道。

7.企业销售渠道有效拓宽

2016年,从事电子商务的规上工业企业达200余家,其中在“阿里巴巴建德产业带”上的网站客户就有100多户,电子商务交易平台有3家。占石公司为200多户电商企业提供操作指导、旺铺装修、产品包装、信息上网和营销推广等服务。省电子商务产业基地——逸龙文创园,共集中我市电子商务企业86家。2016年,雅鼎公司旗下拥有公司直营店3家,经销商专卖店172家,在淘宝天猫商城上开通“雅鼎”和“亦格”两个品牌官方旗舰店。2016年“雅鼎”和“亦格”官方旗舰店日均流量(PV)为20587次,比2014年增长了112.59%,注册客户数量达到101165个,比2014年增长了108.33%。2016年,据天猫官方统计,雅鼎的电商销售业绩在全国卫浴建材类排名已进入前10名。

二、建德工业“两化融合”中存在的问题

虽然我市“两化融合”近几年发展较快,但仍然存在一些问题,主要表现在:

1.信息设施与先进地区差距较大

根据浙江省评价报告,建德市信息基础设施指标得分全省排名第50位,其中“每平方公里拥有移动电话基站数量”、“固定互联网普及率”和“移动互联网普及率”与先进地区差距较大。

2.人才队伍缺乏和认识程度不足

“两化融合”,人才是关键。据调查,企业信息管理的专业人才十分匮乏,很多企业都是办公室人员兼任企业信息化方面的工作。目前,我市的信息化技术服务主要依靠本市以外的服务商,但外地服务商提供的信息化技术往往与我市企业实际需求有一定差异。由于缺专业人才,企业对信息化缺乏较为系统的认识,有的还停留在计算机和使用“用友”等财务软件的层面。

三、建议:大力推行“两化融合”,培育工业发展新动能

全市上下形成合力,全面推进企业信息化建设,打好工业经济转型攻坚战,

打造建德工业升级版。

(1)信息设施，夯实基础。“十三五”期间，建德通信运营企业共计投入20亿元，其中铁塔公司投入2亿元、联通公司投入1亿元、华数公司投入2亿元、移动公司投入5亿元、电信公司投入10亿元。通过不断加大投入，扩大网络覆盖广度和深度，更好地满足“互联网＋”、大数据、云计算发展需要，缩小我市与先进地区的“数字鸿沟”。加快马南高新园的智慧园区建设步伐，使之成为集应急指挥中心、安全环保一体化平台和智慧应用服务等为一体的智慧园区，提升园区日常办公、安全管理、动态监控、应急救援等管理水平。

(2)规划先行，加强指导。按照信息化和工业化融合的“十三五”发展规划，加大对信息化产业和工业企业实施信息化的政策扶持力度，由市经信局牵头，在工业企业中，指导帮助企业制订信息化专项规划，加快ERP、MES/DCS、PLM、SCM系统和电子商务应用系统在工业企业中的应用和推广。

(3)培训人才，强化意识。“两化融合”急需解决的问题是人才，特别是智能制造往往融合多种技术，跨越多领域，对复合型人才需求大。一是要加大对企业管理层特别是CIO(首席信息官)的培训力度，壮大企业信息方面的人才队伍。二是人才培养的一个重要基础和前提就是首先要实现企业内部的信息化，要求企业必须以信息化为主要手段，加快提升现代管理水平。

(4)典型示范，全面推广。我市部分重点企业的信息化建设已经取得明显成效。如新化化工的智能制造、大洋生物的能源管控、深蓝新材料的研发设计协同化以及鸿丰制品的个性化定制，这些优秀案例是我市企业开展信息化建设最实际、最生动的教材。通过加大对示范试点企业或项目的宣传力度，充分发挥示范带动作用；通过召开动员会、现场会，以点带面进行宣传，发挥典型示范作用。

(5)智能制造，转型升级。随着移动互联、大数据、云计算及人工智能等技术不断成熟，制造向“智”，大势所趋。马南园区智慧系统利用大数据、物联网、无线通信和云计算等技术，实现化工设备的自动预警、数据和状态的远程监控、参数和运行的远程控制等智能操作，实现我市工业经济转型升级。

(2017年10月)

推动淳安蚕桑产业规模生产促进蚕农增产增收

淳安县老科技工作者协会蚕桑分会　柯红成

淳安县的蚕桑产业在历届县委县政府的高度重视下，已成为我县农业产业中对外宣传的一张金名片。过去10年，蚕桑产业仅蚕茧收购支付的现金就达24亿元，对蚕农的增收作用十分显著。然而，我县蚕桑产业从2009年开始连续8年下滑。2016年全年累计发放蚕种6.76万张，生产蚕茧2647.2吨，蚕茧产值11496.7万元，蚕桑总产值13515.9万元。与2015年相比，蚕种减少20.6%，蚕茧产量减少28.7%，蚕茧产值减少24.2%。

蚕桑产业在淳安上规模发展已有30余年，由于受产业自身不足及其他产业竞争的影响，短期内下滑态势还难以逆转，但蚕桑产业具有投入产出周期短、来钱快的特点，特别是我县蚕桑产业具有一定的产业规模、质量品牌和龙头企业带动等优势，同时蚕桑产业具有巨大的生态效益，与我县环境保护、生态建设的政策非常吻合，故今后较长一段时间内，蚕桑仍将是我县农村经济的重要组成部分，其他产业难以完全替代。

一、淳安蚕桑产业现状分析

目前，淳安县建有省级特色优势农产品生产基地3个、市级都市农业蚕桑示范园区9个、蚕桑科技示范基地2个，年繁育桑苗能力500万株，年产一代杂交种能力达20余万张，为浙江省四大蚕茧重点产区之一。

根据2016年蚕桑生产规模，可将我县21个有蚕桑生产的乡镇主要划分为三类，其中：一类6个，为蚕桑重点乡镇，即威坪镇、浪川乡、姜家镇、汾口镇、梓桐镇、界首乡，共占我县蚕桑总量的93.7%，蚕桑是当地农村经济的骨干产业，是农民收入的重要来源；二类3个，为蚕桑局部优势乡镇，即鸠坑乡、枫树岭镇、临歧镇，共占我县蚕桑总量的4.5%，蚕桑是当地部分村农民收入的主要来源之一；三类12个，为涉蚕桑乡镇，共占我县蚕桑总量的1.4%，蚕桑仅为部分村农民经济收入的补充。

近年来，我县蚕桑生产规模减幅虽大，但户均规模基本上稳定在6.5张以上，较为稳定。2016年，我县21个乡镇224个村1.01万养蚕农户，户均养蚕规模6.7张，与蚕桑高峰期2008年的7.3张相比，减幅并不大。从调查情况看，我县蚕桑产业下滑，主要原因是部分本来从事蚕桑生产的家庭，顺应国家、社会发展趋势，离开蚕桑产业转移到第二、第三产业。因此，培植和稳定养蚕大户，是稳定蚕桑产业的当务之急。

二、蚕桑产业提质增效的主要措施

2016年中央一号文件指出：要发挥多种形式农业适度规模经营引领作用，坚持以农户家庭经营为基础，支持新型农业经营主体和新型农业服务主体成为建设现代农业的骨干力量，充分发挥多种形式适度规模经营在农业机械和科技成果应用、绿色发展、市场开拓等方面的引领功能。

蚕桑规模经营是提高蚕桑生产效益的有效途径。积极培育蚕桑经营大户，通过桑地有偿流转、租赁、桑园托管等形式，鼓励桑园向养蚕能手集中，这样既有利于先进技术的推广应用，又使产业化发展有了基础，同时还能提高规模大户的经济效益。具体到我县，建议从推进蚕桑保护区建设、培育规模养蚕户、建设精品原料茧基地三个方面着手，推动蚕桑产业规模生产，提高产业比较效益，促进蚕农增产增收。

(1)推进蚕桑保护区建设。依托我县3个省级特色优势农产品生产基地、9个市级都市农业蚕桑示范园区，按照“整合一批、稳定一批、提升一批”的要求，在全县范围内(主要是6个蚕桑重点乡镇)重新设置若干个蚕桑保护区，加快保护区内桑园更新改造速度，建设核心区桑园面积在500亩以上的规模化示范区10个。

(2)培育规模养蚕户。探索推进桑园流转机制，以培植特色乡镇为载体，通过转包、租赁、土地入股等形式，推动成片桑园在有偿互利原则上向专业大户、蚕农专业合作社、家庭农场集中。争取在3年内，建设桑园面积在100亩以上的规模化家庭农场10个；培育年产茧500公斤以上的养蚕大户100个。

(3)建设精品原料茧基地。一是完善和创新蚕茧生产收烘管理机制，借鉴"富安"模式，坚持不懈地抓好蚕茧质量提升工作，打造出口品牌蚕茧基地。二是探索推进"品牌企业＋精品原料基地"经营模式。积极与万事利、凯喜雅等省内外知名企业对接合作，借船出海，借梯登高，打造蚕桑企业基地。三是在全县建立3～5个可缫制6A级以上生丝的优质茧精品基地(以茧站为单位)，从生产、收烘入手提高茧质，通过辐射带动，促进全县蚕茧质量再上新台阶。

三、发展淳安蚕桑产业的几点建议

(1)鼓励扶持规模发展。一是鼓励养蚕大户。要培养一批根据家庭劳力情况，确定年蚕桑收入在3万～5万元、5万～10万元、10万元以上的三种规模化养蚕大户。二是鼓励创建农场式规模化养蚕点。对新建的拥有桑园20亩以上，年产茧量2000公斤以上的农场式规模化养蚕点，要给予资金、技术等各方面的倾力支持。三是扶持建设一批专用蚕室。在蚕桑重点乡镇或蚕桑重点村，划出部分土地，规划新建一批大蚕室，租赁给蚕农养蚕，政府在用地指标及资金上给予扶持。

(2)坚持做好冬种桑工作。做好冬种发展，力争每年种桑(强桑1号)5000亩左右。桑树的盛产期一般为10年左右，现在良田平地里的桑树，基本上是在2001～2008年种下的，如果要保持蚕桑产业的相对稳定，我县每年正常更新改造桑园面积应达到桑园总面积的5%～10%。

(3)抓好养蚕安全保障工作。一是扶持建立桑、蚕重大病虫预警预报机制。加强桑、蚕病虫测报技术队伍建设；加大连片桑园防旱防涝的水利设施投入；加快蚕桑重点乡镇(村)组建桑树病虫统防统治专业合作社；加强蚕桑重点乡镇(村)蚕沙的统一收集和无害化处理。二是继续推行蚕桑产业政策性保险。蚕桑是弱质产业，是典型的自然风险大的产业。建议继续推行蚕桑政策性保险，并不断完善，解除蚕农后顾之忧，增强从事蚕桑生产的信心。三是蚕桑重点产区实行砖瓦、水泥企业(环保监测达标的企业除外)限时停窑停产。

(4)全面推行省力化养蚕技术。一是继续扶持"十天养蚕法"。对"十天养蚕法”三星级以上示范点，优先在专用小蚕室、专用桑园及相关配套设施建设方面给予扶持。小蚕专业饲育比例要提升到50%以上。二是大蚕探索实行全年条桑育、新型蚕台育、棚房专室育、上蔟自动化，从而大大降低劳动强度，提高劳动效率。三是推广使用桑园翻耕机、桑树伐条机等设备，提高蚕茧生产机械化程度。四是积极推广农场式工厂化养蚕、连续化多批次养蚕。

（2017年4月）

淳安县委书记黄海峰批示

对《推动淳安蚕桑产业规模生产　促进蚕农增产增收》一文，2018 年 1 月 8 日，淳安县委书记黄海峰做了批示："老科技工作者协会的建议很有针对性、指导性和前瞻性，向老同志们致以敬意和问候！请松懋同志结合茧丝绸公司混改，提出可行性建议方案。"

推动蚕桑产业规模生产　促进蚕农增产增收

我县蚕桑产业规模发展已有 30 多年，在历届县委县政府的高度重视下，已成为我县一大支柱产业。淳安县是杭州市实施"丝绸之府，女装之都"发展战略的优质原料茧和桑蚕丝生产基地，年产茧量占杭州市总量的 60%以上，占全省的

中共淳安县委文件阅办单

来文号					
来文机关	县老科技工作者协会	文别		密级	
收文日期	年　月　日	送出日期	2017 年 4 月 26 日		
批办意见	呈黄书记阅。				
领导批示	老科技工作者协会的建议很有针对性、指导性和前瞻性，向老同志们致以敬意和问候！请松懋同志结合茧丝绸公司混改，提出可行性建议方案。 1.8				
备注					

推广“鸠16”无性系品种引领茶产业转型升级的建议①

淳安县老科技工作者协会农业分会

茶产业是我县百源经济的骨干产业，也是百姓收入的重要来源。良种是高效农业产业发展壮大的根基，我县茶产业的转型升级迫切需要用优良品种来引领，通过好茶好价来提升茶产业的整体效益。我县用“鸠16”无性系品种生产的千岛湖龙井，已连续三年荣获“中茶杯”金奖；而且，经生化分析，“鸠16”品质要明显高于白叶一号，浙大老教授、育种专家刘祖生先生也对其品质给予了高度评价。因此，“鸠16”无性系品种在全县大有推广价值。

一、“鸠16”无性系品种的特征及优势

“鸠16”无性系品种，是20世纪80年代由淳安县农业局茶技站优选的一株鸠坑群体种单株。经品比试验，品质具高山茶品质特征，但产量仅为对照福鼎种的70%，所以当时并没有引起重视，更没有推广（当时选择了产量更高的“鸠20”，即“鸠坑早”）。“鸠16”属早生种，采摘期与“鸠20”相近，乌牛早下山即可采“鸠16”。芽形中等，幼嫩叶以黄为主，成叶直立。

去年，县茶技站送样进行了生化分析，“鸠16”氨基酸含量高达8.4%，酚氨比1.67；氨基酸含量高出白叶一号44%，酚氨比要比白叶一号低42%。今年送样分析呈同样趋势，氨基酸含量比白叶一号高15%，酚氨比要低24%。从数据看，“鸠16”的品质要明显高于白叶一号，其品种价值不可小觑。

---

① 本文原标题为“关于在我县大力推广‘鸠16’无性系品种引领茶产业转型升级的思考与建议”。

2013年浙大老教授、育种专家刘祖生来淳安考察鸠坑种，在品尝“鸠16”茶叶时，对其品质给予高度评价（在《茶乡千岛湖》上有专题报道文章）。而后，县茶技站建立“鸠16”生产和文化示范基地，选址在县茶叶良种场。2014年年底规划，2015年春种植，至今已两足龄多一点（2015年、2016年都有总结，刊登于《茶乡千岛湖》）。今年，春茶采摘芽叶110斤，亩产12斤，按当时的青叶价计产值1200元。今年5月份考察，全园小行已封行，茶树高40 cm以上，生长特别好的树高达71 cm，树幅74 cm（原因待考证），下半年即可封行。

为探索“鸠16”无性系良种的全程种植、栽培、采摘和加工技术，县茶技站和我会会员安排了多项试验。一是改善提高机制龙井茶品质试验，经2016年、2017年的试验，得出了明显高于白叶一号的技术参数。二是强枝壮芽技术采用不同修剪方法的效果试验，2016年布置，2017年考察产量，目前正在总结。三是开展茶树花生产应用的试验。针对“鸠16”茶树花多的特点，开展探索茶树花的生产应用，其成果准备总结推广。

总之，通过示范基地的整地、种植、培管、采摘，对“鸠16”无性系品种有了新的认识。产量低可以通过调整栽种方式来改变，即密植；质量方面，可以通过机制龙井茶综合技术将外形、色泽、香气和滋味发挥至极致：有量有质可以说“鸠16”前途无量。

二、茶产业市场前景与趋势分析

现在，随着市场不断发育成熟，茶叶的自然品质已被市场接受和认同。随着茶文化的推广普及，懂茶及会喝茶的人大增。喝茶不仅仅是为了解渴，更多的是为了精神上的享受，因此，人们对品质的要求是必然的。随着社交往来的不断增多，交流交际的档次也会提高，对高品质茶的需求更高，因此高品质茶的市场需求只会越来越大。

我县的茶叶都以中低端价格在市场中交易，这与我县的茶叶因生态和海拔优势形成的优质品质极不相称。因此必须通过高品质茶的生产来打破这一格局，通过好茶好价来提升茶产业的整体效益。

我省近年推出的白叶一号、黄金芽、御金香、黄茶一号等以口感好、香气诱人为质量特征，获得了市场认同，取得了非常好的经济效益。它们的品质共性为：

芽叶白化或黄化,生化分析显示氨基酸含量高、酚氨比低,口感鲜爽、茶香诱人,色泽鲜活、黄绿明亮。这些特征都是高档绿茶特别是名茶必备的,因此获得了市场的认同,成为市场的佼佼者。

最典型的例子就是一株白茶成就了安吉县的茶产业,12 万亩茶山,12 亿产值,是习总书记倡导“两山”理论的典型。后起之秀缙云,要以黄金芽作为茶产业发展的根基,使其打造的缙云黄茶品牌成为浙江的后起之秀。

三、推广“鸠 16”种植的措施与建议

“鸠 16”与“鸠 20”是从群体种中优选的单株,其基因来自鸠坑种,是对鸠坑种的传承,代表着鸠坑种的发展方向。我们现在宣传的“鸠坑种、母亲茶”,这两个无性系品种即可代表和发扬。“鸠 16”生产的绿茶产品更优,降低了鸠坑种生产龙井茶的难度,用“鸠 16”品种生产的千岛湖龙井已连续三年获“中茶杯”金奖,我县斗茶大会上获金奖的也不缺其身影。若用于生产龙井、毛尖和高绿,其市场必然看好,作为绿茶的当家品种是众望所归。“鸠 20”生产的红茶已连年获奖,就全国来说,还没有超越它的品种,因此代表鸠坑种能生产红茶就更显示了其品质的优良。一绿一红是鸠坑种的代表,推广这两个品种使我县的生态环境优势得以充分发挥,品种助推品质的形成,品质助力品牌营销,千岛湖茶今后将在浙江、全国,乃至世界重现昔日“遂绿”的辉煌。为了做好推广工作,我们提出以下建议:

(1)县委、县政府要当机立断,尽快决策。建议立即召开专家论证会,考察“鸠 16”示范基地,听取有关“鸠 16”的汇报和专家们的意见,以提高决策的科学性。

(2)做好宣传和培训。茶农想致富的心情十分迫切,白茶有万亩的种植规模,黄金芽等品种也有引种,但少有种植“鸠 16”的。这说明我们一是认识不足,二是底气不足。因此要做好宣传推广,培训茶农,让茶农跟着我们做,避免茶农盲目生产。

(3)宣传促销要同步跟进。品种、品质、品牌与一个产业发展的关系大家都十分明了。前面已论述了品种与品质的关系,我们要认识到这是我县的优势,如鸠坑种一样,只有种在鸠坑的生态环境中,才能将种性发挥出来,这两个品种也

一样，这是不可复制的优势。因此品牌宣传要早策划、巧策划，要把品种与生态有机结合，扬长避短。

（4）要鼓励工商企业投资。茶产业要得到长足发展，必须有工商企业来投资，这样才有后劲，才能带动产业发展和升级。县里要有鼓励发展两个无性系品种的政策，各级政府要做好服务，推广专业化生产，让茶农只从事卖茶青这一项工作。

（5）县茶技部门要做好服务工作。科技是第一生产力，而品种是技术的结晶，发展第一生产力，就必须在服务上做文章。一是教茶农怎么种，开淘施基肥、面肥等技术要培训到农户；二是教茶农怎么做，有了好品种怎么做出好茶叶；三是培育一株壮苗，高要 30 cm 以上，要有侧根，须根发达，出圃量控制在 12 万棵以内。

（6）要有实实在在的扶持政策。要加大对发展两个无性系品种的扶持力度。对规模发展的扶持力度要大，工商企业发展以百亩为起点，建议按标准种植每亩补贴 200 元。对种苗要求统一育苗，符合规格要求，优惠供应，建议其中差额由财政补助。农户按标准种植，建议种 1 亩补助 100 元。

（2017 年 6 月）

淳安县委副书记董文吉批示

对《推广“鸠 16”无性系品种引领茶产业转型升级的建议》一文，2017 年 7 月 6 日，淳安县委副书记董文吉做了批示：“请农办、农业局阅参。”

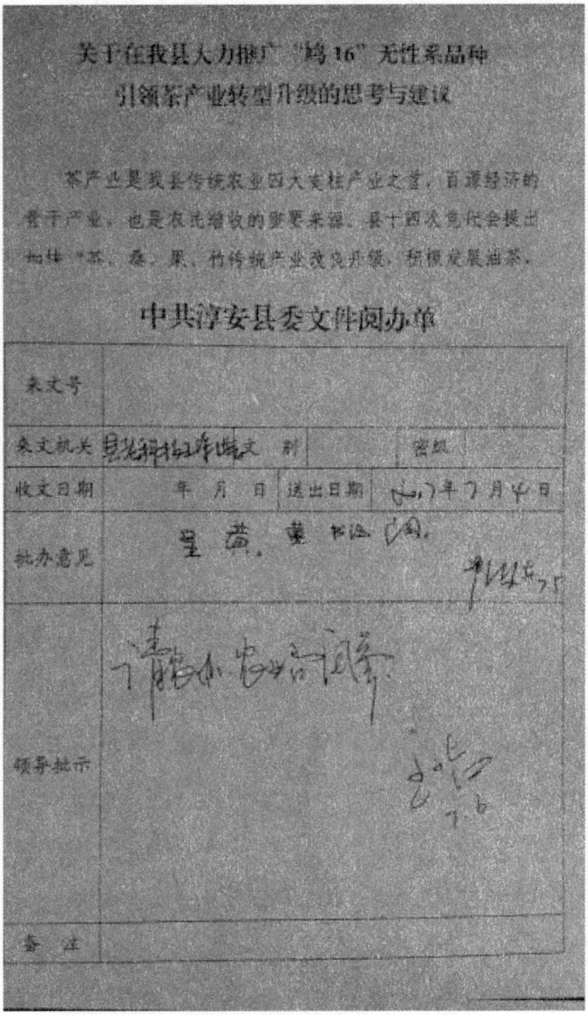

关于在我县大力推广“鸠 16”无性系品种
引领茶产业转型升级的思考与建议

茶产业是我县传统农业四大支柱产业之首，百源经济的骨干产业，也是农民增收的重要来源。县十四次党代会提出加快“茶、桑、果、竹传统产业改良升级，积极发展油茶，

中共淳安县委文件阅办单

来文号					
来文机关			份		密级
收文日期	年 月 日	送出日期	2017年7月5日		
批办意见	呈黄、董书记阅。				
领导批示	请农办、农业局阅参 7.6				
备注					

将淳安宋村、王阜两乡打造成“云源丽都”风景区的思考和建议①

淳安县老科技工作者协会文教分会

随着我县“两高”时代的到来，宋村、王阜两乡的交通条件发生了巨大的变化，后发优势将逐步显现，迎来了千载难逢的发展机遇。如何抓住机遇，把即将到来的交通优势、地理优势与固有的资源优势、产业优势结合起来转化为发展优势，走出一条区域合作、资源共享，共同开发、融合发展之路，把绿水青山转化为金山银山，引导两乡人民跨入建设康美之乡的快车道，是摆在宋村、王阜两乡党委、政府面前的新课题。

为此，2017 年 5 月中旬，县老科技工作者协会会长朱宝华率下属旅游、教育两个分会的部分会员深入宋村、王阜两乡，召集部分乡、村干部就“两高”时代即将到来，两乡如何提前介入、科学规划，整合资源、发挥优势，带动乡民迅速致富，当好践行“两山”理论标杆，全面推进百源经济，建设康美都源做了调研。通过调研，会员们认为：宋村、王阜两乡属云源溪流域，是一处风光绮丽，物产丰富，鲜为人知，使人向往，催生愿望的神奇土地，具有发展乡村旅游业的交通优势、资源优势和产业优势。两乡亟须进行无缝对接，整合资源，互为依托，形成合力，加快实施全域旅游战略，将宋村、王阜区块建成淳安西北地区最美的乡村旅游风景区，景区名可暂定名为“云源丽都”。建议以红色旅游为引领，调整产业结构，将乡村旅游业提升为主导产业，以旅游为龙头带动各业综合发展，以红色搭台，绿色唱戏，形成新的块状经济，加快当地人民群众致富步伐。现将调研情况汇报如下：

① 本文原标题为“关于将宋村、王阜两乡打造成‘云源丽都’风景区的思考和建议”。

一、“两乡”现状及优势

1.交通优势

长期以来，宋、王两乡虽然拥有丰富的资源，但因远离交通主干线，经济发展受到严重制约，特别是乡村旅游开发。其仙人潭、金岙幽谷两处都是淳安最美、最早开发的景点，早在20世纪80年代就名声在外，后因交通不便被搁置。“两高”开通之前，境内只有两条县道。一条是潭唐公路，从千岛湖到王阜边远山村，有一百多公里；另一条是宋王线，由环湖公路至宋村接口，然后穿越宋村至王阜边远山村，也有百把公里。高速、高铁建成后，宋村、王阜的交通状况将得以全面改观。

(1)从威坪镇塔岭至坪山(青溪新城)的千黄高速淳安段，途经威坪、宋村、金峰、汪宅，是淳安境内腹地唯一的高速，在宋村设有互通出口，届时千岛湖至黄山只需1个多小时车程，从王阜、宋村进入黄山、千岛湖极为方便，大批进出黄山、千岛湖的游客可直接进入宋村、王阜。

(2)高铁开通后，宋村、王阜两乡成了除千岛湖镇、文昌镇、金峰乡、左口乡外离交通主干线最近的乡镇，宋村离高铁文昌站只有半来个小时车程，到王阜只有四十来分钟车程，昔日最偏僻的乡村，其交通条件、区位格局彻底逆转。这将成为开发“云源丽都”风景区的最大优势。

2.资源优势

(1)生态资源一流。两乡都属山区，地域面积247平方公里，境内四周群山环抱，峰峦连绵起伏，峡谷两侧的高山海拔一般在700米至1400米之间，以西北部与安徽省交界的搁船尖最高，海拔为1477米；其次为金紫尖，属昱岭山脉，海拔1450.8米，是昱岭山脉在淳安境内的最高峰，周围群山环抱，山上林木青翠，植被面积达92%，森林覆盖率达86%。中间一条云源溪，水长溪宽，贯穿宋村、王阜两乡，全长62公里。从浙皖交界的搁船尖东麓，由北向南流经王阜乡的闻家、新合、马山、王阜、郑中、金紫等村，然后向南进入二十五里青山，穿过宋村乡，注入千岛湖，其中二十五里青山、闻家生态沟、金紫尖生态保护区都极具旅游开发价值，是宋村、王阜两乡最大的生态优势。

(2)地貌景观别致。宋、王两乡以喀斯特地貌为主，属黄山余脉，虽不如黄山险峻，但更显清丽温婉，旅游资源十分丰富。岩溶景观中有断裂岩层形成的奇独石门、金畲幽谷及峭壁悬崖。山岳形胜景观中有金紫尖、搁船尖(上有明教光明顶)、紫竹尖、五云山、笔架尖、山谷尖、鱼口尖(即云源之鱼口峰，俗名状元峰，为邑中人文之瑞征)等众多极具观赏价值、攀登价值的山峰。水域景观中有千岛湖最美的云港湖湾及云源溪两边的千万条小溪流、瀑布(九龙瀑)、山涧、水库和两条淳安最好的漂流线(龙潭峡谷漂流、白云溪漂流)。生物景观中有众多的森林、珍稀树种、古木(有生长 300 年以上古木 68 株)，到处是奇花异草。珍禽异兽中有金紫尖猕猴、野山羊、石板鱼、娃娃鱼等。

(3)人文景观丰富。宋、王两乡地处山区，没有受到新安江移民影响，远古的山越文化保留得最为完整，民俗民风古朴典雅，其民居民宿具有独特的新安派、徽派、淳派文化特色。两乡有众多的高山村落、一村一景，风格迥异，尤其是郑中村、杨柳塘村、韭菜坪村、金家畲村、板桥村，都是久负盛名的风景村、特色村。其石板屋顶、八都山越麻绣(被称为中华一绝)受到著名美学家王朝闻、民间文化学者钟敬文的高度评价。民间风俗有王阜纳凉节，素有“清凉八都，纳凉胜地”之称。地域文化有“八都、八坪、八尖、八坑、八景、八山、八菜”等“八”字乡土文化及十欢锣鼓。特色小吃有王阜玉米饼、八都酱、八都麻豆腐等。宋村自古重视民间文艺，有众多的民间剧社，传统的宋村竹马、拉狮等剧目远近闻名。王阜乡是革命老区，红色资源丰富，革命遗址中有土地革命时期王阜闻家村的淳安县委旧址、抗战时期新畈村抗日英雄翁达故居、解放战争时期的“邵家坪之战”战场遗址、金竹坑口烈士纪念碑等。

3.产业优势

(1)山核桃名冠全省。王阜是淳安县干果乡镇、浙江省山核桃之乡，也是淳安县“中国山核桃之乡”的主产区，王阜乡先后建成童川、山川两个市级山核桃示范园区，有山核桃基地 3.2 万亩，年产量 5000 余吨，其中金紫牌山核桃荣获农产品质量金奖。宋村乡有山核桃基地 6153 亩。

(2)有机茶历久弥香。王阜乡拥有 2 万余亩有机茶基地，严家大方茶在唐代为贡茶，金畲龙井茶产于 600～1200 米的高山茶区，该茶扁平挺直，硕壮重实，色泽翠绿油润，汤色清澈明亮，滋味浓醇爽口，经久耐泡，有上等绿茶之雅称。宋村乡有茶叶基地7000余亩，年产茶180余吨，为淳安县四大茶乡之一，所产红茶、千岛银针闻名遐迩。

(3)有机菜颇受关注。有1万多亩绿色无公害蔬菜基地，所产蔬菜远销大中城市。

(4)野菊花声名鹊起。野菊花产业是王阜的优势产业，有金紫尖菊花基地800亩。其金紫牌野菊花以清热、解毒、养颜、保健、有机而闻名。另有“桐君园”“百草园”等药材基地。

(5)“三石”特产稀缺名贵。云源溪的石斑鱼历来以肉质细嫩、味道鲜美、营养丰富而闻名。近年来，由于数量稀少，更是受人关注。悬崖峭壁上野生石耳属山珍极品、中华一绝。另外还有生长在王阜沟壑山涧的石鸡，以肉质嫩、脂肪少、味道鲜而颇受游客青睐。

二、建设“云源丽都”景区的思路与设想

宋村、王阜两乡都源相通、优势互补、风光各异，各有千秋，而且农副产品都极为丰富。宋村乡位于高速出口，交通便利、湖湾优美、溪流清澈，其湖湾若实施亮灯工程可与维多利亚相媲美。王阜乡拥有红色遗址、幽谷峭壁、高山库湾、旖旎景色，可以说是淳安的香格里拉。景区内可徒步，可登山，可露营，可骑行，可攀岩，可漂流，可休闲，可养生，可度假，可观光，可体验，可拓展，可探险，可垂钓，可亲水，可渔乐，既有高山之险峻，又有湖湾之舒缓，集吃、住、游、行为一体，红绿相间，天人合一，可满足各种游客的不同需求。随着“两高”时代的来临，两乡要联手整合红色资源、挖掘民俗文化、巩固农特产业、打响景区品牌，走出一条“协同作战、联手整合、合同举牌、共推发展”的新路子。

总体思路是：坚持以红为魂，红绿相融，村景一体，以全域旅游观念，用优势资源＋项目＋招商引资的模式推进产业融合，推动红色游、生态游、民俗文化游协同发展。通过丰富旅游品牌内涵，积聚人气和商气，把“云源丽都”打造成一个红绿相融、环境优美、生态高效、业态繁荣、农民增收的县级百源经济示范源，西北区域的AAAA级景区完全有可能。

品牌口号：“云源丽都，新奇之旅。”

1.以红色为魂,明确打造“云源丽都”的着力点

随着中央对传统爱国主义教育的重视,红色文化已成当下促进旅游兴旺的吸睛点。王阜乡在新民主主义革命时期是中共上海局联系华东局及赣东北省委的重要交通线,党长期派人在这一带活动。土地革命时期属皖浙赣游击区,1935年至1936年中国共产党在这里建立中共淳安县委、区委及党支部、农民协会、农民团等,并于1935年8月领导人民开展了轰轰烈烈的金竹暴动。1936年皖浙赣独立团曾在王阜一带开展军事活动。1948年至1949年属皖浙边游击区,中共皖浙工委在这里建立中共淳西工委及乡级民主政权,皖浙游支队在邵家坪村与金萧支队并肩作战,消灭了国民党淳安县自卫总队驻守在皖浙通道上的第一中队,这是解放战争时期地方游击队进行的最大一次战斗。1949年5月,中国人民解放军第二野战军第十二军三十五师曾在王阜杨柳塘、何包湾、金竹坑口一带与国民党进行了多次激战。可用这些稀缺的红色资源搭台,融合区域绿色资源,用红色旅游带动绿色旅游,将其打造成红绿结合的旅游风景区。可从以下几个方面努力:

(1)红色引领,突出政治定位。红色旅游,具有教育宣传功能,通过整合遗址、展示人物、挖掘事迹、提炼精神,达到资政育人的目的。在设计旅游产品时,坚持以党的优良传统激励人,用党的伟大成就鼓舞人,用党的成功经验培育人,用党的历史教训警示人,充分把握红色旅游的主题导向。在红色景点,尤其是王阜板桥主景点,要与中洲、枫树岭镇形成联动,明确定位。

(2)规划引导,实施品牌战略。淳安县是革命老区,新民主主义革命时期具有影响力的革命遗址,主要散落在枫树岭镇、中洲镇、浪川乡、姜家镇和王阜乡境内。基于这种现状,目前随着中洲北上抗日先遣队纪念馆的开放,以及枫树岭镇通过下姜村影响力辐射,其红色旅游已形成气候,而王阜的红色资源仍待字深闺,有待开发挖掘。因此,宋、王两乡也应抓住“两高”开通机遇,乘势而上,扎实搞好红色资源的挖掘规划工作。规划要以红色与绿色两点着手,突出红色引点,坚持绿色卖点。通过科学规划、提升品位,使王阜的红色旅游成为继中洲、枫树岭后的又一吸睛点,形成以中洲、枫树岭、王阜三足鼎立的红色旅游“金三角”。

(3)特色引唱、培育教育基地,增强红色旅游的时代感和现实感。宋、王两乡景区的红色遗址,大多地处高山深谷,适合搞一些“封闭”式的培训活动,通过打

造集纪念性、文化性、体验性、景观性于一体的爱国主义教育基地，推出一些“读经典、吃素食、睡草床、忆先烈”等现实感较强的活动，搞好形象定位，吸引机关团队和各方游客前往红色遗址实地考察学习。

2. 以绿色为径，大力宣传生态优势的卖点

为促进红色旅游与生态旅游的联动发展，宋、王两乡要坚持“红色举旗、绿色开道、齐力迸发”的定位。通过整合山、水、林、田、路等要素，完善配套，强化招商，做好“八都八字”文章，打响“云源丽都”品牌，谱写新的时代故事，推进旅游快速发展。

(1)精推景点项目。根据现有景点，王阜乡要进一步做好龙潭峡谷漂流、金岙幽谷探奇、金紫尖登山、高山库湾垂钓等重点项目的整治和提升文章，宋村乡要围绕湖湾力打“云溪不夜港”的品牌，丰富山溪漂流内容，把宋村湖湾打造成淳安集吃、住、玩、游于一体的“维多利亚”港。两乡要围绕这些景点和项目进行宣传推介，硬件改造，着力提升影响力。

(2)力推名牌产业。加大对宋、王两乡“三石”产业、野菊花、高山茶的宣传，优化产品的包装，实现品种、品质、品牌融合，生产、加工、流通融合，并通过开展“采菊花、抓石鸡、捉溪鱼”等趣味活动，提升产品知名度。王阜要做强马山山货交易一条街，宋村要做强沿湖夜市交易一条街。

(3)助推民宿民居。目前全县民宿业已逐步形成气候，但大多民宿位于沿湖地带或交通便利地段，真正处在高山、深山的特色民宿民居项目较少。王阜乡大多村庄处在高山，许多高山村地势险峻，云遮雾绕，犹如人间仙境，在这个项目上应别开生面地打好“高山牌”。高山村落要尽量保持原住特色，实施高山村落亮点工程，让其成为夜间的高山风景线。

三、打造“云源丽都”风景区面临的问题及建议

两乡共同开发“云源丽都”，在资源上可以优势互补，互为依托，避免重复建设和利益冲突。但也存在一些问题：

(1)用地问题。开发旅游，建设景区，必将牵扯用地问题，需县政府予以政策扶持，打破用地瓶颈。

(2)资金问题。宋村、王阜两乡未纳入百源经济重点打造项目，开发旅游经济资金缺口较大，建议县政府尽快把“云源丽都”工程列入百源经济的重点行列，予以资金扶持，并通过开发旅游，向省市计划发展部门争取旅游和红色旅游发展资金。

(3)交通问题。“两高”开通后，宋村、王阜两乡交通改观，但作为景区，尚不能满足需求。景区直线要逐步拓宽和接连，因此建议交通部门与临安、绩溪等地协商，打通宋、王区块与临近的临安、绩溪等地的交通主干线，修建一条从闻家至临安清凉峰镇的公路，与临安顺溪高速接轨，或开通一条闻家至绩溪三阳镇的公路，与绩溪高速接轨。另外，要尽快拓宽、改造通往各红色遗址的上山道路。如此一来，王阜至杭州市、至黄山市的车程都只需一个多小时，就能整体盘活“云源丽都”的交通。

(4)规划问题。建议旅游部门将“云源丽都”旅游风景区纳入全县旅游总体规划，组织专业技术人员和有关专家进行实地考察、景区评估、绩效论证，制定“云源丽都”旅游风景区总体规划。着手旅游基础设施建设、旅游干线公路扩建，对风景区内文物进行保护、修缮，全面整理宋村、王阜区块的旅游资源，汇编经典故事，编撰宣传画册，营造氛围。同时与乡镇共同规划产业开发，推进“云源丽都”一产与三产的协调发展。

(5)机制问题。开发“云源丽都”风景区，涉及两个乡的方方面面，必须集中人力、物力、财力，成立联合领导小组，实行统一领导，统一政策，统一规划，才能使开发建设事半功倍。

①建立以体制为支撑的核心领导机构，组成以分管副县长为领导小组组长的县级领导小组。

②制定“云源丽都”风景区开发建设所涉及的土地、水利、产业、税收、下山移民、赔偿等相关系列政策。

“两高”时代高歌进，深山老坞迎客归。我们衷心希望县委、县政府对打造“云源丽都”风景区予以高度重视，在“两高”时代来临之际着力把旅游扶贫、旅游富民作为宋、王两乡亮点来打造，使宋、王两乡在“两高”时代实现“变道超车”，改变老少边穷形象，乘势而上，加快发展。

（2017 年 7 月）

淳安县副县长章传强批示

针对《将淳安宋村、王阜两乡打造成“云源丽都”风景区的思考和建议》一文，2017 年 8 月 21 日，淳安县副县长章传强做了批示：“这是份很实在、接地气的报告。请旅委阅研，结合 2018 年旅游工作思路作为一个重点板块予以重视。”

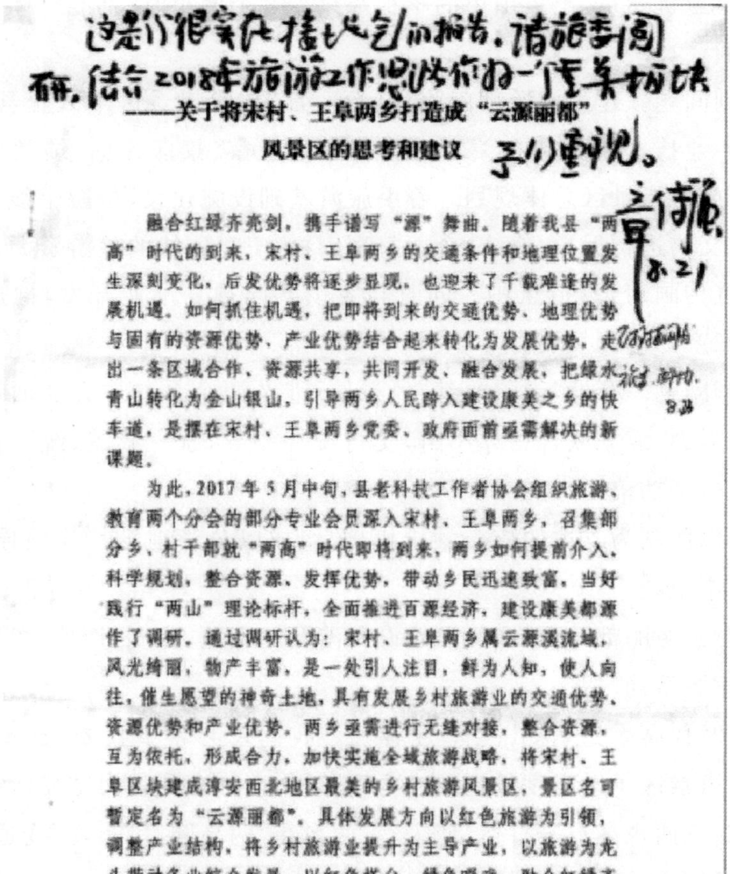
这是份很实在接地气的报告。请旅委阅研，结合2018年旅游工作思路作为一个重点板块予以重视。
章传强
8.21

——关于将宋村、王阜两乡打造成“云源丽都”
风景区的思考和建议

融合红绿齐亮剑，携手谱写“源”舞曲。随着我县“两高”时代的到来，宋村、王阜两乡的交通条件和地理位置发生深刻变化，后发优势将逐步显现，也迎来了千载难逢的发展机遇。如何抓住机遇，把即将到来的交通优势、地理优势与固有的资源优势、产业优势结合起来转化为发展优势，走出一条区域合作、资源共享，共同开发、融合发展，把绿水青山转化为金山银山，引导两乡人民跨入建设康美之乡的快车道，是摆在宋村、王阜两乡党委、政府面前亟需解决的新课题。

为此，2017 年 5 月中旬，县老科技工作者协会组织旅游、教育两个分会的部分专业会员深入宋村、王阜两乡，召集部分乡、村干部就“两高”时代即将到来，两乡如何提前介入，科学规划，整合资源，发挥优势，带动乡民迅速致富，当好践行“两山”理论标杆，全面推进百源经济，建设康美都源作了调研。通过调研认为：宋村、王阜两乡属云源溪流域，风光绮丽，物产丰富，是一处引人注目，鲜为人知，使人向往，催生愿望的神奇土地，具有发展乡村旅游业的交通优势、资源优势和产业优势。两乡亟需进行无缝对接，整合资源，互为依托，形成合力，加快实施全域旅游战略，将宋村、王阜区块建成淳安西北地区最美的乡村旅游风景区，景区名可暂定名为“云源丽都”。具体发展方向以红色旅游为引领，调整产业结构，将乡村旅游业提升为主导产业，以旅游为龙头带动各业综合发展，以红色搭台，绿色唱戏，融合红绿齐亮剑，携手谱写“源”舞曲，形成新的块状经济，加快当地人民群众致富步伐。现将调研情况汇报如下：

后备厢经济与百源经济深度融合推动农民增收的思考与建议

淳安县老科技工作者协会　杨水明

2016年10月14日，国务院常务会议首提“后备厢经济”一词。何谓“后备厢经济”？“后备厢经济”是指市民从城市到乡村休闲旅游，自驾车出行，去的时候后备厢是空的，返程时后备厢塞满当地特色农产品，以旅游带动消费、促进农民增收的经济现象。县十四次党代会提出“坚定秀水富民路，建设康美千岛湖”和“启动百源经济工程”的发展战略。百源经济与后备厢经济的融合发展，对农民增收非常有意义。农民所生产的农特产品能随时销售，不仅拉动城市居民消费，也促进了农民增收。县老科技工作者协会围绕“发展百源经济，促进市民消费”主题，组织部分会员深入有关乡、村、农户进行调研。现将调研情况综合如下：

一、百源经济发展的现状和特点

县域内有源约130多条。各乡（镇）、村都依托本地生态环境优势，引导农民发展特色农业和休闲旅游业，现已初步形成区域性的品牌，百源经济发展呈现良好的势头。

1.拥有一批发展基础好的源

农村百源经济发展基础好、潜力大、后劲足。从新安江大坝进入千岛湖，左富德源，右雪坑源。富德源在历史上名气大，是比较富裕的源。曾流传着这样的俗语：三个太平源（坪山）不抵一个清平源，三个清平源（富文）不抵一个富德源。而今，经过美丽乡村建设，长达30多公里的富德源，源中有茶园风情港湾、九龙源度假养生庄园，源头有“华东第一石林”“仙人谷漂流”，沿湖、沿路、沿村有民宿民居、农家乐40余家，果园、茶园、竹园、花海和蔬菜基地散落其中，镇上还有“漂流主题酒店”、港湾运动基地、商务一条街、水上俱乐部。这一切都为大都市市民进入乡村休闲旅游创造了良好的条件。这里不仅可运动游玩，还可体验农事、购买农产品。这里的手工面尤其有名，据说，去年有上海游客，返程时在小镇上购买了50多袋面条，把小车后备厢塞得满满的。2016年全镇40余家农家乐接待游客20万余人次，旅游收入2400万元，户均收入50万元多。富德源已经培育了可玩、可看、可漂、可采、可购、可吃、可住的服务体系，再经改造提升为休闲度假提供广阔空间，不仅带动城市市民消费，也为当地农民增收创造一条新路。

雪坑源，从黄智山洞口至源头约15公里，源内资源丰富，环境幽雅，是休闲度假胜地。20世纪90年代后期，县开发公司投资开发森林氧吧旅游景点，年接待游客都在35万～40万人，取得了较好的经济效益和社会效益。随后又开发林海归真景点和王子谷漂流景点，给游客带来巨大的活动空间。景点和配套设施建设推动了当地土地流转进程，农民不仅能在景点打工拿到工资，还能在土地流转中获得收入，同时带动当地农民创办农家乐。目前已有农家乐、民宿民居21家。2017年1～3月，源内实现餐饮业收入406.4万元，户均19万元。美客爱途民宿最引人注目。源内竹园、茶园、果园生产的大量绿色农产品，随着乡村旅游热的兴起销路通畅。农民在各种经营中获得收入，致富之路越走越宽。富德源、雪坑源为发展百源经济起到了一定的示范作用。

2.品牌农特产品数量不断增加

县域内各源农特产品品牌不断增加。到目前为止，有省级9个，市级6个，县级34个。这些特色农产品都深受消费者的欢迎。威坪七都源的红姑娘柿子不仅得到当地消费者的好评，也得到来休闲旅游的大都市市民的好评。瑶山源头的天坪笋干受到上海、杭州等地市民的追捧，还得到台湾游客的点赞和认购。文昌镇汪家源头的花猪肉，上海游客品尝后赞不绝口，吃了还要买一些放在后备厢带回去给亲朋好友品尝。姜家镇龙泉源的“小标果园”，桃成熟期，嘉兴、宁波、绍兴等地的游客纷至沓来，入园采摘，每天销2000多斤。果园负责人小标高兴地说“桃都来不及成熟”。一到地瓜收获季节，枫树岭白马源的村民们晾晒“软黄金”(地瓜干)，收入少的七八千元，多的有五六万元。此时节，凡进入白马源的无论是游客还是工作人员，后备厢都塞得满满的。八都源(王阜)，幼龄树下套种前胡，2016 年套种 2000 余亩，收入达 300 多万元。更可喜的是千岛湖农产品在杭热销，2016 年 12 月 30 日由淳安县人民政府、上城区人民政府、市农办联合举办的“千岛湖生态农产品展暨千岛湖山茶油推介会”，为杭州市民带来山茶油、地瓜干、农家酱、土蜂蜜、土鸡蛋、山核桃、茶叶等，所推介的特色农产品深受杭州市民的喜爱。活动第一天，现场销售额达 80 多万元。在 2016 年浙江农业博览会上，我县选送的瑶记千岛湖山茶油、瑶记山核桃酥、清野牌千岛湖富硒米荣获博览会金奖。众多的品牌农特产品与后备厢经济深度融合，促进农民增收致富。

3. 乡村休闲度假游有巨大空间

《杭州日报》2017 年 1 月 21 日报道：我县各条源内分别有省级农家乐 11 家、休闲农业园区 25 个、乡村景点 15 处、漂流 7 处、乡村大众民宿 492 家、乡村精品民宿 20 家、乡村精品酒店 5 家、环湖绿道 150 公里、乡村绿道 150 公里。

目前非景点游占整体旅游将近 80%，旅游正从“景点旅游”转变为“全域旅游”，旅游已从少数人的活动变成大众化活动，从以观光为主转变成以休闲为主。出行方式从跟团队旅游向自由行、自驾游转变。旅游的转型发展为乡村休闲游提供了巨大的发展空间。2016 年全县乡村游达 468.9 万人次，旅游经济收入达 5.33 亿元。乡村休闲游主要有四种类型。第一种是“观光型乡村旅游”。游客的目标景点有：森林氧吧，内有天然氧吧、展览馆、滑梯，平均每年吸引 40 万游客；龙川湾景区，内有纸做风车、茶园、果园、垂钓区、居住区，每年吸引 10 万游客；九咆界景点，内有农机具展览馆、瀑布，每年吸引 5 万多游客。第二种是“体验型乡村旅游”。县域内有 25 个休闲农业园区，分布在各条源内，各类农特产品上市后，果园采摘、垂钓吸引各方游客。第三种是“文化型乡村旅游”。代表景点浪川乡芹川古村落，王字形村落、展览馆、传统麻酥糖、农家乐吸引着游客。第四种是“度假型乡村旅游”。结伴或与家人一起出游，选择宜居农家乐或精品民宿，停留一段时间。

上述乡村旅游，不论何种形式，都带动源内经济的发展，返程时游客后备厢内都放有当地农特产品。

4.环湖绿道助推各源经济发展

环湖绿道长达150公里。绿道能把沿路大小源的源口串联起来,像一串璀璨的夜明珠,光芒折射各源。光芒似源,使各类休闲旅游产品熠熠生辉。通过绿道的人流、车流、骑行者,带动信息流、物流,不仅把当地农产品推向市场,而且也能吸引有意向的投资者留在源内发展。据了解,现在沿路食用菌基地、农业示范园区、铁皮石斛、蔬菜基地、葡萄基地、农家乐、民宿等都因绿道而兴建,同时不断向各源延伸发展,有力促进了源内经济的发展。

5.红色旅游带动源内经济发展

我县是杭州市唯一的革命老区县,县域内白马源的红军墙、革命烈士纪念碑,余家源的中国工农红军北上抗日纪念馆、茶山会议旧址,王阜源头的中共淳安县委旧址,浪川源头的狮古山革命根据地都是红色教育基地。随着全域旅游的不断推进,红色旅游进入了更多人的视野,丰富的红色旅游资源逐渐为人所了解。红色旅游资源经过包装设计,吸引了不少游客前往参观,接受爱国主义和革命传统教育。尤其是中洲镇"中国工农红军北上抗日先遣队纪念馆"的落成和开放,吸引各方游客参观学习,接受教育。据了解,从去年4月开放以来,已接待参观者10万多人次,同时也带动当地创办八家农家乐。开发一处景点,带动一方经济,农民从餐饮和销售农产品中获益。

二、百源经济发展的困难和问题

农村百源经济,在历届县委、县政府的领导和重视下,得到长足发展,农民从中得到较多的实惠。在肯定成绩的同时,也要清醒地认识到百源经济发展面临的困难和问题。

1.乡村休闲游缺乏竞争力

一是乡村休闲游带动力不够,缺少大的品牌价值较高的休闲项目,吸引不了回头客。二是乡村休闲游产品丰富度、美誉度不高,农业示范观光园、度假村落、民宿民居等特色精品产品依然很少。三是农家乐特色化、差异化不够,简单地停留在吃饭、住宿上，地方特色尚未充分显示。四是缺乏吸引游客延长停留天数、提高消费的相关设施和措施。

2. 百源经济发展有差异

一是源与源之间发展不平衡。有的源发展快，给农民带来的实惠多，发展慢的源农民得到的实惠相对少。二是同一条源内，源口、源中、源头的资源优势不同，发展也有差异。三是离城镇近的源发展快，离城镇远的源发展就慢。四是有景区景点带动的源相对发展快，尚缺项目带动的源发展缓慢。

3. 农特产品加工深度不够，附加值不高

一是农产品加工局限性。近几年来对地瓜加工有普遍性，而对其他农产品加工偏少。二是水果加工是短板。水果是我县各源一项重要产业。水果不宜久贮，而我县没有果脯罐头厂，在丰收年往往难摘、难销，导致腐烂、乱倒。不仅污染环境，农民将到手的收入付之东流也时有发生。三是农产品附加值不高。农产品加工处在初级加工阶段，不能充分体现农产品应有价值。大家知道，台湾的农业规模虽然很小，但农民所创造的农产品附加值要比我们高出六七倍。

4. 缺少规范性培训和技术指导

一是服务性行业要求的业务技能培训尚未到位，因此，要加强培训，提高素质，规范经营，打造品牌，服务游客，使自己经营的项目在市场中占有一席之地。二是种养产业要求业务部门加强培训，进行现场技术指导，促进农特产品提质增效。各类技术跟不上，导致种养业效益不高，这种情况时有发生。

三、百源经济发展的设想与建议

百源经济是推动农村经济发展的重要载体，也是促进农民增收的重要途径。我们要在县委、县政府的领导下，因地制宜、发挥优势、突出特色、花大力气、加快发展、早出亮点，让百源经济发展之火越烧越旺，使农民从中得到更多的实惠。

1.注重规划引领

好的规划吸引人,好的设施留住人。在编制规划时,要在“全域旅游”的发展模式下,以“建设康美千岛湖”为主线,结合各条源的实际,把生态环境保护好,把生态环境建设好。已经规划的源,严格按规划建设。尚未列入规划的源,在规划上,特别要重视以下几点:一是规划定位。康美休闲旅游产业要成为服务产业的支柱产业之一。到时整个区域的居民既是服务者、参与者,也是受益者。二是规划目标。规划时要综合考虑近期目标、中期目标和远期目标,先易后难,有序推进发展,使农民尽快见效益。三是规划标准。标准的规划要立足高起点、高标准,立足前瞻性、可行性、可操作性、可实现性,特别要强调可延续性。四是规划导向。百源经济发展要与美丽乡村建设紧密融合。五是参与编制规划的人员素质要高。百源经济是一项复杂的系统工程,规划队伍应由旅游、农业、林业、住建、环保等多个领域的专家学者组成。

2.注重培育典型

今年县政府工作报告中提出:“启动百源经济工程,集中打造千岛湖镇汪家源,姜家镇龙泉源等十条源。”发展百源经济的冲锋号角已经吹响。各源要依据规划,认真抓落实,争取快出成效。一要加快建设。对于被列入百源经济工程的源,要保护其原有风情风貌;对在特色农产品、果园采摘、精品民宿、休闲活动场地、景点游览等方面基础较好的源,要集中精力、集中力量,改造提升,满足休闲游的需求。二要在源内拓展项目,新建项目,引进项目,在政策上、资金上要倾斜,早出成效,做出榜样以便推广。三要精心打造一批具有本地特色的产品。农业要以生态效益为导向,建设标准化农业示范园区,提高农耕文化综合效益;农民参与旅游,发展绿色农产品、民宿、农家乐,百姓收入得到增加;农村融入旅游,村庄服务功能得到拓展,使村村是景观,处处是景点,增强“三农”对休闲旅游的吸引力。在源内利用资源特色,发挥生态优势建设一源一品,像富德源休闲运动小镇、千岛湖镇汪家源水果小镇、余家源红色旅游小镇、梓桐源特色文化小镇等小镇,各具特色。这些高品位、高水准休闲旅游产品,给游人提供了多种选择。争取尽快出成果,树典型,促平衡,尤其是要重视源头村落的发展,从而使自己的潜在资源优势变为产品优势,由产品优势变为商品优势,使商品优势变为经济优势,推动百源经济工程全面发展。

3.注重品牌宣传

我县各源内拥有众多的品牌。唐村的红姑娘无核柿、瑶山天坪笋干、姜家镇小标果园的桃、枫树岭下姜的葡萄、白马的地瓜干、界首的柑橘、鸠坑的茶叶、富文雪坑源的美客爱途精品民宿等等,这些具有本地特色的品牌有一定的知名度和美誉度。要吸引大都市市民休闲旅游,还要加大宣传力度。一是要用新闻媒体的影响力,利用电视台、各级党报、折叠宣传册宣传自己的产品。二是抱团走出去推介产品。参加省市组织的博览会、展销会,以及省外各类重要的营销会。三是以节为媒。各类农特产品成熟季节可举办里商茶叶采摘节、界首柑橘节、安阳葡萄节、登山节、临岐药材节等等,以节为媒,吸引游客,拉动消费,增加农民收入。四是利用电商、网络推介产品,从而扩大品牌知名度,为吸引和招徕游客打好基础。

4.注重技术指导

源内有众多农特产品和服务行业。在百源经济发展中,农民最盼望的是科学技术知识。因此,要特别重视技术培训和现场指导。提高农产品的数量和质量及服务管理水平。在农特产品上,县农业、林业等技术部门要依据农特产品生长季节,对各个生产环节,加大培训和技术指导力度。如柑橘5月上旬初花期防治疮痂病,7月小暑前后施壮果肥。又如山核桃干腐病在3月下旬至11月都会不同程度发生,尤其是中、幼龄树,要对其防治时间、用药量、用肥品种的确定进行现场指导。技术指导到位,不但能促进农产品提质增效,而且还能使农民掌握生产技术,成为善于管理的新型农民。在服务行业上,对源内的景点、农家乐、民宿、漂流、农业示范园区等经营管理者,旅游管理部门要不定期地进行业务技能和安全知识培训,不断提高从业人员业务素质、业务水平和管理水平,争取休闲度假回头客,提高经营者经济效益。

5.注重农特产品加工

我县农特产品资源丰富,可加工的农特产品品种较多。现有农特产品以初级加工为主,深度加工不够。原来县内有罐头厂、竹笋加工厂,但出于各种原因停办和转产,目前水果加工、竹笋加工是短板。在百源经济发展中,要引起相关部门高度重视。因为，水果和竹笋季节性很强，数量也多。遇上丰收年，当地年产水果13万吨以上，不及时销售，往往会因为腐烂而倒掉，严重损害农民的利益。10多万亩竹林，遇上大年，笋产量高，销售更难，现在市场上鲜笋1元一斤很少有人问津。建议相关部门认真研究，在防止污染的前提下，创办和引进水果罐头、果脯和笋罐头先进技术加工生产线，提高农特产品附加值，为果农、竹农排忧解难，减少果农、竹农损失。

6.注重土地流转

百源经济工程的启动，给每条源各业发展带来千载难逢的机遇。在百源经济工程建设中会拓展老项目，新增一批生态农业园区、家庭农场、专业合作社和具有特色的旅游休闲类经营项目。要利用各种形式，加快土地流转进程。土地流转的益处是：经营者加快拓展项目经营，增加效益；农民可在土地流转中获得租金；农民也可以利用资金、土地入股分红，或者可以在园区内打工拿到工资增加收入。土地的流转，使村内、源内得到快速发展，真正达到共赢的目的。

7.注重加强领导

百源经济工程是一项复杂的系统工程，也是顺民心、得民意的工程，更是富民工程。全县上下要在县委、县政府的领导下，统一思想，深化认识，齐心协力，下绣花功，以工匠精神，抓紧抓好，抓出成效，早出亮点，推动发展。真正为加快百源经济与后备厢经济深度融合发展，推动农民增收致富，打下坚实基础。建议县、乡两级政府成立百源经济工程建设协调小组，由县、乡（镇）主要领导或分管领导亲自挂帅，农业、林业、旅游、住建、环保等相关部门参加，明确职责，各尽其职，解决在规划制定、产业布局、土地流转、设施建设、品牌打造、品牌宣传、节庆组织等过程中遇到的困难和问题。

总之，百源经济工程建设是落实县委、县政府“坚定秀水富民路，建设康美千岛湖”发展战略的主战场之一，是拉动城市市民消费，促进农民长效增收的好载体、好平台。经过努力打造，让农村变美、农业变强、农民变富，各源惊艳的富丽乡村一定会展现在人们眼前。

（2017年8月）

淳安山核桃干腐病危害现状与防治对策的调研报告①

淳安县老科技工作者协会

山核桃干腐病，又称腐烂病，是山核桃产区一大真菌性病害。该病具有扩散迅速、病症顽固、危害致命的特点，已严重威胁我县山核桃产业的发展，引起了产区农民的恐慌。为此，县老科技工作者协会于10月中旬组织林业老专家深入临岐、瑶山、威坪等乡镇实地考察、召开座谈会、倾听村民意见，对当前我县山核桃干腐病危害现状与防治对策进行了认真的调研，撰写了这篇专题报告，特呈送县委、县政府领导参阅。

一、淳安山核桃干腐病危害现状

淳安现有山核桃面积31.8万亩，其中投产面积21.6万亩。自20世纪90年代开始，山核桃一直保持较高的销售价格，近几年干核桃、干籽收购价达到30元每斤。2016年产山核桃6000吨，年产值6.74亿元，成为我县北部山区支柱产业。2001年8月淳安被国家林业局授予“中国山核桃之乡”的称号。

但是，随着山核桃生产规模化、集约化经营程度不断提高，人为干预不断加强，生态环境不断恶化，山核桃病虫的危害日趋严重。特别是从2006年开始，山核桃干腐病侵染我县，近五年迅速蔓延，其危害程度触目惊心。据县森防站测报和我们现场初查，山核桃干腐病发生面积在80%以上，面积达到25万亩以上，其中危害比较严重的有3.5万亩，树势萎靡，不少已经枯死。据林农反映，山核桃发病后每年以12%～15%的幅度减产，直至树死绝收。瑶山乡现有山核桃6.07

① 本文原标题为“淳安县山核桃干腐病危害现状与防治对策的调研报告”。

万亩，据乡林管员统计，发病面积有5万亩，比较严重的有2.5万亩，分别占山核桃总面积的83.3%和41.6%。瑶山乡张家村村主任唐裕杰领我们到一座地名叫石口的山上踏勘，只见山核桃病株不计其数，因病枯死或将枯死的山核桃树数以百计。他说："全村山核桃4400多亩，病发的有3000亩，比较严重的有1000多亩，这种病扩散迅速，光靠一两个村防治是没有用的，希望县里领导重视。"威坪镇考川村有山核桃5000多亩，其中受中度、重度危害的山核桃面积占50%，该村山核桃大户徐锦明经营山核桃50亩，2013年产干籽6300斤，亩产126斤，但近5年干腐病加重，2017年所产干籽只有2400斤，亩产48斤，减产61.9%。瑶山乡岭后源村山核桃大户吴国富，2015年产干籽5000斤，2016年产干籽3000斤，减产40%，到2017年只产干籽1000斤，减产80%。临岐镇吴峰村由于受干腐病危害，山核桃不结果，竟出现砍山核桃树烧炭的现象，这充分反映了产区林农的沮丧无奈。如果不采取强有力的措施加以遏制，任其病情发展，少则5年，多则10年，我县传统的山核桃产业优势将不会再有，"中国山核桃之乡"品牌难保，更严重的是将直接影响北部林农奔小康的进程，后果不堪设想。

二、山核桃干腐病病症分析

1.病害症状

山核桃干腐病是一种真菌性病害。主要危害幼、中林，开始发生于树干下、中部，随着病情发展，逐渐向树干中、上部枝条扩展。初期病斑明显，出现黄褐色水渍状、椭圆形或不规则形病斑，随后病斑渐渐变黑。中期病斑中心部不规则干裂，并在开裂处流出墨汁般的黑水，剥开树皮，可发现与木质部交界处变黑腐烂，并一直向纵深发展，致使树干枝条干枯而死。

2.发病规律

干腐病病菌的菌丝体在病组织上越冬，来年春季气温上升，病菌开始活跃，突破树皮形成子实体，释放分生孢子，孢子随风雨及昆虫传播，侵入树皮细胞或树体伤口，产生新的侵染源，表现出明显的"潜伏性侵染"特性。从3月下旬开始到11月都有不同程度病害发生。4月中下旬气温在25℃～30℃，此时是孢子释放侵染的高峰期;7～8月气温上升至30℃以上,高温干燥天气不利于病菌发展;秋季气温下降又利于病菌的发展;冬季菌丝体潜伏在病斑树皮与木质部之间越冬。调查显示:30年以上老树病情好于中、幼林,山核桃密度低的好于密度高的,与其他树种灌木混生的山核桃好于纯林,平时不施化肥、农药的山核桃发病少。

3.发病原因

(1)土壤酸化。山核桃的生物学特性为适生于中性盐基饱和度高的土壤,丰产林多在淋溶性石灰土上。而在过去20年当中,农民为了追求高产,克服小年带来的产量影响,大量使用化肥、农药,再加上连年酸雨的影响,改变了原有土壤的物理性质,土壤中有效钾、钙、镁含量急剧减少,致使土壤逐年酸化,土壤pH值明显下降。据林业部门调查,产区山核桃林地的酸性土壤面积逐年增加,有些林地土壤pH值降至5.0以下,呈弱酸性,完全背离了山核桃生长对土壤的特有要求。土壤酸化导致土壤生态恶化,影响了土壤养分存在、转化和有效性,减少了树体生长必需的微量元素,抑制了有益微生物的生长,减弱了树体自我抵御病虫侵入的能力。

(2)长期大量使用草甘膦农药。草甘膦是一种灭生性很强的除草剂,不仅毁灭与山核桃互生共长的植被资源,大大降低了山核桃林地保土蓄水功能,而且对山核桃根系、树体都有很大的杀伤力(灼伤),促使干腐病菌丝体从伤口、皮孔侵入。

(3)自然环境失调。近20年的非生态经营,对种植地的生态植被包括乔、灌、草等采取劈光、烧光、挖光措施,这种不顾后果的做法,减少了生物多样性,破坏了山核桃病虫害天敌包括有益微生物的生存环境,为干腐病病菌侵染创造了有利条件。

三、山核桃干腐病防治现状

1.防治方法与效果

针对山核桃干腐病的危害,淳安县林业局于2014年启动山核桃干腐病统防统治工程，在临岐、瑶山、屏门、威坪、王阜等7个乡镇开展统防统治，即统一时间、统一防治、统一回收。至2017年，四年共防治山核桃干腐病发生面积93305亩（其中2014年20410亩，2015年20950亩，2016年31945亩，2017年20000亩）。在统防统治实施中，开展技术培训，组织农民在每年4～5月病菌高发期，刮除病斑，选用50%喹啉铜杀菌剂先涂抹后喷雾，间隔10～15天，连治四次，防治效果达到92.8%，比未防治地区平均增产10.92%。实践证明山核桃干腐病虽然病症顽固，但只要防治到位，仍然是可治可控的。

姜家镇双溪村林农汪的忠经营山核桃150亩，2012年起发生干腐病，常有死株出现，亩产干籽降至120斤，2014年开始实施统防统治结合生态经营，干腐病得到有效控制，萎靡的山核桃树焕发新机，2017年亩产恢复到150斤，增产25%。

2.存在问题

（1）防治花费的时间多，成本高。由于病症顽固，药物防治必须用刀刮除病斑，或用尖斧凿破病斑至木质部1厘米处，涂抹、喷雾药剂，连治四次才有效果，工作量较大。据我们调查，中度危害型，刮病斑、涂药、喷雾每亩需用4个工时，按每工130元计，劳务成本520元，药物成本130元，合计650元每亩，如果重度危害，则用工更多，成本更高。按目前农村经济条件，林农难以承担。

（2）防治期与季节性农活冲突。山核桃干腐病的最佳防治期是4～5月，而这个时候正是摘茶叶、采覆盆子及春耕生产大忙季节，农民顾了这头顾不了那头。现在农村劳力本来就不多，大部分青壮年外出打工，留下来的大多是老人、儿童，干腐病防治工作难以做到位，规定要求连治四次，真正做到位的不多，普遍只有两次。由于附近病原体的广泛存在，出现了反复侵染的现象，有些乡村防治效果不太理想。

（3）部分干部群众防治意识不强。目前山核桃干腐病防治的组织实施工作仍停留在林业部门层面，没有广泛引起广大干部群众的高度重视，缺乏强有力的监管机制。没有侵染的地方存在侥幸心理，轻度侵染的地方采取观望态度，重度危害的地方存在畏难情绪，有的甚至绝望放弃，如瑶山乡爱国村2016年林业部门免费发给他们的防治药剂竟有一半在仓库里睡觉。

四、山核桃干腐病防治对策与建议

1.加强领导，落实责任

面对山核桃干腐病的高发症状，防治已时不我待，必须切实加强领导，落实责任，举全县之力打赢山核桃传统产业保卫战。因此建议成立由县政府主要领导挂帅，县农办、县财政局、县林业局、县文广新局、山核桃产区乡镇政府等相关单位主要领导参加的山核桃干腐病防治工作领导小组，统一协调、领导我县山核桃干腐病防治工作；加大宣传力度，加深广大干部群众对山核桃干腐病危害严重性、防治工作重要性的认识，提高防治自觉性、主动性；建立产区乡村山核桃干腐病防治目标年度考核责任制，考核不及格的要问责，考核优秀的要奖励。实行一把手负总责，村级为主体，乡镇干部分片包村，县乡村联动的实施机制，真正把防治工作落到实处，不留死角。

2.标本兼治，综合施策

防治山核桃干腐病必须坚持标本兼治，药物防治与改善山核桃林地的生态环境相结合，力求达到根治的目的。综合防治重点抓好五个方面：一是清理病源。及时砍除死树、枯树、死枝，将其清出林间，集中烧毁。结合清除病株，合理疏伐过密山核桃林，使之保留 25～30 株/亩的合理密度。二是药物防治。4～5 月发病期，及时用刀刮除病斑，或用小尖斧凿破病斑至木质部 1 厘米处，将喹啉铜杀菌剂配成 1∶50 浓度或用 40％戊福稀释 50～100 倍在伤口涂抹，然后全方位喷雾（包括病株、健康株和林地四周），连治四次，每次间隔 10～15 天。三是改良酸性土壤。这是根治干腐病的关键措施。增施“田师傅”土壤调理剂，这种调理剂 pH 值 10～12，内含 25％氧化钙、7％镁、硅等中微量元素，对调节土壤酸性，补充植物所需钙镁等元素，消除土壤有害物质，活化酸性土壤优势菌群，促进有机物质分解和养分释放，提高氮磷钾三元素利用率有积极作用。春、秋季节每亩施 75 公斤。山核桃果皮呈碱性，鼓励林农将山核桃果皮还林，既可有效中和酸性土壤，又可将果壳内营养元素回归山核桃树。增施石灰，每亩 50 公斤，能迅速中和酸性土壤。四是少施化肥、复合肥，增施生物有机肥。有机肥不仅含有植物必需的多种营养元素、各种氨基酸和促进植物生长的活性物质，其中的生物菌内还含有丰富的固氮菌、解磷菌、解钾菌等有益微生物菌，能有效激发土壤活性，调节土壤肥力，抑制土壤有害菌，促进植物根毛生长，增强植物对土壤营养的吸收能力，增强山核桃的抗病性。五是禁用草甘膦。避免山核桃根、皮灼伤，保护林下原生植被。六是推广林地套种。幼林地可套种香榧、油菜、茶叶、中药材，成林可套种黑麦草、紫云英、白三叶等，以短养长，以耕代抚，既可增加林地肥力、改善林地生态环境，又可防止水土流失，促进山核桃健康成长。

3.普查病情，编制方案

林业部门要赶在明春发病前开展山核桃干腐病普查工作，采用样地调查法，按轻度、中度、重度三个等级调查全县山核桃干腐病发生范围和危害程度，科学编制综合防治实施方案，分类提出防治方法、技术措施、年度行动计划和经费预算，将实施方案落实到户主地块。要在前段统防统治的基础上，加强调查研究，总结成熟管用技术，加强对林农的技术培训和指导，抓点做样，推进全县综合防治工作。

4.政策支持，财力保障

山核桃干腐病综合防治任务重，周期长、用工多、成本高，产区农民负担重，必须加大政策和财政支持力度。为了挽救我县百年传统产业，建议县财政建立专项基金，用于山核桃干腐病等疫情防治。林业部门应编制综合防治实施方案及配套扶持资金预算方案，确保山核桃干腐病防治有可靠的政策扶持和资金保障。

5.因地制宜，多举并用

鉴于目前我县农村劳力丰缺不一的实际情况，山核桃干腐病综合防治工作应采取多种形式组织实施。对于村级领导班子较强、劳动力充足的村，可由村统一组织，分户实施；对于劳力欠缺的村，可由村集体组织专业队实施；也可以根据山核桃户主的意愿承包给他人实施。

以上报告当否，请批示。

（2017 年 11 月）

淳安县副县长商松懋批示

针对《淳安山核桃干腐病危害现状与防治对策的调研报告》一文，2017 年 12 月 2 日，淳安县副县长商松懋做了批示："此报告请林业局会同相关单位好好研究，高度重视山核桃干腐病防治工作并适时提出意见。"

此报告请林业局会同
相关单位好好研究，高
度重视山核桃
干腐病防治工作
并适时提出意见
商松懋
10.2.

淳安县山核桃干腐病危害现状与防治对策的调研报告

——干腐病已严重威胁我县山核桃产业发展，综合防治迫在眉睫

山核桃干腐病（Botryosphaeia dothidea）又称腐烂病，是山核桃产区一大真菌性病害。具有扩散迅速，病症顽固，危害致命的特点。已严重威胁我县山核桃产业的发展，引起了产区农民的恐慌。为此，县老科技工作者协会于 10 月中旬组织林业老专家深入临岐、瑶山、威坪等乡镇实地考察，召开座谈会、倾听村民意见，对当前我县山核桃干腐病危害现状与防治对策进行了认真的调研，撰写了这篇专题报告，特呈送县委、县政府领导参阅。

一、危害现状：

淳安县现有山核桃面积 31.8 万亩，其中投产面积 21.6 万亩。自上世纪九十年代开始，山核桃一直保持较高的销售价格，近几年山核桃干籽收购价达到 30 元/斤，2016 年产山核桃 6000 吨，年产值 6.74 亿元，成为我县北部山区支柱产业，2001 年 8 月被国家林业局授予"中国山核桃之乡"。

但是，随着山核桃生产规模化、集约化经营程度不断提高，人为 干预不断加剧，生态环境不断恶化，山核桃病虫的危害日趋严重。特别是 2006 年开始山核桃干腐病侵染我县，近五年迅速蔓延，其危害程度触目惊心。据县森防站测报和我们现场初查，山核桃干腐病病发生面积为 80%以上，面积达到 25 万亩以上。其中危害比较严重的面积有 3.5 万亩，树势萎靡，不少已经枯死。据林农反映，山核桃发病后

淳安县委副书记董文吉批示

针对《淳安山核桃干腐病危害现状与防治对策的调研报告》一文，2017 年 12 月 4 日，淳安县委副书记董文吉做了批示：“山核桃是我县农民收入的重要部分，该问题要引起高度重视。请林业局和相关乡镇做好防治和防范。”

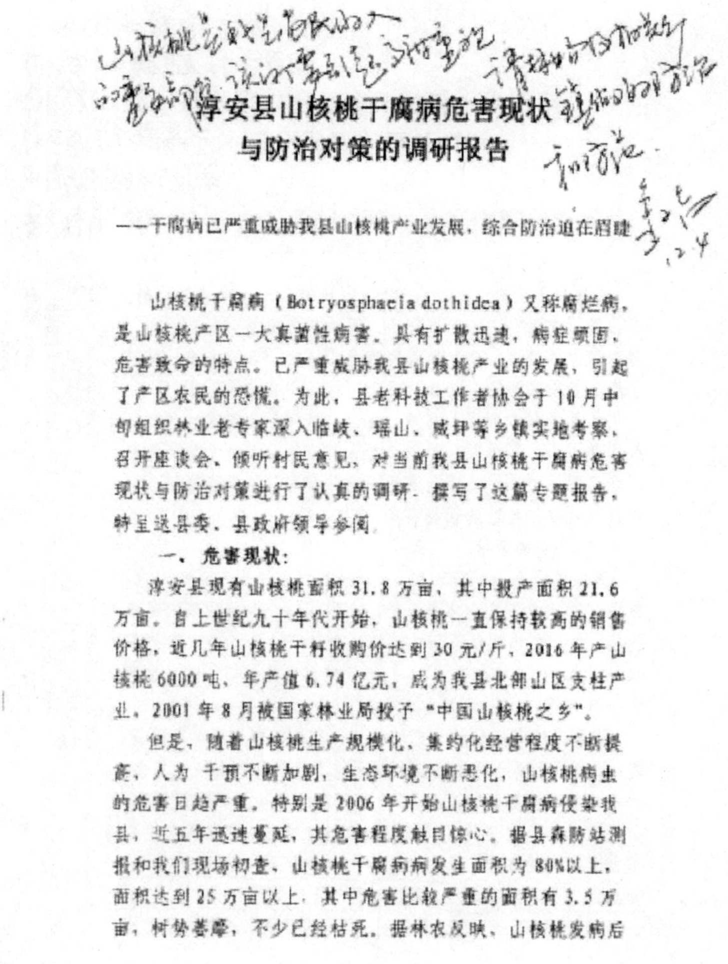

淳安县山核桃干腐病危害现状
与防治对策的调研报告

——干腐病已严重威胁我县山核桃产业发展，综合防治迫在眉睫

山核桃干腐病（Botryosphaeia dothidea）又称腐烂病，是山核桃产区一大真菌性病害。具有扩散迅速，病症顽固、危害致命的特点。已严重威胁我县山核桃产业的发展，引起了产区农民的恐慌。为此，县老科技工作者协会于 10 月中旬组织林业老专家深入临岐、瑶山、威坪等乡镇实地考察，召开座谈会、倾听村民意见，对当前我县山核桃干腐病危害现状与防治对策进行了认真的调研，撰写了这篇专题报告，特呈送县委、县政府领导参阅。

一、危害现状：

淳安县现有山核桃面积 31.8 万亩、其中投产面积 21.6 万亩。自上世纪九十年代开始，山核桃一直保持较高的销售价格，近几年山核桃干籽收购价达到 30 元/斤，2016 年产山核桃 6000 吨、年产值 6.74 亿元，成为我县北部山区支柱产业。2001 年 8 月被国家林业局授予“中国山核桃之乡”。

但是，随着山核桃生产规模化、集约化经营程度不断提高，人为干预不断加剧，生态环境不断恶化，山核桃病虫的危害日趋严重。特别是 2006 年开始山核桃干腐病侵染我县，近五年迅速蔓延，其危害程度触目惊心。据县森防站测报和我们现场初查，山核桃干腐病病发生面积为 80%以上，面积达到 25 万亩以上，其中危害比较严重的面积有 3.5 万亩，树势萎靡，不少已经枯死。据林农反映、山核桃发病后

第三篇
城市创新发展服务

杭州市居家养老服务体系建设

杭州市老科学技术工作者协会计算机分会

习近平总书记强调，满足数量庞大的老年群众多方面的需求，妥善解决人口老龄化带来的社会问题，事关国家发展全局，事关百姓福祉，需要我们下大力气来应对。

面对总书记的要求和国家的一系列养老服务政策，面对我市159.13万老年人迫切的养老服务需求压力，杭州要继续保持全国养老服务工作的领先地位，就必须与时俱进，继续深化改革，积极创新，找差距、补短板、找痛点，必须加快推进"互联网＋"养老服务体系建设。为高标准建设"杭州市'互联网＋'居家养老服务体系建设"建言、献策，这具有十分重要的现实意义和强烈的时代紧迫感。

为此，我们提出以下六点建议：

一、完善养老服务工作领导体制，做好顶层设计

(1)建议将市里的两个养老服务领导小组合一，建立党委领导、政府负责、发改委与经信委牵头、部门配合、社会协同、市民参与的组织领导体制。建立由市委书记任组长，市委分管副书记和常务副市长为副组长的领导小组。

(2)建议将目前的5个专项小组整合成两大推进组。一是养老服务业推进组，由市发改委、市财政局、市老龄委、市老干部局、市卫计委、市人社局、市市场监督管理局、市质监局、市商委、市文明办、组织部、纪委等单位组成，市发改委为牵头单位。二是养老产业推进组，由市经信委、市发改委、市财政局、市卫计委、市科技局、市药监局、市经协办、市文明办、组织部、纪委等单位组成，市经信委为牵头单位。

这样，便于统一领导，共同做好顶层设计，再针对工作中的重点任务和难点

问题确定专题项目,避免出现各管一摊、各行其是、效率不高的现象,使各部门分工合作,各司其职,以求同步推进、协同高效。

(3)健全养老服务组织架构,畅通工作渠道,加强和完善区(县、市)、街道(乡镇)、社区关于养老服务工作的组织架构,做到各级之间渠道畅通、职责明确,用制度和措施提高各级的积极性、协同性,加大执行力,使各项养老服务政策有效地落地生根、开花结果,惠及更多老人。

改变目前尚存在的上下各级之间工作渠道不畅通,甚至断层的现象。举一个调研中的实例:今年5月2日,杭州市民政局、杭州市市场监督管理局联合出台了《关于推进老年人助餐服务体系建设的指导意见》(杭州发〔2017〕98号文件),内容翔实。可是,9月初当一些老年居民拿着这一文件向当地社区反映,要求按文件精神解决老人助餐服务时,时间已经过去了四个月,但社区居然说没有收到文件,不知情。老人们吃饭难的问题至今没有得到解决,而文件中要求到2017年底做到市区老人助餐服务全覆盖。社区居然可以置之不理。后来还了解到,9月初连该区市场监督部门和相应的街道也都表示对该文件不知情。应该说,这并不是个别现象。这样,即使市里出台的文件和提出的工作要求再多,若信息不畅通,下面不执行、不落实,也是空的,反而会在老百姓中产生不良影响。这类情况,领导层和相关职能部门应及时了解,有效地加以解决。

二、更新观念、以点带面,普惠更多老人

1.让更多老人感受到为老服务的获得感和幸福感

按照国家规定,到2020年,要实现"生活照料、医疗护理、精神慰藉、紧急救助等养老服务要覆盖到所有居家老年人"这一目标,确保人人享有基本养老服务。对照我市的实际情况,离国家目标要求还有不小的差距。目前,我市有关部门养老服务的工作重心基本上是服务好政府托底的困难老人,且在这一方面,做到位程度也还不一样。除了这些应该重点服务的困难老人之外,其他90%以上的老人还没能享受相关部门提供的养老服务。诸如,办好更多的老年食堂或老人助餐服务点等这些老人迫切需要解决的问题,有关养老服务部门应下大力气,扎扎实实地去做好。希望市政府2018年为民办实事中加入为老助餐这一内容。

其他为老服务，如助医（医养结合）、助行（老小区住宅加装电梯）、助洁（方便满意放心的家政服务）、助浴等居家养老服务，也是老年人迫切需要的服务。能否给不同年龄段、不同层次、不同需求的老年人提供精准有效的服务，已成为整个居家养老服务体系转型的重心所在。而以上所有这些服务的开展，技术上都可以通过“互联网＋”来实现。我市智慧网络平台建设已有基础，只要各级从上到下进一步统一思想，沟通协调，真心实意去做，是完全能够做得越来越好的。

2.加快推广我市为老服务的好经验、好做法

多年来，杭州市通过努力，在为老服务方面所积累的好经验、好做法，应广泛地推广应用。我们在调研中发现，像古荡街道金秋家园老年照料服务中心等一些街道、社区的经验，很好，很扎实，切合老人的实际需求，有实效，老人们很满意。这些经验和成果有必要及时推广到全市，让更多的区、街道、社区的养老服务工作学有榜样，干有方向。改变各区、街道、社区养老服务工作参差不齐、差距大、发展不均衡的现象，强化服务理念，提高工作水平，使我市的养老服务工作得到全面提升。

三、加强社区力量，充分发挥社区“细胞”作用

我国的养老模式是“以居家为基础、社区为依托、机构为补充、医养结合”的养老服务体系。95％以上的老人居家养老，要以社区为依托，大量工作和服务要由社区去组织、落实。幸福的居家养老，一定要和完善的社区服务进行全面和紧密的结合。而从目前情况来看，社区的力量太薄弱，往往只有1名社工负责这项工作，甚至还要承担社区其他的工作任务。所以，这名社工除了管好或应付政府托底的那部分老人和完成上报的统计报表等材料外，其他的为老服务根本无力、无心去做，造成普惠的为老服务工作难有起色。例如为应付上级要求，建立社区老年照料服务中心这项硬性任务，有些社区只是在原有的活动室挂了个牌子，活动室至今还是铁将军把门，没有利用起来，反而连原有的社区活动室也消失了。这是以形式主义应付官僚主义。

因此，为做好党和国家要求的老龄工作，充分发挥社区“细胞”的作用，需要采取相应的措施：

(1)加强社区老龄工作力量,增加人员。每个社区至少要有2名专职社工,并对其进行系统培训,以增强他们的事业心、责任心和爱心,提高他们的服务水平和组织能力,并对其加以考核、奖励和问责。

(2)加大财政支持,适当提高社工待遇,增加工作经费。做到有人办事、有心办事、有钱办事,把好事办好。

我市尚缺少一个针对养老服务工作的绩效评价体系,需要进一步完善和强化对市、区、街道、社区的智慧居家养老和试点工作的绩效评估,尤其需要通过第三方对养老政策、机制、标准、流程、预算、效果以及满意度等进行全面评估,并列入年度工作考核,纪委要介入,加强监督和问责。

四、建立智慧养老机构,开展延伸服务

目前,杭州有养老机构333家,其中公办154家,民办179家(包括37家公建民营),总床位67293张,其中公办28292张,民办39001张,而有33646张床位空置,空置率高达50%,高于全国平均水平。这种情况出乎人们的意料,为什么一方面养老机构床位空置率高,而另一方面一些渴望进入养老机构的失能、半失能及困难高龄老人又无法入住?究其原因:收费过高。杭州企退人员平均养老金2779.2元每月,大部分企退人员无力承受养老支付压力。但是,收费低了,养老机构也承受不了,这一矛盾该如何解决?是否可将政府补贴由补贴机构床位改成补人头(即补给入住老人)?公办养老机构一床难求,而民办养老机构大多条件差,服务差,有支付能力的老人不愿去。空置率高导致40%的民办养老机构常年亏损,51%的民营养老机构盈亏持平,只有9%的民营养老机构盈利。这种情况严重影响了养老机构的生存和发展。

要解决养老机构空置率高和亏损等问题,需要采取相应的措施。除了适当降低收费标准、提高服务质量,还需要引入创新思维,延伸养老机构的服务半径,把服务延伸到周边社区和老人家中,建立养老机构和居家养老服务相结合的新模式。这也许是一条出路。这样,既可以充分发挥养老资源的作用,又能服务到更多的老人,满足他们的需求。

要实现这一模式,需要让符合条件的养老机构“智慧”起来,用“互联网+”技术加以实现,同时,市财政应给予相应的支持。

五、基于数字城市和"互联网+"的社会养老服务体系建设

(1)建立全市统一的智慧养老信息服务开放平台，将政府的相关政策和措施等放到平台上，并在此基础平台上建立诚信服务系统、监督和管理系统，同时支持各城区和社会机构在基础平台上开发扩展应用。

(2)协同建立居家养老服务体系，把信息服务变为服务落地，需着力深入研究实施细则，完善政府公共服务、中介服务、市场服务的分工和空位。完善养老产业链上下游企业的配套和布局，促进成立相关产业联盟。

(3)协同开展跨学科的养老专题研究和技术攻关。在市发改委、市科委、市经信委等专项经费的支持下，鼓励、支持高校与相关企业联合开展技术攻关。

(4)协同开展居家养老服务模式创新。鼓励各城区、新老社区、养老机构、医疗机构等开展各种居家养老个性化服务和新技术应用的试点示范，培养更多的养老服务品牌，逐步形成我市养老服务专业化、社会化、品牌化、精细化的服务体系，形成可复制、便于推广的智慧养老服务发展模式。

六、社会养老服务政策体系建设

在不断完善居家养老政策的同时，启动"杭州市养老服务条例"的立法工作。尽早由市人大出台我市养老服务工作的地方性法规。

杭州作为全国养老服务业综合试点城市和国际化宜居城市，智慧养老服务的发展需求十分迫切。相信在十九大精神的鼓舞和鞭策下，杭州的养老服务一定会有更好、更快的发展，交出让老年人和全社会满意的答卷，成为全国名副其实的样板城市。

(2017 年 12 月)

余杭毒品违法犯罪综合治理的对策研究

余杭区老科学技术工作者协会专题课题组

为切实加强禁毒工作，有效防范和打击毒品违法犯罪，区老科协会同区法院、禁毒办等单位联合成立课题组，通过走访调研、分析研判案件，从禁毒工作实践中总结特点、寻求规律，提出遏制毒品违法犯罪的思路和对策建议。

一、全区禁毒工作现状

1.禁毒工作成效显著

一是领导重视，组织框架初步形成。区委、区政府将区禁毒委员会领导小组办公室作为禁毒工作牵头部门，联合公检法司等单位，依托社会治理大联动机制和网格化管理，形成区、镇街、村(社区)三级管理架构全覆盖的禁毒工作管理机制，把吸毒人员纳入网格化动态管理中来，织密针对吸毒人员的管控网格，形成了打击、管控、宣传三位一体的工作框架，有效遏制了毒品蔓延。全区禁毒专兼职人员共有 92 名，其中区禁毒办 3 人，公安专职人员 14 名，镇街、村(社区)禁毒社工 75 名，涌现了姚妙水、吴敏强等一批默默扎根在基层，活跃在禁毒宣教一线的优秀社工和禁毒工作志愿者。

二是保持严打高压态势，着力控制毒品蔓延。仅 2016 年度，全区公安机关共计查获各类涉毒案件 753 起，其中毒品犯罪案件 68 起，治安行政案件 685 起；抓获毒品犯罪嫌疑人员 88 名，移诉 87 名。全年破获团伙案件 4 起，查获吸毒总人数 786 名，其中强制隔离戒毒 181 名，社区戒毒 387 人，社区康复 125 人(不含刑事犯罪人员数)。特别是在 2016 年 G20 峰会期间，牢牢管住 3000 余名在册吸毒人员和 900 余家易制毒在册企业，实现了全区吸毒人员“零失控、零滋事、零肇事”、易制毒化学品“零流失”的目标，有力保障了 G20 峰会的顺利召开。

三是宣传教育形式多样，禁毒氛围浓厚。禁毒办以“6·26”国际禁毒日为契机，以禁毒宣传活动月为载体，全面开展禁毒宣传进村、社区、家庭、学校、企业、场所的“六进”工作。2016 年创新开展“禁毒行万里”红旗传递活动，并通过掌上余杭 APP、余杭发布、余杭公安微信公众号等开展线上线下立体宣传，共发布各类信息 20 余条，设立自行车棚禁毒宣传栏 100 个，小区饮水机宣传栏 72 个，发放宣传资料 1 万余份。此外，还联合卫计部门开展涉毒人员心理帮扶项目。

我区禁毒工作自实体化运作以来，坚持专门经营、专业抓捕、专门办案的“三专两责”打击机制，讲求“禁吸、禁贩、禁制、禁种”，严格管控涉毒人员及有关物品，加强禁毒宣传教育，禁毒各项工作稳步推进。我区还进一步积极强化地方各级党委政府对禁毒工作的领导和职责落实，涌现出一批禁毒工作先进集体和戒毒康复示范点。如：塘栖镇严格落实家庭、村、镇、派出所“四位一体”抓帮控体系，帮助吸毒人员解决工作生活问题，净化周围环境，杜绝新生吸毒人员和减少复吸现象的发生，该镇 2015 年和 2016 年分别被评为市级和省级社区戒毒康复示范点；我区禁毒办 2016 年度被评为杭州市禁毒工作先进集体。

2.禁毒工作面临新的挑战

随着对外交流的日益频繁与广泛，我区禁毒工作出现了一些新情况、新变化、新问题。

(1)吸毒群体的新情况有：一是人数多，分布广。截至 2016 年年底，我区在控本地籍吸毒人员达 1553 人，在控外地籍吸毒人员达 3500 人，按国际通行的显性与隐性吸毒人员 1∶5 的比例测算，我区目前实际吸毒人员超 20000 人。上述在控本地籍吸毒人员已覆盖全部镇街，并覆盖全区 84%的村、社区。其中，5 个镇街的在控吸毒人员超过 100 人。

表 1 截至 2016 年年底余杭区在控本地籍吸毒人员分布表

镇街	人数	镇街	人数	镇街	人数	镇街	人数
临平	86	东湖	134	南苑	115	星桥	26
运河	51	乔司	79	崇贤	67	仁和	71
余杭	176	中泰	66	仓前	48	闲林	36

续 表

镇街	人数	镇街	人数	镇街	人数	镇街	人数
五常	51	良渚	147	塘栖	136	瓶窑	97
径山	77	黄湖	23	百丈	44	鸬鸟	23
合计	1553						

二是年纪轻，文化程度低。毒品犯罪人员多处于青壮年，受教育程度普遍较低，绝大部分无正当职业。2011～2016 年近五年的审结案件中，犯罪人员平均年龄为 33 岁，年龄最小 19 岁，最大 56 岁；大专、大学学历层次人极少，初中学历及以下占绝大多数。从事职业方面，无业、农民等低收入阶层占比极高。

三是耗资大，重新犯罪多。按照每名吸毒人员每周吸食毒品平均花费 300 元计算，全区近两万名吸毒人员每年吸毒花费高达 3 亿元。另外，前科劣迹、毒品再犯情况严重。上述案件中涉及的 147 人中有 89.8％的被告人曾受过刑事

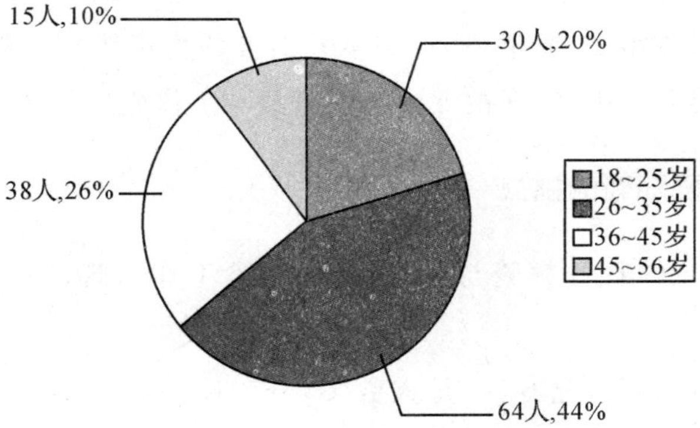

图 1　毒品案件犯罪人员年龄分布图

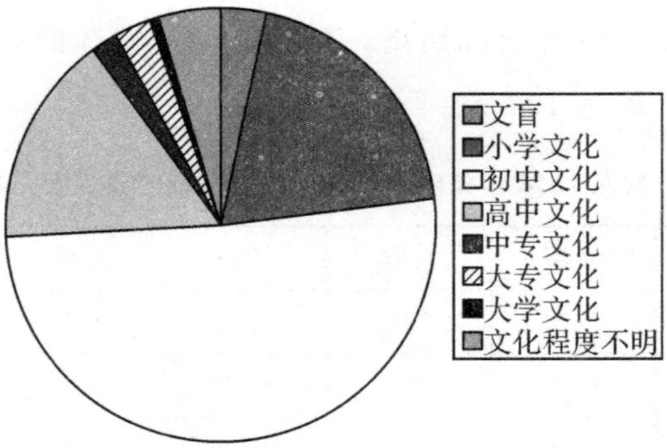

图 2　毒品涉案者文化程度图

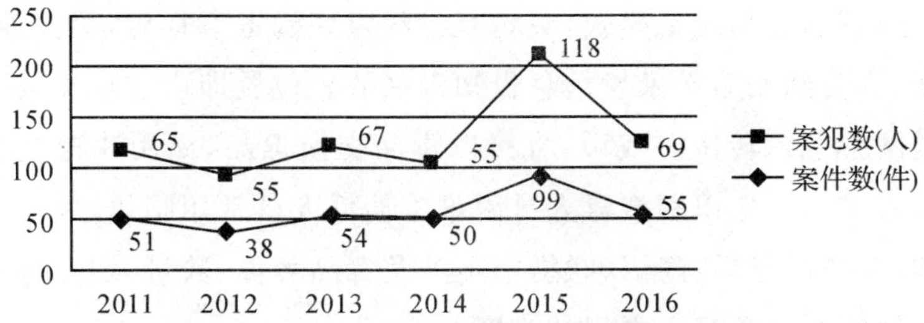

图 3　2011～2016 年毒品案件、案犯数量统计图

或者行政处罚。

四是易传染,危害大。部分毒品犯罪分子患有传染性疾病。随着毒品犯罪案件数量的增加,患有艾滋病、乙型肝炎、丙型肝炎等传染性疾病的人明显增加,既对自身健康构成伤害,也对人民群众的身体健康产生潜在的威胁。

(2)涉毒案件出现新变化,表现在以下几个方面。

犯罪率呈波动上升。上述审结案件中,涉毒案件和涉毒罪犯数量均波动上升:其间共审结毒品犯罪案件 113 件,判处罪犯 147 人,其中,贩卖毒品罪和容留他人吸毒罪案件共计 111 件,占全部案件数的 98.23%。

毒品犯罪案发地相对集中。一方面,部分街道重点明显,东西两头镇街案发数量明显增多;另一方面,小区、出租房、酒店、旅馆等场所是重灾区。上述审结案件中,案发场所在小区、出租房的就有 61 件,在酒店、KTV、旅馆的就有 38 件。

表 2　各镇街毒品犯罪案发数量

镇街	案发数	镇街	案发数	镇街	案发数	镇街	案发数
临平	6	东湖	10	南苑	22	星桥	2
运河	1	乔司	9	崇贤	3	仁和	2
余杭	27	仓前	1	五常	1	良渚	11
塘栖	9	瓶窑	6	径山	2	黄湖	1
合计	113						

打击犯罪难度增大。一是涉案毒品种类多样。涉案毒品基本为新型毒品,主要为冰毒、摇头丸等人工化学合成致幻剂类毒品。上述审结的 113 件案件中,仅 3 件包含传统毒品,其余均为新型毒品。二是交易方式灵活隐蔽。犯罪分子

采取“人毒分离”的毒品交易模式:买卖双方约定好购毒事宜后,买家通过电子方式支付毒资,毒资到账后卖家发信息告知毒品放置位置即可完成交易。另外,还出现了通过网游平台转账游戏币、直接以毒品交换毒品(如用冰毒换麻古)等多种毒品交易方式。三是识别涉毒人员困难。涉毒人员常用暗语、绰号,以隐藏身份;在联络时多使用行话、隐语,联络中不涉及毒品名称、数量、地点等信息,加大了对毒品案件的查处及打击毒犯的难度。

(3)毒情变化出现新特点。我区在册吸毒人员中吸食合成毒品的比例呈上升趋势。2015 年,我区成功侦破余杭历史上首起制贩毒刑事案件,标志着我区出现贩毒与制毒并存的新形势。截至 2016 年年底,我区易制毒在册企业多达 925 家(正常经营 438 家,其中生产企业 1 家,经销企业 18 家,运输企业 6 家,使用毒品的企业 413 家),加大了制毒贩毒犯罪的管控难度。此外,受国外毒品走私犯罪影响,国内一些不法分子将精神活性物质输入全国各地,我区也深受其害。

二、毒品违法犯罪成因分析

(1)毒品成瘾,难戒毒。一方面是生理依赖,停用毒品后,吸毒者会出现撤药综合症状,生理功能紊乱,非常痛苦;另一方面是心理依赖,吸毒使吸毒者产生快感,诱导吸毒者产生再次吸毒的强烈愿望。毒瘾一旦产生便极难摆脱,此时,毒品对于吸毒人员就是生活“必需品”。

(2)圈内感染,难脱身。涉毒人员的“圈子”极具感染性和腐蚀性。多数人第一次“试水”都是受“圈内”朋友的诱骗;另外,在一些卖淫嫖娼、赌博的场合,为追求刺激、愉悦或者跟风而集体吸食毒品。

(3)缺少关爱,难自拔。综观全球,大部分吸食毒品者文化程度较低,大多来自单亲、离异等特殊家庭,家庭教育和关爱严重缺失,难以把控生活的目标、人生的方向,对毒品危害性认识不足,极易受到毒品的侵害。

(4)“以贩养吸”,易犯罪。毒品消费花销大,一名吸毒人员每月毒品开支约需 2400 元,这是个沉重的经济负担。为获取毒资,吸毒者容易将自己买到的部分毒品加价贩卖,如此恶性循环,越来越多的吸毒者走上以贩养吸的犯罪道路。

(5)毒品共享,强腐蚀。在上述审结的案件中,容留他人吸食毒品的案件占全部案件的35.4%,这种共同吸食毒品的行为能够极大地提高圈子成员的"凝聚力",进一步加大社会危害性。

三、综治禁毒的对策建议

为取得我区禁毒战役的全面胜利,应不断巩固我区现有禁毒工作成果,坚持打防并举,综合治理,赢得我区禁毒战役全面胜利。

(1)高度重视,强化综合措施。目前全区禁毒力量与当前禁毒形势和工作压力仍有一定差距,禁毒力量亟待加强。要进一步强化各级党委政府对禁毒工作的领导,将禁毒工作纳入相关部门、镇街乃至网格的考核,并提升综合考评的比分权重。同时,由于禁毒社工需要经常接触吸毒人员等高危群体,却无车补、人身保险等福利保障,仅4万元左右的年收入与其职业代价、风险不匹配,造成基层队伍不稳定、人员留不住、管控力量薄弱。要进一步增加专兼职人员配备,提升人员待遇,增加经费、设备等多项投入。

(2)重拳出击,强化司法查处力度。要更好地发挥专业部门力量的职责作用。公安机关继续加强对毒品犯罪的打击力度,建立日常管理和突击检查制度,严格管控涉毒人员、物品,多渠道、多层次收集毒品犯罪情报线索,对犯罪嫌疑人提供的上下家有关线索进行追踪侦查,加强与周边域外地区公安机关的协作。对涉毒案件,检察机关要坚持及时介入,加强批捕前引导取证和捕后跟踪监督工作,引导和督促公安机关及时收集固定证据,紧密衔接批捕与起诉环节。审判机关要严厉打击职业毒贩、毒品累犯、再犯等主观恶性深、人身危险性大的毒品犯罪分子,加大罚金、没收财产等附加刑的适用力度,慎重使用缓刑。司法行政机关要加强法制宣传和毒品犯罪管辖矫正相关工作。

(3)多措并举,强化涉毒重点人群管控。一要加强深入排查,及时发现隐性和新滋生吸毒人员。公安机关要组织力量深入出租房、饭店、娱乐场所等流动人员聚集地,对吸毒高危人群进行严格的排查登记,以便及时发现、登记隐性和新滋生吸毒人员,做到逢嫌必检。有关部门要探索尝试在居民常规就医、体检的体液检查中,增加毒品测试的项目,加大筛查发现力度。二要重视社区戒毒、社区康复工作。以村(社区)为阵地,属地要做好登记报告和举证,强化尿检,增加尿检频次，让所谓的“安全期”无所遁形；强化心理帮扶，积极整合卫生部门与社区的力量，对戒毒康复人员给予常态化的专业心理帮扶。三要进一步落实、推广美沙酮免费治疗方案，属地政府要调动公安、卫生、民政等多方力量，深入探索社区戒毒、康复工作联动机制，把美沙酮治疗措施落到实处。

(4)深挖广耕，强化重点行业场所监管。公安部门要做好牵头工作。一是建立禁毒专员机制。每个经营单位设置禁毒专员作为公安缉毒部门的联络人，一旦发现涉毒疑情、线索，及时向公安机关报告。对在禁毒工作中存在隐瞒包庇等失职行为的，相关监管部门对该禁毒专员及其所在经营实体予以批评教育，情节严重的则依法予以处罚；对在发现、举报毒品违法犯罪线索等禁毒工作中表现突出的，予以奖励。二是强化禁毒知识培训。公安机关会同文化、工商等相关部门，组织开展行业内相关工作人员禁毒知识培训，提升从业者对毒品犯罪的警惕性、免疫力和抵制能力。三是实行涉毒人员酒店业、娱乐服务场所从业限制。相关行业、娱乐场所要及时把从业人员的身份信息在辖区派出所备案。派出所若发现有毒品违法、犯罪前科人员的，则约谈负责人、签订保证书，由负责人提供担保方可从业。四是定期摸排从业人员涉毒情况。定期组织重点行业从业人员进行包含毒品测试项目在内的健康体检，一经发现立即上报辖区公安部门。

(5)群防群治，强化大联动治理。在开展禁毒工作时，要充分利用大联动工作机制，区禁毒办牵头，整合区、镇街、村社力量开展综合治理，将禁毒工作落到实处。一是深化网格禁毒工作。充分发挥网格长、指导员、参与员、协管员等网格工作人员力量，将在册吸毒人员、毒品违法犯罪前科人员纳入网格管理，实时掌握上述人员动态，并将信息报送镇街。镇街与辖区派出所做好信息记录，禁毒办、区公安分局定期将信息汇总并开展综合研判、适度防范。二是提升社会各单位联动禁毒作战能力。网格社区、学校、家庭、医疗机构等基层单位要强化与公检法等禁毒专业力量的信息交流，做好日常宣教与监督举报。对成功戒毒的，要给予人文关爱，帮助其顺利回归社会。三是加强禁毒法制宣传。一方面，宣传部门要大力配合，在社会上广泛开展禁毒教育，培养广大人民群众的禁毒意识，提高毒品警惕性。司法部门也要积极参与进来，进一步提高宣传教育的针对性，对社会无业人员、外来务工人员等极易受到毒品侵害的高危人群，不断创设载体、创新方式，增强他们自觉抵制毒品的能力，形成“自己不涉毒，家人不吸毒，有毒必举报”的良好氛围。另一方面，重视青少年禁毒教育。教育部门要加大支持配合力度，学校要成为青少年禁毒教育的主阵地，禁毒教育要成为每位中小学生的必修课。同时也要重视家庭教育，在家校合作中让青少年逐渐形成健全的人格，树立正确的人生观、世界观、价值观，让广大青少年成为我区禁毒事业的有生力量。

（2017 年 9 月）

余杭“智慧医疗”实施情况调查报告

余杭区老科学技术工作者协会

“智慧医疗”是智慧城市建设的重要组成部分，是互联网技术在医疗服务领域的移植使用，是近年来政府为民办实事的重要民生项目。现阶段其内容主要包括预约诊疗、诊间结算等有卡无卡支付、出院床边（护士站）结算、网上检索检验检查报告等，主要目的是改变就医旧模式，破解医院看病“三长一短”瓶颈，改善就医体验，切实解决就医难、就医烦。为了全面了解我区实施智慧医疗三年多来的实际效果，进一步提升我区智慧医疗使用率，提高社会群众对医疗服务的满意率，区老科协卫生组和区卫计局信息办联合，于今年 5 月至 7 月对全区智慧医疗实施情况进行了调查，现将调查结果报告如下。

一、调查的方法

调查的对象分为两类。一是全区所有公立医院、社区卫生服务中心和一家民营门诊部，共 28 个机构。调查的内容主要为智慧医疗的资源和使用统计，以及对智慧医疗工作的意见建议。为获取最近的统计资料，时间起止定为 2016 年 4 月 1 日至 2017 年 3 月 31 日。二是在上述机构中公开张贴调查二维码，由患者自愿微信扫码在线回答，医疗服务机构不得组织与干预，医务人员一般也不作为个人参与调查。为确保个人调查时外部条件的同一性，故要求调查在 2017 年 5 月 31 日至 2017 年 6 月 5 日内完成。事先申明调查所填结果均无关对错，也不涉及对某机构的工作评价，只需如实填写。调查得到各单位支持，所有参与调查的机构均如期上报结果。患者调查共完成 2253 份，超出调查设计预期的 1000 份。

二、调查的结果

1.针对患者的调查结果

参与调查的患者共有2253人，其中，女性占69.19%。各类医保病人占85.22%。年龄段在18周岁以下和60周岁以上的有97人；18～60周岁的占95.69%，其中30～40周岁的有994人，占46.10%。年龄组分布特点符合年轻人更习惯于使用智慧医疗的实际。2253人中，在医院和社区中心就医的分别占52.11%和47.89%。被调查者本次就诊预约占34.58%，排队挂号的仍有1474人，占65.42%。在本次就诊中共使用智慧医疗11个项目4503次，平均每人就诊使用近2项次。在诊疗过程中，医务人员主动向患者介绍智慧医疗的占85.71%。患者对智慧医疗满意度较高，其中很满意1474人，满意645人，一般102人，需要改进的29人，不满意的3人，满意率达94.05%。

2.针对机构的调查结果

(1)社区卫生服务中心。全区20家社区卫生服务中心，共有挂号缴费机29台，报告取单机13台，智慧医疗结算医生工作站776个。年度智慧医疗结算1080013人次，结算率13.65%。市民卡结算987836人次，结算金额6498.06万元。支付宝结算8818人次，结算金额121.76万元。银医通支付55118人次，支付金额66.58万元。

(2)区属医院。7家区属医院共有挂号缴费机108台，报告取单机39台。门诊预约挂号100734人次，占8.28%。智慧医疗结算医生工作站845个。智慧医疗结算人次5074936人次，结算率为48.37%。市民卡结算1755529人次，结算金额6063.16万元。支付宝结算823974人次，结算金额5965.57万元。银医通结算2495455人次，结算金额9303.04万元。

(3)全区合计。全区门诊预约挂号合计361746人次。智慧医疗结算6242683人次，占33.53%，市民卡结算2743365人次，结算金额12561.22万元。支付宝结算832792人次，结算金额为6091.33万元。银医通结算2550573人次，结算金额9369.62万元。

三、调查结果分析

本次调查采用机构普查方法，资料反映出全面性和权威性的特点。自愿参与调查的对象，是平时智慧医疗使用的优势群体，年轻且文化程度较高，结构性问题自愿在线回答，外界干扰少，属于真实意愿表达。

（1）个人参与调查的结构比，医院和社区中心分别占52.11％和47.89％，说明即便是乡镇街道卫生服务机构，患者对智慧医疗的知晓率、参与度和对调查的支持度也是较高的，这有利于我区进一步推进和发展智慧医疗。调查显示，我区智慧医疗实施取得较好成绩，患者满意度94.05％，处于较高水平。

（2）门诊预约是医院智慧医疗的服务重点。区属7家医院门诊预约比例在0.83％～16％，平均为8.28％。受调查医院为余杭区的一院、妇保院、五院、三院、中医院、二院和良渚医院，门诊预约率分别为16.0％、14.0％、6.67％、5.88％、3.3％、1.42％和0.83％。除良渚医院情况特殊外，其余医院门诊预约率均不高，需要努力提升。调查对象本次就诊预约率为34.58％，明显高于一年的平均数，而2017年1～6月区属医院自助挂号（含预约挂号和在院内自助机挂号）比例则比较稳定。推测门诊预约比例可能也在逐月上升中，更合理的解释是自愿扫码接受调查者预约率较高。

（3）智慧医疗结算率全区为33.53％，其中社区服务中心为13.63％，区属医院智慧医疗结算率接近二分之一，为48.37％，各医院差距较小，依次为五院、一院、二院、中医院、妇保院、良渚医院和三院，以五院为最高，高于均数4.3个百分点。三类结算方法中使用频率从高到低依次为市民卡、银医通和支付宝，预测今后无卡结算将会明显上升。

（4）本次调查对象60岁以上人员仅56人（2.49％）。因为调查属于自愿扫码在线回答，调查对象就是平时的智慧医疗的自主使用者。分析平时60岁以上人员就医时使用智慧医疗的比例还应该高于本次调查，因看病时可能由于陪同的子女或志愿者帮忙。个人调查中认为自助服务需要协助的占31.47％。说明欲提高老年人智慧医疗使用率，还需要更方便的操作程序或志愿者协助。

（5）本次调查就诊排队等候时间小于10分钟的为1640人，占72.79％。如果剔除本次就诊中属于预约的（预约挂号应该不会多于10分钟）779人，非预约病人就医排队小于10分钟的比例为58.29%。非预约就诊的排队时间在10分钟以内的占一半,医院可以在推广增加预约和改进挂号(方便自助挂号)两个流程上同步改进。

四、实施智慧医疗的几点建议

(1)“智慧医疗”建设是深受患者欢迎的民心工程,各单位要提高认识,进一步推广智慧医疗的使用,尤其是目前智慧医疗使用率较低的单位,要派专人分管此项工作,寻找薄弱环节,克服流程瓶颈,为有效缓解看病烦做出应有努力。建议卫生行政主管部门适时召开智慧医疗建设推进会。

①要大力加强院前服务宣传工作。预约挂号是每一个就诊者必经的程序,改进挂号的方法,提升其效率对改善就医感受意义重大。全时段门诊预约是减少患者在医院无效滞留、有序诊疗的有效手段,区属医院门诊预约率只有8.28%,要重点研究,重点突破。目前预约的途径已有近十条,各医院应该仔细调查分析各种途径的使用率,努力把“入口方便、分诊明确、主动提醒、报到确认”的途径和流程宣传好、维护好。已经做到门诊病人80%以上预约的温州医大附属第一医院,主要就是依靠做好做精114声讯台服务和医院微信公众号。我区医院近期重点要做好以下三项工作。一是在社区中心,帮助患者做好上级医院的预约。二是在院内,要把诊间预约、服务台预约等复诊预约落实好。三是将名科名医的宣传和预约方法结合起来,让患者根据需要和可能预约名科名医。

②增加投入,增添硬件设施,实现多途径的自助服务。适时进行自助机功能升级,努力实现全区范围的检查结果查询。从技术角度讲,智慧医疗的所有功能都可以无障碍实现,但在服务终端的功能实现是最关键、最直接的。智慧医疗的功能随着技术的升级换代将日新月异,从技术研发到医院使用的间隔时间会越来越短,培训、服务、指导、宣传等必不可少。除了社会热心人士以外,党团员、新入职人员都要定期参与志愿者行动。

③前述各类医保病人占调查总人数的85.22%,基本符合医院平时病人结构。持有医保卡或市民卡但未开通智慧医疗功能的患者占比不小,欲提升智慧医疗结算比例,还需从源头上入手,市民卡管理部门可以在医院开设方便窗口服务或委托医院协助办理。即便以后开通刷脸结算,也只是结算时免卡,基础工作

的准备还是无法省略。在自助机和志愿服务资源充裕时，可以酌情探索将诊间结算功能逐步转移到自助机上去完成，尽力发挥机器功能，以提高优质人力资源的使用效率。

(2)作为区域性服务体系建设，社会办医机构是不可缺少的组成部分，对其服务管理不能完全放任自流。尤其在医疗服务信息化建设方面，卫生行政主管部门对社会办医机构应该提出基本要求，纳入卫生行政主管部门监管视线。具体应该要求门诊部以上机构智慧医疗建设现阶段至少与社区卫生服务中心水平同步，冠名医院的社会办医机构应该更进一步，在功能配置上达到区属医院基本水平。

(3)区五院在全国基层医院“医患友好度”试点和示范建设期间，把物理硬流程改造和智慧医疗软流程改进紧密结合，明显提升了智慧医疗的使用率。其调查结果也显示处于区属医院前列，区五院的成功经验可以复制推广。今年，杭州市卫生计生委在市属十家医院引入“医患友好度”建设的理念和方法，力争进一步促进和提升全市的智慧医疗建设，进一步改进医疗服务。并拟在市属医院全面实施后向全市各县市区推介推广。杭州市卫计委的工作部署我区可以提前衔接。

(4)国家卫生计生委正在拟制智慧化医院建设标准，健康报社、医院管理研究所、医管中心和信息统计中心四个国家卫计委下属机构参与。其中除了已经进入等级医院标准的医院内部信息化管理要求外，重点是增加与患者关系密切的“智慧医疗”和医患友好度建设标准(可能名称会有所调整)。我区作为卫生工作先进地区，可以根据国家主管部门的思路以及本区实际，重新规划修订我区医院信息化建设、智慧医疗、医患友好度建设的顶层设计，继而在更高层面上总结和展示我区改进医疗服务的成绩和经验，继续推进健康工程建设，持续优化、深化医疗服务改革。

(2017 年 9 月)

余杭家长学校近三年办学状况调查报告

余杭区老科学技术工作者协会

家长学校是学生受教育期间学校教育、家庭教育、社会教育互为融通，共同促进的有效途径和载体。为更好地推动家长学校的制度化、规范化建设，提高家长学校的办学质量和办学水平，余杭区老科学技术工作者协会会同区关工委、区妇联、区教育局关工委等单位组成联合调查组，于今年 5 月起，将余杭区内的 10 所小学（临平二小、星桥小学、塘栖一小、崇贤二小、大禹小学、中泰中心小学、良渚一小、瓶窑一小、彭公中心小学、良山学校良渚总校区），10 所初中（乔司中学、塘栖三中、仁和中学、闲林中学、良渚一中、良渚二中、瓶窑一中、黄湖中学、信达外国语学校、英特外国语学校），共 20 所中小学校作为样本，就其近 3 年家长学校的办学状况进行了调研。

调研组兵分 5 组，深入学校，听取各调研单位领导的介绍汇报，走访家长学校承办地，查看近几年相关资料，召开学生、家长、教师座谈会 40 余次，对各校及 200 余家长进行了问卷调查。通过这些活动，调研组对我区家长学校近况有了比较客观的了解。在此基础上，调研组对家长学校办学工作中的亮点和特色，以及存在的问题进行分析和思考，提出了加强家长学校工作的初步建议。

一、家长学校基本情况

家长学校以未成年人的家长及其抚养人为主要教育对象，是为提高家长素质和家庭教育水平而组织的成人教育机构，是宣传正确的家庭教育思想，普及科学的家庭教育知识的主要场所。被调研学校建校率 100%，总体情况良好。基本情况如下：

(1)组织机构比较完善。75%的学校已将家长学校纳入学校教育教学总体计划中，并在组织上加以落实。80％的学校建立家长学校领导小组，一般由校长兼任家长学校校长，其他成员由校政教处老师、班主任和家委会成员共同组成。

(2)制度建设初步形成。85％的学校都有比较具体的计划，并制定了相应的制度，如《家长学校工作章程》《家长学校工作具体细则》《家长开放日制度》《家长学校活动学习制度》《家长学校培训计划》《家访制度》等。

(3)教学内容比较丰富。大部分学校有相应的课程、教材及教学内容；内容主要包括宣传国家的教育方针、政策、法规，传授家庭教育知识，还有法制教育、青春期教育、心理健康教育、安全教育等相关内容。基本都按年级或班级编班开展授课。

(4)档案管理基本健全。各校都有比较完整的相关资料，主要包括各项计划制度、家长会记录、家委会记录、家访记录、家长学校讲话、授课记录等。应该说近几年来学校对家校联系都极为重视，在家长学校的建设上也做了不少工作。在被调研的20所学校中，有11所曾被评为余杭区示范家长学校，有6所曾被评为杭州市示范家长学校。

二、家长学校的主要做法和经验

1.举办专题家长培训，提高教育的针对性

对家长的培训是家长学校的基本形式，有针对性地分层进行培训，是学校的普遍做法，如：每年一年级和七年级新生入学，举办新生家长培训班，传授教育学、心理学基本知识，明确怎样做好孩子入学准备工作，知道怎样帮助孩子逐步养成良好的学习习惯，怎样迈好成长第一步。对毕业生家长以成才基础教育为主题。根据小学六年级和九年级毕业班的特点，重点举办“怎样的毕业生才是合格的毕业生”“临近毕业，学生的心态分析和家长应注意的问题”“如何做好小学与初中、初中与高中的衔接工作”等一系列讲座。良渚一中针对本校外来务工子弟多的情况还举办了外来务工子弟专题家长培训班，依据他们的特点和需求进行授课，获得家长好评。

2.开展亲子活动,提升教育的实效性

家庭教育中,只有家长和孩子之间建立了最起码的信任感和认同感,家长对孩子的教育才有效。为此,许多家长学校都建立了亲子关系工作坊,以此为平台开展活动:

(1)推出了做合格小公民系列活动。在家做个好孩子,在学校做个好学生,在社会上做个好公民,潜移默化地进行品德教育,取得了阶段性成果。

(2)开展亲子活动,融洽家庭关系。在节假日,如三八妇女节、母亲节、父亲节等节日,开展了融游戏和教育于一体的亲子游戏活动,改善亲子关系。

(3)营造爱的感动,激发爱的行动。如开展学生和家长一起帮困献爱心活动,形成良好家庭氛围,尤其是临平二小,开展了"以寸草之心报春晖"的主题活动,学校与贵州省台江县城关一小的结对活动很有特色,让孩子走进大山,走进贫困学子家中体验生活,取得了鲜明的实效。

3.延伸办学形式,实现教育的广泛性

由于家长层面情况复杂多样,因此学校借家长学校这个平台,开展了多种形式的教育活动。主要有:

(1)教师走访家庭。学校每学期开展教师走访家庭活动,安排全体教师定期家访,做到有计划、有目的、有准备家访,集体家访与分散家访相结合,并写好访谈录。重点为上门接受咨询,宣传家教知识,指导家教方法,同时让教师更多地了解学生家庭情况,有效调整学校教育。

(2)举办学校开放日活动,把家长请进校园一起参与学校活动。如:参与听课,让家长了解子女在学校的表现,让老师倾听改进的意见;参与观摩,请家长到学校来参加观摩活动,参加"学校艺术节""科技小制作展""优秀作业展"等活动;参与满意学校、教师的评议等。这些活动吸引了很多家长,家长在参与活动的过程中发现孩子的优缺点,增强家长育人的责任感。

(3)发挥家委会作用。各校都建立了家长委员会,并定期召开会议,通过家委会这个平台了解家长需求,协调家长学校的各项工作。

(4)充分运用现代网络信息工具。学校都建立了家长微信群、家校通等信息平台,构筑起家校联系的桥梁,及时将教育信息传送给每位家长。

(5)利用家长自身资源。家长中不乏教育行家,实践中也有诸多成功的教育实例,有的学校每个学期开展家教征文以及评选“优秀家长”活动,并请优秀家长来家长学校介绍家教知识,交流各自的家庭教育体会,传播家教方法,相互学习,促进家长素质提高。

据学校和家长的问卷调查,近几年的家长学校在学校整个教育过程中发挥了比较显著的作用:一是家长的育人观念、教育方式得到正确引导。二是促进学校与家长的有效沟通,认同感得到增强,家长与学校培养学生的目标得以统一。三是拓展学校教育空间及途径,通过多种交流平台,形成家校合力,大大提升了教育的实效。四是同时提高了教师的教育能力,促进了学校的教育教学工作。

三、家长学校存在的问题

1.家长学校缺乏顶层建构和积极引领

这是调研中发现的最主要的问题。家长学校作为一所学校,必须有学校所具备的一切元素,如领导机构、教学对象、教学计划、教材、考核等等。学校是家长学校的实施者。而在调查中,我们感到近几年上级有关部门对家长学校的组织引领和管理督导是不够的。一是缺乏家长学校办学的顶层设计和建构,缺少规范统一的评估标准,对其机构组成、教学场地、教学计划的实施等软硬件缺少具体、量化的评价标准。二是没有相应建立家长学校的交流激励机制。家长学校工作也尚未列入学校工作的考核内容。

2.家长学校工作发展不平衡

各校对家长学校办学工作的认识水平和重视程度不一,一些学校对家长学校的概念不清,认识不足,职能不明。学校基本上还停留在以家长会取代家长学校的现状,许多家长只知道有家长会,不知道有家长学校,教师与家长对家长学校的职责、职能等认识模糊,家长学校缺乏整体的规划和办学思路,部分家长学校工作已经流于形式,没有开展实质性的活动。

3. 师资力量薄弱，师资队伍的素质有待提高

目前家长学校师资来源主要有三部分：一是本校领导和富有教学经验、热心家庭教育工作的老师，一般都是班主任兼任。这支队伍主要是满足本校自身的需要。二是本校的优秀家长代表，他们更多的是介绍教育子女的体会，但这种体会缺少理论支撑，难以成为普遍的育人经验。三是学校聘请的家庭教育相关专家老师，哪个学校需要给家长上课，便临时请这些人员去举办讲座，随意性很大，缺乏应有的保障。由于组织形式松散，所以很难对这支师资队伍进行有目标、有组织、有系统的培训。

4. 家长学校课程设置、教学内容的安排缺乏系统性、规范化

家长学校基本上没有固定课程设置，没有统一的专业教材，随意性较大，实用主义为主，开展一些定期或不定期的活动，未按照《浙江省家长学校教学指导纲要》制订教学计划、安排课时。许多校领导、教师以及家长还不了解上级部门对家长学校工作的相关规定和指导意见。

5. 活动经费缺乏保障

家长学校普遍反映没有专项的办学经费，只能从有限的教学经费中挤出资金来维持运作，部分学校缺少举行大型家教活动的多功能室，也没有固定教学场地或专用教室。经费不足，严重制约了家长学校的发展，影响学校举办家长学校活动的主动性，制约了家长学校的工作开展。

四、建设家长学校的几点建议

1. 全面提高对家长学校的认识

各级相关部门及学校要进一步学习《关于全国家长学校工作的指导意见》《浙江省家长学校教学指导纲要》等相关文件，充分认识各自在家长学校中的职能，充分认识家长学校的性质、地位、作用、要求。真正从思想上引起重视，达成共识，把家长学校工作摆上议事日程，把家长学校纳入学校教育的整体规划中。

2.促进家长学校持续健康发展

一是明确领导机制，建立和完善统一的管理办法。区妇联和教育行政部门要做好顶层设计，联合出台区域性推进家长学校工作的实施方案及相关细则。抓规范、抓典型、抓载体，切实加强对幼儿园、中小学家长学校工作的具体指导。二是加强对家长学校的考核评估。要把家长学校工作纳入学校德育评估体系，对家长学校的领导管理、组织建设、办学条件、教学管理、理论研究、家长受教育率、合格率等情况定期进行考核测评，给予科学的评价，并相应建立动态激励机制，表彰奖励优秀家长学校、优秀教师和家长。

3.不断增强服务家长的能力

要建立一支业务强、热心家庭教育工作的师资队伍。首先要提升班主任的教育水平，目前家长学校的活动基本以班级为单位，可以说班主任是家长学校的灵魂。要鼓励班主任学习研究有关家庭教育的知识，成为家庭教育的行家，有能力凭借自己的专业素养针对不同成长期的学生，点拨家长采取科学的方法教育孩子；其次要设立区域性家长学校专家和教师资源库，以满足学校的授课需求；再次是加大对家长学校师资队伍的培训力度，每年至少统一培训一次，并纳入师训计划，帮助教师掌握家长学校的工作方法，更新家庭教育知识。同时创造条件，集中专业人才，形成一套适合家长学校使用的统一教材，提高家长学校教育的针对性、实用性、系统性。

4.促进家长学校良性运作

首先，政府应加大对家长学校的资金投入，把家长学校的办学经费作为专项经费纳入财政预算，并确保逐年增长，财政可采取按生均标准拨给家长学校办学经费，保证家长学校正常运转。其次，推行有偿教学，允许家长学校收取一定的费用，不应纳入义务教育“一费制”的限制范围。通过“政府拨一点、家长交一点、学校出一点”这样“三个一点”来解决经费问题。

5.齐心合力办好家长学校

家长学校不是简单的“校中校”，办好家长学校也不仅仅是学校的事，光靠学校的力量无论在场地、时间、精力、财力上都难以达成目标，所以应动员一切社会力量共同来办好家长学校。例如可考虑以街道为单位，由街道妇委会、文教办牵头建立街道家长学校中心，并以成人教育学校为依托，开办家庭教育培训。这样学校和社会齐抓共管，以保障家长学校活动正常进行，推进区域性家长学校稳固地发展。

（2017 年 10 月）

家庭医生签约服务工作的对策建议[①]

富阳区老科技工作者协会医卫组

家庭医生签约服务是中央明确的深化医药卫生体制改革的重点和难点，也是各级政府主导推动的民生实事工程。富阳区政府于今年年初将此项工作列为2017年惠民工程之一。前阶段，富阳区老科协医疗卫生组深入有关医院、社区卫生服务中心（站点）和部分居民家庭，就我区家庭医生签约服务工作情况进行了专题调研，通过实地察看、听取汇报、召开座谈会和查阅资料等形式，了解情况，研究分析了当前工作推进中存在的困难与问题，并就下一步工作提出意见和建议。

一、家庭医生签约服务存在的主要问题

从调研情况看，我区家庭医生签约服务工作，整体推进有序有力有效。但在实践中也存在不少困难和问题，需要引起各级有关部门的高度重视，认真研究加以解决。主要有以下六个方面：

1. 社区医生服务能力不足

按照“家庭签约医生服务模式”设定，家庭医生主要在基层提供预防保健、常见病和多发病诊疗和转诊、病人康复和慢性病管理、健康管理等一体化服务，是社区居民的健康“守门人”。从严格意义上讲，一名称职的家庭医生需要具有预防、保健、医疗、康复等系统的医学全科知识和服务技能，才能为签约对象提供全面、连续、及时且具个性化的医疗保健服务。而目前我区基层医疗机构队伍状况

① 本文原标题为“关于深入推进家庭医生签约服务工作的对策建议”。

还不能与此要求相适应，这是推行“家庭签约医生服务模式”的主要瓶颈。首先，医生数量不足。目前，我区基层医疗机构人员编制 1240 个，实有全科医生数量 259 人。2017 年，我区家庭医生的人均签约数是 750 人，按照 2020 年 50%签约率的要求，人均签约数将达到 1800 人，超出了 1500 人的上限。其次，医生服务能力不强。现有社区医生大多以临床诊疗和基本公共卫生服务为主，健康管理、营养咨询、心理服务等相关知识、技能欠缺，距离全科医生的要求尚有较大差距，这在很大程度上使居民对签约服务的信任度与认同感降低。

2. 医疗机构诊疗装备不够

2011 年以来，政府投入近 7000 万元，新建、改建、扩建了多家社区卫生服务中心。2013 年，投入 1100 余万元回购 7 家改制卫生院，实行一体化管理。2011 年至 2013 年投入 2500 多万元，为 25 家社区卫生服务中心配备了 DR(直接数字化 X 线摄影系统)、彩超等中高档医疗仪器设备。与此同时，近年来，坚持以政府为主导，借建设“数字卫生”为契机，完成了包括卫生中心数据库、就诊一卡通等信息化平台建设，建立了区域临床检验中心、临床影像会诊中心、心电会诊中心、消毒供应中心、远程会诊中心，并通过卫生专网覆盖所有社区卫生服务中心和站点，构建了区域一体化的医疗卫生信息服务网络。但是，上述所有投入毕竟点多、面广，其装备水平和投入体量难以适应快速发展的医学技术和人们日益增长的健康服务需求。目前，不少疾病也需要 CT 和磁共振检查，可这些医疗设备，25 家中心均无力购买。同时，家庭医生能携带上门服务的装备还停留在体温计、血压计、听诊器等基本工具上，诊疗服务手段依然落后。

3. 医疗信息共享度不高

辖区基层医疗机构与区属 6 家医院之间信息共享内容偏少。公共卫生信息化建设与基本医疗信息的结合尚未完全实现，信息孤岛现象依然存在。家庭医生签约平台信息与杭州卫生信息网信息不互通。OA 系统签约居民的信息不能导出，是软件开发问题。面向居民的医疗信息交互平台不够完善，知晓率、使用率低。部分区属卫生单位职工对家庭医生政策还不甚了解，直接影响社区卫生服务中心病人的上转和下转，造成病人和家属的误解和不满。

4. 配套政策保障力不够强

目前不同级别医疗机构的住院报销比例差距虽然已拉开，但是还不足以吸引社区居民优先考虑到社区卫生服务中心就诊，尤其是门诊就医政策倾斜幅度不够大。当前，群众反映最为强烈的是职工医保病人在签约机构就诊（社区门诊）的起付线标准没有下浮 300 元（经签约机构转诊至区属医疗机构的门诊医保起付标准下降 300 元的政策已经执行）。同时，家庭医生开展的健康管理、健康教育等公共卫生服务项目没有纳入医保范畴，有些服务项目尚无收费标准，医生的劳务价值得不到应有的体现。特别是当前在政府公共卫生服务投入经费相对不足的背景下，这就出现了基层医疗机构提供的公共卫生服务项目越多、公益事情做得越多，单位却因投入的精力财力越大而收益越少的新问题。对此，作为管理者的政府及其相关部门就面临一个新课题：如何采取相应的财政补偿政策，最大限度地调动单位及职工的工作积极性。

5. 部门配合不够协调

目前家庭医生签约服务主要是卫生计生部门在倡导和推广，区人力社保、财政、民政等部门相互协作力度不强，相关部门的支持力度有待进一步加强。基层卫生工作未纳入属地化管理，未与镇街、村社区工作考核挂钩。志愿者等社会团体和民间组织参与力度不够。与此同时，医疗机构内部的联动机制也需要进一步强化。上级医院对基层医疗卫生机构尚未开放足够的专家门诊号、住院床位，预约诊疗、双向转诊通道还不是完全畅通。这一切都严重影响了家庭医生签约服务工作的推进。

6. 签约服务宣传不深

由于家庭医生签约服务是新生事物，群众对家庭医生签约服务的内容还不太了解，签约服务的知晓率、接受度还不高。有的居民还停留在有病“看医生”的传统就医观念上，当全科医生与他们签约时，表现出不理解、不信任、不接受。有的居民则忽视家庭医生制度普惠性的属性，视家庭医生为“私人医生”，对签约服务期望过高，要求提供上门服务（个性化服务），认为家庭医生应该随时待命，随时接受患者的电话咨询、帮其预约挂号，最好随叫随到，这让家庭医生陷入尴尬境地。而现阶段，家庭医生主要在卫生服务中心坐诊，看病仍需预约，大部分情况下不能到居民家里看病。真正需要上门诊疗或建立家庭病床的，要有一个申请和评估的过程，让真正有需要的人接受上门服务（个性化服务）。这一点，很难得到有关签约病人的理解，他们甚至表示不满意。此外，基层首诊签约服务是对传统就医模式的颠覆，在前一轮的改革中，居民已经习惯了自由的就医模式，要改变居民的就诊习惯有较大难度，这使得居民就医首选责任医生的比例难以在短期内较大提高，成为家庭医生签约服务工作的一大挑战。

二、推进家庭医生签约服务工作的对策建议

调研组认为，推进家庭医生签约服务工作对于转变医疗卫生服务模式、建立分级诊疗制度、构建和谐医患关系等具有重要意义。但是，家庭医生签约服务毕竟是一项综合性、全局性的系统工程，事关人民群众的切身利益，涉及面广，工作难度大，任务十分艰巨。对此，各级各部门要提高思想认识，敢于担当责任，完善政策保障措施，强化部门协作配合，努力把此项惠民工程抓出实效、抓出特色。

1.加强签约服务工作的组织领导

（1）统筹整合行政资源。建立区卫生计生、人力社保、财政、残联、民政等部门的联席会议制度，强化部门协作配合，定期研究解决签约服务中的新困难、新问题。制定签约服务财政专项资金及签约服务费筹措政策，进一步完善《家庭医生签约服务绩效考核办法》，构建具有富阳特色的家庭医生签约服务政策体系。

（2）发挥考核指挥棒作用。家庭医生签约服务对象中的重点人群（老年人、慢性病病人、残疾人、孕产妇和儿童、精神病人等）往往是乡镇（街道）和村（社区）的重点服务对象，将家庭医生签约服务工作统一纳入乡镇（街道）和村（社区）年度目标管理和考核指标体系，引导基层组织履行相应职能、发挥优势作用。此外，加强与有关社会组织的联系沟通，尝试在有关村（社区）组建志愿者队伍，发挥该组织在居民签约环节中的宣传、发动、桥梁和纽带作用。

（3）加大宣传力度，提高公众的认同度。充分利用各类媒体，如官方网站、微博、微信 APP 等宣传平台，广泛深入宣传家庭医生制度，着力营造良好的改革环

境和舆论氛围。深入挖掘全区基层卫生医疗机构的先进典型，多渠道、全方位向社会宣传他们在推进家庭医生签约服务工作中的良好形象，提高群众对家庭医生的依从性和信任度。

2. 加大医保政策支持力度

（1）调整完善门诊、住院和重大疾病报销政策。进一步拉开不同级别医疗机构执行不同医保报销额度的幅度，让社区以较低的收费和医药费用自付比例吸引社区居民，签约居民在家庭医生处就医和经过家庭医生转诊至上级医院住院的可享受更多的基本医疗保险报销倾斜政策优惠。基层群众认为目前最迫切、最需要解决的是落实职工医保病人门诊起付标准下降 300 元的政策和慢性病长处方政策。门诊起付标准下降 300 元的政策，指的是参加职工医保的签约人员，在签约的社区卫生服务机构或通过签约的社区卫生服务机构转诊至富阳区级医院所产生的诊治费，其门诊医保起付标准下降 300 元，甚至可以零起付。慢性病长处方政策，指的是对病情较稳定、依从性较好的慢性病签约患者，可酌情延长单次配药量（单次配药量最多不超过 3 个月的用量）。与此同时，基层医疗机构提出，随着家庭医生签约服务工作的有序推进，更多的慢性病患者在基层社区卫生服务中心就诊，很多慢性病用药，如高血压、糖尿病的药物均价较贵，导致医保总额突破，均次费用不可掌控。建议加大医保支持力度，合理增加医保总额，针对慢性病如高血压、糖尿病等病种用药方面的均次费用控制，放宽指标或者另行结算。

（2）调整完善医保报销目录。探索扩大医保目录范围，将一些极具社区特色而又是居民必需的社区项目，如家庭病床，老年病、慢性非传染性疾病的监控和管理，康复医疗服务等纳入基本医保目录。

（3）合理调整基层医疗卫生机构医疗服务项目价格，积极支持家庭医生签约服务工作。

3. 加强签约服务人才队伍建设

政府要制定包括全科医生招聘、培养、考核、管理、使用等内容的具体规划，出台全科医生队伍建设的倾斜政策，比如为全科医生的招聘开通绿色通道，提前晋升晋级等，鼓励和吸引广大医务人员加入全科医生的团队，充实家庭医生力量。制定和完善乡村医生的退出机制和相应的退出保障政策，加大农村社区医生定向培养和医学影像等专业人员培养力度，充实乡村卫生人员队伍。注重乡村医生培养，加强对现有乡村医生实施规范化培训、转岗培训、进修学习以及继续教育等，使之逐步达到全科医生的能力，从而获得成为全科医生的资格，优化乡村医生队伍结构。同时，完善医师多点执业政策，鼓励公立医院医生(包括退休医生)采取多种方式到基层医疗卫生机构提供签约服务，并获得合理报酬。全面加强对社区卫生服务中心和区属医院医护人员的家庭医生签约服务内容的宣教和培训，以便大家在工作中做好互相配合，最终给市民提供便捷、高效的优质服务。进一步完善基层医疗机构绩效激励机制，最大限度调动签约服务人员积极性。尽快出台签约居民配套优惠政策，如对签约居民减免部分诊疗费用，免费体检，享受公共卫生增值服务等优惠政策，吸引群众积极参与签约。

4.完善医疗协作联动机制

(1)加强医疗信息化建设。要加强预约转诊服务平台建设，积极倡导基层全科签约与分级诊疗和医院监管与服务系统的推广应用，全面推进医疗机构就医流程信息化再造，提供智能化挂号、支付、导诊、诊疗报告查询、药物配送和健康指导等网络业务应用，实现家庭医生签约服务工作信息平台与基层医疗机构之间、基层医疗机构与公立医院间的信息互联互通、交换共享、有效协同。

(2)完善服务团队建设，满足签约对象服务需求。建立健全医护绑定、分工协作的常态化工作机制，签约医生负责具体的诊疗、转诊和基本公共卫生服务等，专业团队、专科护士负责居家医疗需求的满足、个性化的医疗服务，行政负责人员、业务的协调。

(3)完善区级医院与基层医疗卫生机构协同工作机制。在现有场口、万市、大源三家医疗联合体的基础上，在条件成熟地区增设医疗联合体，并对有关边缘地区给予必要的医疗援助。进一步规范区级医院下沉人员数量和工作时间，与区级医院协定一定比例的专家号源和床位预留给家庭医生，为经由家庭医生转诊的患者提供优先预约、优先就诊、优先检查、优先住院等便利，吸引签约居民首诊在社区，逐步建立起“社区首诊、双向转诊”联动机制。

(4)实施预约诊疗流程再造和优化,强调预约诊疗优先。建议机构开设签约门诊,强化预约诊疗,强调防治结合,引入诊间随访,提高基本医疗和基本公共卫生服务效率和质量。实行慢性病首席医生和慢性病联合诊疗制度,通过预约、联合、转诊这一规范化的诊疗路径,提高就诊效率、准确性和居民依从性,逐步形成稳定的医患关系。

(5)建立完善医养结合长效机制。建立医疗卫生机构与养老机构之间的业务协作机制,支持养老机构开展医疗服务,参与家庭医生签约服务工作,为老年人提供更多更好的医疗保障服务。

(2017年9月)

富阳区长吴玉凤批示

对《家庭医生签约服务工作的对策建议》一文，2017 年 9 月 25 日，富阳区长吴玉凤做了批示："请孙洁副区长并卫计局很好地研究，结合老科协提出的建议，明晰针对性措施。"

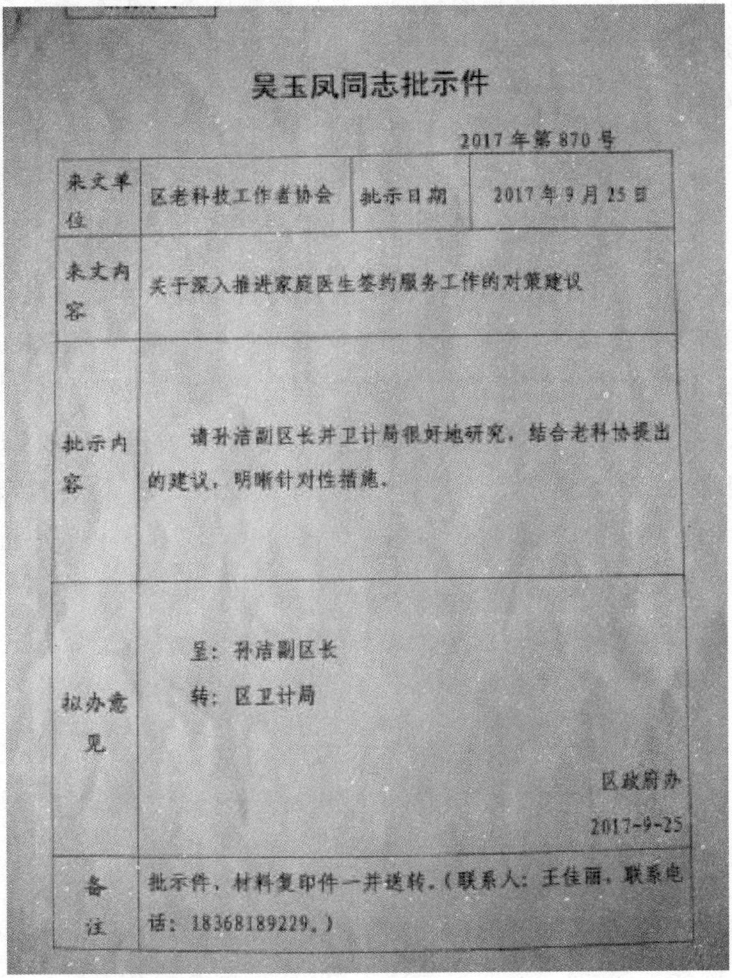

吴玉凤同志批示件

2017 年第 870 号

来文单位	区老科技工作者协会	批示日期	2017 年 9 月 25 日
来文内容	关于深入推进家庭医生签约服务工作的对策建议		
批示内容	请孙洁副区长并卫计局很好地研究，结合老科协提出的建议，明晰针对性措施。		
拟办意见	呈：孙洁副区长 转：区卫计局 区政府办 2017-9-25		
备注	批示件，材料复印件一并送转。（联系人：王佳丽，联系电话：18368189229。）		

富阳小学生家庭教育的调查与思考

富阳区老科技工作者协会科教文组

家庭教育是教育的基础，良好的家庭教育及由此而形成的优良人格和积极进取的自觉性是优秀人才成长的根本。为掌握我区小学生家庭教育的真实情况，探索加强家庭教育的对策措施，区老科技工作者协会组成调研组，对我区小学生家庭教育的现状进行了深入细致全面的调查，并做了科学分析探究。

一、小学生家庭教育调查

调查从今年 3 月开始，历时半年多，于 10 月份整理出调研结果。调研组制订翔实的调研方案，组织我区 6 位家庭教育指导师集体研究，科学出题，拟定了“富阳区小学生家庭教育调查问卷”，作为向家长调查的主要用表。按统计学原理，抽取全区城乡 15 所小学的学生家长进行问卷调查，发出和回收 1166 份问卷调查表。同时委托区职业技术教育中心进行了 2 轮数据统计，确保数据统计准确无误。除问卷调查外，调研组还深入有关部门、学校、社区和家庭进行广泛调查，并整理汇总多年来我区指导家庭教育的相关文件和反映实施情况的资料，掌握了较为丰富的第一手材料。

二、家庭教育取得的成效

1.家长对孩子成长普遍重视

目前，绝大多数小学生家长对孩子的成长倾注了极大的心血，付出了尽可能多的努力。调查显示，64.4%的家长认为要“让孩子不输在家庭教育的起跑线上”,81.0%的家长认为“教育孩子不仅是学校的事,更是家庭的大事”,95.1%的家长认为“家庭教育中父亲的作用和母亲的作用同等重要”,还有78.8%的家长认为孩子成绩不够好,就应该让他上补习班或请家教来弥补。这表明,与早些年相比,我区小学生家长对家庭教育在孩子成长中的重要性已经有了新的认识,并在一定程度上付诸实施,这是家庭教育的一大进步。

2.家长实施家庭教育的能力明显提升

一些符合时代特点的家庭教育理念逐渐为家长所接受,67.4%的家长认为“孩子和父母的关系是平等、民主、和谐的关系”“培养孩子的良好习惯要有计划和有意识地认真去做”,63.7%的家长认为“要求孩子怎样做,父母也要以身作则同样做”。多数家长对以前习以为常的家庭教育方法已持怀疑态度,努力接受新的方式方法,74.2%的家长通过专家讲座、书籍、电视、微信、与老师及朋友交流等途径学习教育孩子的新方法。与此同时,培训和传播家庭教育理念的师资力量得到加强,近年来我区共有21名家庭教育指导师、800余名家庭教育志愿者参加家庭教育远程培训班,无论在家庭教育的理念上还是方法上都达到了较高水平。

3.家庭教育指导工作不断推进

我区真正意义上的家庭教育指导工作起步于“九五”期间,主要是推进“家长学校”建设,由学校组织家长集中培训家庭教育的理念和方法,至“十五”期末实现“家长学校”城乡全覆盖。“十一五”期间重点推进规范化建设,出台并实施了《家长学校标准》《示范性家长学校评审办法》。“十二五”期间,“家长学校”推进到社区、医院等,出现了一批省、市、区级示范性“家长学校”,同时涌现出一批家庭教育志愿者,这些都从不同层面推进了我区家庭教育指导工作,提升了全区家庭教育总体水平。

我区家庭教育取得明显成效的原因是多方面的。一是目前在校小学生多数是独生子女,家长具有“望子成龙”的强烈愿望,或有怕孩子将来在激烈的社会竞争中落伍的担忧,同时家长也有更多的时间和精力关注、指导和教育孩子。二是目前家长的家庭教育能力有了较大的提升。调查表明,63.9%的家长具有高中以上学历,12.9%的家长为大专以上学历。较高的文化素养使家长有能力学习家庭教育的理论和方法,反思原有的教育方法,从而提高家庭教育水平。三是家庭教育的社会氛围正在形成。政府及有关部门大力倡导和推进家庭教育工作，学校开展各种形式的家庭教育指导，电视、新闻、网络等媒体不断传播家庭教育的正反案例。

三、家庭教育存在的问题

1.家长在家庭教育中理念混乱、方法失当

表现一：先进的理念和实际的做法脱节。调查表明，有80.2%的家长认为“孩子有健康的身体、良好的情绪比学习成绩更重要”，但实际上绝大多数家长更重视学习成绩，把孩子的学习成绩放在最重要的位置。

表现二：先进的理念和落后的观念并存。80.2%的家长认为“父母和孩子是平等的关系”，或者是“平等友好关系但父母保持权威”，但同时有75.3%的学生家长认为“棍棒底下出孝子，老古话讲得没有错”。

表现三：缺少对孩子的尊重。只有46.6%的家长认为“批评孩子时允许孩子辩论”，而实际调查中很少有家长能认真听取孩子辩论并改变主张的案例。调查数据显示，57.9%的家长在要求孩子参加各类培训班时会先征得孩子的同意，而学校方面认为实际比例不会超过35%。因错怪孩子而向孩子道歉的少之又少。

表现四：现代家庭教育理念明显不足。调查显示，只有29.3%的家长认为“父母要学会向孩子学习”，32.3%的家长认为“没有优良的家庭教育是不完整的教育”，28.0%的家长认为“家庭教育的核心是育人”，表明这些现代家庭教育理念仅为少部分家长接受。还有些家长无所谓理念和方法，让孩子自生自长，只是到了孩子问题突出时才着急起来，病急乱投医。

2.学校在家庭教育指导中目标错位

多方面的调查分析显示，多数学校设置的“家长学校”在开展活动中目标出现偏差，往往只设定在“保持学校稳定”“家长支持学校”“家长协助提高学习成绩”等目标上，并没有真正发挥引领家长提升家庭教育理念和改进家庭教育方法的作用，故效果甚微。尤其是多数校长、班主任、任课老师对家长指导的重点几乎都放在如何提高孩子学习成绩、改进学习方法上。此外，由于我国师范院校没有开设家庭教育专业和家庭教育课程，大多数教师都未经过系统的家庭教育理

论学习，很多校长、教师本身家庭教育理念混乱、方法错误，难以履行对学生和家长进行有效指导的职责，甚至出现与正确实施家庭教育的家长意见相左的现象。

3. 家庭教育领导体制机制滞后

多年来，我区实行以妇联为主、有关部门配合的家庭教育领导体制和工作机制，这一体制不足以推动家庭教育指导工作，教育部门和各类学校不把家庭教育当作自身职责，反而认为只需配合妇联开展工作即可。2015 年教育部发布《关于加强家庭教育工作的指导意见》，明确了教育部门、学校必须承担的家庭教育指导任务和职责，但我区依然在原有体制下运行，教育部门对家庭教育重视不够、研究不深、措施不力，没有建立督查评价机制。

我区家庭教育存在上述问题的原因十分复杂。其中最根本的原因是家长、学校乃至全社会对于人才培养目标的错误定位。大多数家长主要追求的是孩子能考个好成绩，并且不遗余力地为之奋斗，从而导致“分数第一”走向极端化，严重侵蚀了培养完善人格的育人本质，挤占了综合素质和人文精神培育的时空。学校和老师也是如出一辙，指导的重点都放在如何提高分数上。社会对学校的评价直接简化为考分高低，考取名校人数多寡。第二个原因是缺乏基本的家庭教育专业知识的普及。专业骨干教师不足，专业知识传播途径有限，家庭教育处于边缘状态。第三个原因是领导和部门对家庭教育重要性认识不足。不研究不投入，多年来未召开过专题会议，没有配备相应的专职人员，也没有将家庭教育列入区教育局的年度工作计划。

四、家庭教育的对策建议

1. 改革家庭教育领导体制

强化区家庭教育领导小组的职能，加强领导力量，建议领导小组办公室设在市委宣传部，可与精神文明办公室合署办公。区妇联和区教育局为家庭教育主管单位，区妇联侧重做好乡镇(街道)、村(社区)家庭教育指导工作，区教育局重点做好中小学、幼儿园的家庭教育指导工作，两者都对区委、区政府负责。区妇联和区教育局班子应明确分管领导，配置一定数量的专兼职人员，并制定规划和管理制度。区团委、关工委、卫计委、文广新、人社、财政、公安等部门为成员单位，明确职责协同开展家庭教育工作，同时要依法落实必需的经费。

2.发挥学校对家庭教育的指导作用

建议按照杭州市其他县市区的做法，改我区各校“家长学校”为家庭教育指导站，加强对家庭教育的指导工作。调研组认为，各学校做好家庭教育指导工作是大面积提升家长家庭教育理念和科学方法的关键之举，也是全面提升全区家庭教育水平的基础性工程。要加强人才队伍建设，各校家庭教育指导站要培养和配置若干名骨干，指导工作要面向全体家长，指导的内容是系统的而不是零打碎敲的教育理念和教育方法。

3.正确把握家庭教育的舆论导向

鉴于大多数家长乃至学校、教师在家庭教育上随波逐流的实际，一定要从舆论导向入手，以正人才培养模式之视听。首先，要从顶层规划上抓起，采取有效措施，改变以高分为独荣的宣传舆论和社会氛围，树立更多的除高分以外的育才典型。其次，改进教育部门对学校办学水平的评价，教学质量检测部分应限定在一定的比例内。应禁止各校纯粹以考高分为内容的招生广告宣传、设置校内光荣榜等，营造正确的“百花齐放”的校园育人环境。再次，要在社会上广泛宣传“行行出状元”“条条道路通罗马”“浪子回头金不换”等辩证观点，建构以完善人格和科学精神相结合为目标的人才培养模式。

4.推动家长学习现代家庭教育理念和方法

建议由区教育局教育发展研究中心牵头，成立区家庭教育研究中心，对家庭教育理论和方法进行系统化、专题化研究，逐步形成地方课程，并推广到学校家庭教育指导站。同时，完善“尔乐家庭教育志愿者”组织，为有需求的家长提供个性化咨询服务。建议区教育局成立“家庭教育讲师团”，为学校、教师、家长提供较高水平的家庭教育讲座。新华书店要与学校合作，引进和推介更多更好的家庭教育书籍。广播电视、报纸媒体可以制作专题或开辟一定版面传播家庭教育理念和方法，从而推动现代家庭教育理念的普及，扩大其知晓面。

（2017 年 10 月）

《杭州市物业管理条例》等法规贯彻落实情况调查

建德市老科学工作者协会综合组

2000年以来各地陆续建成具有一定规模、基础设施配套比较齐全的居民生活小区。小区是街道社区的重要组成部分，需要有相应的物业机构来管理，这也是一项重要的民生工程。国务院曾在杭州、厦门、青岛等城市试点物业管理工作。2002年2月1日，杭州市人民政府在全国率先出台并实施《杭州市物业管理条例》。时过15年，《杭州市物业管理条例》等法规在我市贯彻落实情况究竟怎么样？我们在新安江街道相关居民住宅小区进行了调查。

一、新安江街道住宅小区物业管理基本情况

我市的住宅小区按建设项目竣工交付时间划分，大抵有3种类型：2002年2月1日前交付的称原建小区；2002年2月1日至2004年11月1日交付的称次新小区；2004年11月1日后交付的为新建小区。截至2017年3月31日，新安江街道(岭后社区不在本调查范围之内)共有居民住宅小区110处，已经实施物业公司管理的有42处，占38.2%。新建小区全部实施物业管理。原建小区基本上没有实施物业管理，如近江花园、临江花苑、桔园公寓、锦园楼、新世纪花园、香樟公寓等。这类小区住宅为五层或六层建筑，且环境敞开，四通八达，无法进行封闭式物业管理。这类小区清洁工作由社区居委会代管，每户每年交50元卫生清洁费。

其他没有实施物业管理的小区是次新小区和部分新建小区。没能实施物业管理的主要原因是建设方没有依法将占房屋总建筑面积3‰的物业管理办公用房和公共活动用房，以及占总建筑面积4‰的物业商业用房移交给小区业委会。

还有部分小区因规模小，户数少，光靠收缴物业费用而没有物业商业用房出租来补充，是无法委托物业公司管理的。

二、新安江街道住宅小区物业管理存在情况及原因分析

(一)小区物业管理存在情况

在《物业管理条例》中明确要移交物业商业用房，这是国务院顶层设计时就已经考虑到的。一个住宅小区，依法应当有占总建筑面积4‰的归属全体业主的物业商业用房，用来出租，所得租金弥补物业费用的不足，如此才能使物业管理正常运转。如拱新公寓是一处袖珍式小区，共48户，年收费71528元，而支出为78000元(不含设备维修费用)，收入少于支出。根据《物业管理条例》规定，小区业委会拿到占总建筑面积4‰的商业用房用于出租，所得3万～4万元就可以补充到物业费里，这样就不会出现物业管理资金短缺的问题。希望物业行政主管部门履行职责，依法向住宅小区尽快移交物业商业用房。

2004年11月1日实施的《杭州市物业维修基金和物业管理用房管理办法》第二十五条规定："建设单位应在物业交付使用、办理房屋产权证前，按照规划图纸中确定的位置，提供物业总面积3‰的物业管理办公用房(含公共活动用房)和总面积4‰的物业管理商业用房，由市物业管理行政主管部门代为接收。"那么，15年来，新安江街道究竟还有多少物业管理用房和物业商业用房，物业行政主管部门没有依法代为接收呢？

据建德市住建局法律顾问王泽路2013年12月10日在建德市人民法院法庭上的陈述：据初步统计，新安江街道由于种种原因，有28万余平方米房屋建筑面积没有落实物业维修基金和物业管理用房。如果王顾问所说是事实的话，那就意味着有2000多平方米按物业法规定属于广大业主的物业管理用房和物业商业用房没有移交给物业行政主管部门，至今还被房地产商非法侵占。此事应当引起市领导和有关部门的高度重视。

(二)原因分析

1.建设方有房不移交

据业内人士透露,我市从2000年起新建住宅小区就有配套门卫用房、管理用房和商业用房等设计要求。建设方有房不移交是物业管理用房不能落实的主要原因。如拱新公寓是2005年10月以后办理房屋产权证的,市住建局建设项目竣工验收资料显示,该小区总建筑面积7368平方米,其中,住宅6394平方米,商业228平方米,办公250平方米,底层车库496平方米。目前,建设方家属有两套住房101室(165.57平方米)、104室(138.94平方米)出租给他人居住或开麻将馆;228平方米商业用房出租给他人开水果店;250平方米的办公用房出租给他人办公司;4间车库改变用途,出租给他人开店经营;一年房租收入有30多万元。至今只拿出一间门卫用房,其他物业管理用房和物业商业用房一概没有移交给全体业主。

2.较早的小区无此规定

由于多处小区物业管理用房和物业商业用房没有到位,严重影响小区的正常物业管理。有的小区(如拱新公寓)"带伤"运作;有的小区(如致中和小区)矛盾纠纷不断,引发业主群体上访;等等。那么,建德市住建局有关科室是如何处理的呢?我们看到建德市住建局2012年9月25日给何某某、方某某等的信访回复是这样写的:"根据建政函〔2005〕79号文件精神,我市从2005年8月开始在商品房预售时,从项目中提留物业管理用房。而致中和花园小区于2004年12月27日就已全部交付使用,所以,该小区没有提留物业管理用房。"所以,无房可移交。

3.政策理解偏差

建政函〔2005〕79号文件是一份由建德市住建局起草,由市政府以函的形式发布的"关于贯彻执行国务院《物业管理条例》《杭州市物业管理条例》和《杭州市物业维修基金和物业管理用房管理办法》,即'两条例一办法'的实施意见"。该意见明确规定要严格按照"两条例一办法"执行。那么《杭州市物业维修基金和物业管理用房管理办法》实施时间是2004年11月1日起，而建德市住建局说的“2005年8月实施”的时间规定是从哪里来的？

我们还听到市住建局房产科的另一番说法：“你们小区的确是在2005年以后竣工交付办理房产证的，但是该项目设计时没有配套物业管理用房和物业商业用房。没有房子，我们怎么移交？”在此需澄清的是《杭州市物业维修基金和物业管理用房管理办法》第二十三条规定：“建设单位应当将物业管理用房（包括物业管理办公用房、公共活动用房和物业管理商业用房）纳入建设配套项目计划，与建设项目同步设计、同步施工。”显然，此条规定是对新建项目设计上的要求，绝对不是可以免除房地产商移交物业管理用房和物业商业用房的理由。

由此可见，物业主管部门工作人员对物业法的误读、误解是造成《杭州市物业维修基金和物业管理用房管理办法》在我市不能落实的另一个主要原因。

依法行政只能依照法律法规的规定去做，任何超出物业法规定的个人观点与理由都不是免除移交物业管理用房和物业商业用房的正当理由。

三、加强小区物业管理的几点建议

物业管理用房和物业商业用房能否依法移交是小区物业管理能否正常运行的核心问题，事关千家万户的切身利益，事关社会稳定之大局。尤其是部分高层、小高层的住宅楼，其电梯使用已接近15年年限，这些小区不出事故是侥幸，出了事故则是大事。为此，我们建议应当区分情况，分清责任，依法分类进行整改落实：

（1）对原建小区，不能实施封闭式物业管理的，可以委托所在地社区居委会派员管理。

（2）对次新小区，可以根据地域情况整合管理，通过扩大物业费的征收面来增加物业费收入，以解决资金不足问题。

（3）对那些竣工交付办理房屋产权证是在法律规定实施时间（2004年11月1日）以后，且符合条件，但房地产商不肯移交物业管理用房和物业商业用房的，有关部门应当采取有效措施，监督移交，以维护法律的严肃性。

（2017年10月）

淳安全域旅游的几点思考与建议[①]

淳安县老科技工作者协会

今年淳安县被列为省级全域旅游示范县，这是一份荣耀，也是一份责任，而对于我们敢为人先、不甘落后、勇于创新的淳安人来说，这更是一种战前吹响的集结号。

县委、县政府对全域旅游工作高度重视，并提出了更高的战略目标。县委书记黄海峰在今年全县旅游工作专题会上提出："当前是我县厚积薄发的战略机遇期，是实干创业的发展黄金期，是不进则退的转型关键期……要坚持旅游'全域化、国际化、品质化、融合化、智慧化'的目标定位，提升千岛湖内涵和质量，争当全域旅游排头兵。"全县上下联动，全力以赴，敢于争先，勇当示范。

县老科技工作者协会对这项工作也十分关心，今年来多次组织有专业特长的老同志与部分乡镇领导进行了座谈讨论和实地考察，并形成了以下几点思考与建议：

一、对我县全域旅游主要发展优势与劣势的认识

1.发展优势

一是"两山"理论为我县的发展指明了方向。我们在发展中既要保护好生态环境、维护好生态平衡，又要发展好经济、让人民过上富裕的生活，既要生态美，又要百姓富。本届县委提出的"坚定秀水富民路，建设康美千岛湖"这一发展战略，为我县的发展确立了奋斗目标。即以千岛湖县城为核心引领，向中心城镇梯

① 本文原标题为"关于对我县全域旅游的几点思考与建议"。

度推进，往百源乡村纵深发展，让百姓富与生态美有机统一。

二是“两高”时代的到来，为我县全域旅游插上了腾飞的翅膀。随着杭黄高速的全面贯通，我县北线的乡镇交通条件和区域优势将进一步显现；而杭黄高铁的开通，对千岛湖来说，其重要性尤为突出。千岛湖位于中国经济最具活力的长三角和浙皖赣三角经济圈的交会点，“杭州—千岛湖—黄山”一线，名城、名湖、名山位于黄金旅游线，杭黄高铁开通后，从杭州东出发，大约45分钟便可到千岛湖，这使千岛湖的地理优势更加突出，山水优势将更得以彰显，这无疑给千岛湖的全域旅游带来新的黄金机遇期。

三是山水两大优势资源是我县全域旅游的核心竞争力。山水固然处处都有，然而唯我与众不同。千岛湖有1078座山坐落在水中，可谓是山在水中，山水相融；千岛湖县城三面环湖，她依偎在山和水的怀抱中，可谓是城在湖中，山水相拥；千岛湖东西长60公里，南北宽50公里，水域面积573平方公里，全县23个乡镇，其中有19个乡镇坐落在千岛湖畔，可谓是个个山清水秀，处处人间仙境。正如当代大文豪郭沫若先生在诗中所描绘的：“西子三千个，群山已失高。峰峦成岛屿，平地卷波涛。”试问：此景何处有？唯我千岛湖！

2.劣势与挑战

我们虽然拥有无与伦比的发展优势，但是我们也面临着十分严峻和特殊的考验和挑战。

一是千岛湖作为国家二级水源保护区，也是长三角重要的战略饮用水源基地，为了保护千岛湖水质不受污染，我们有树不能砍伐，有水不能养鱼，有项目不能说上就上，这使我们的发展空间受到了严格限制。

二是要保护好千岛湖就必须加大投入，巨额的环境保护费用和长期治污所需的运维资金无疑是我县长期面临的压力。

三是千岛湖作为核心景区，沿湖不能随意建设，更不能挖山填湖搞工程，规划红线的刚性，使我们发展建设用地矛盾更为突出。

四是旅游市场竞争激烈，周边县市奋起直追，在全域旅游发展中形成了你追我赶的竞争态势，正如县委书记黄海峰所说的：“我县当前正处于不进则退的转型关键期。”

二、发展我县全域旅游经济的几点建议

1. 完善接轨高铁的交通网

我县高铁疏解综合交通专项规划已编制并在实施中，如高铁站点与05省道接线工程、潭唐线的改造工程、快速公交线工程和建设文昌旅游码头等交通项目都在紧张有序地建设中。然而，为了进一步完善交通网，建议再增设一条进入县城的公路线，即高铁站点经富文至坪山、东南旅游码头、县城公路线，须打通文昌至富文的隧道，改造提升富文燕坑村至富文村段的道路等级，至于从富文村至坪山，现已有完好的公路。开设隧道有两个方案可选择：一是从文昌村至富文燕坑村可打通横岭隧道；二是从文昌江坑至燕坑棒槌坞自然村可打通江岭隧道。

开通这条公路线主要有三大益处：

一是游客若以坪山（森林氧吧、林海归真、王子谷漂流、葛岭农庄、啤酒小镇、淳果小镇等）、东南旅游码头（东南湖景区）或南线乡镇（石林景区、仙人谷漂流等）为旅游目的地，此线路可缩短20～40分钟的车程。

二是从高铁站有两条主干线进县城。以东南片区为旅游目的地的游客因不走05省道和过境县城中心城区，这样一方面能缓解县城中心城区的交通压力，另一方面能使今后05省道入城口的交通压力疏解。

三是此线路若能开通，一方面能带动富文乡和东南片区乡镇村的经济发展，另一方面也能为文昌镇和富文乡下一步的行政区划调整创造更为有利的条件。

2. 进一步完善全域旅游规划

我县全域旅游的核心优势资源可概括为六个字，即“万水千山百源”。所谓“万水”，是指千岛湖环湖有延绵近百万米长（900千米）的水岸线，这一漫长的水岸线无疑是我县独特的风景线；“千山”，是指千岛湖有1078座山坐落湖中，这一水中有山的特色无疑是我县独有的山水美景；“百源”，是指遍布全县各地的上百条生态之源，更是都市人实现田园梦而十分向往的休闲之源、游乐之源、养生之源。然而，“万水千山百源”如何从全域景观设计、旅游空间布局和乡村景观建设等方面得以统筹和一体化发展？

我们认为，从全域景观设计而言，除千岛湖县城外，其余18个沿湖乡镇，其重要节点地段的水岸线——景观视廊，要统一纳入全域旅游的规划设计当中；从优化旅游空间布局而言，除中心湖景区、东南湖景区外，下一步东北湖区(即丰茂半岛)如何定位发展，要纳入规划中并重点考虑；从突出乡村景观建设而言，要依托乡村的山水脉络和自然生态肌理，发掘增加乡村地域特色，凸现自然山水特征，科学设计山水林田路，推动乡村特色产业发展，使乡村环境园林化、河渠道路风景化、山区生态多样化、特色产业品牌化，建立一乡一特、一村一品的乡村融合发展体系。

为此，我们要完善全域旅游规划，坚持规划引领，发挥规划在发展全域旅游中的战略引领和刚性约束作用。

3.进一步完善全域旅游政策

一是完善旅游业发展鼓励政策。对旅游重点项目、旅游龙头企业、创新性旅游新产品、旅游商品研发和生产、旅游宣传营销和在国家、省级品牌创建等方面有突出贡献的单位和个人，县政府应完善政策，给予相应的奖励和支持。

二是完善农村土地“三权分置”办法。农村土地围绕“落实所有权、保护承包权、放活经营权”，加快构建“三权分置”格局，建立规范高效的“三权分置”运行机制，加大招商引资力度，引进企业集团，发展特色产业规模经营，组建农民专业合作社或农业股份制企业，为促进农村农业特色产业园的发展和我县全域旅游的快速推进增添新动能。

三是制定规则，适当下放部分库岸线垂钓指标，并由乡镇依规掌控，为高端民宿民居、康美养生产业和特色旅游新产品的发展增添新举措。

4.进一步抓好典型

我县在全域旅游创建中，应选择部分旅游业起步早、基础条件好、发展特色明显的乡镇，如石林、姜家、枫树岭镇等作为首批示范乡镇(石林镇以山水旅游为主，姜家镇以文化旅游为主，枫树岭镇以红色旅游为主，各具特色，很有代表性)。

示范乡镇首先要编制全域旅游发展规划，并在规划中重点落实主题定位、创建目标、产业结构、发展模式、经营方式等；其次要制订三年行动计划，明确和落实阶段性的目标和任务。与此同时，县政府要制定相应的优惠政策予以重点扶持与培育。

通过抓点做样，使示范乡镇在我县全域旅游创建中起到以点带面、示范引领的作用。

5.进一步加强全域旅游组织领导

坚持政府主导，部门联动，构建推动全域旅游的领导机制，进一步加强对旅游产业结构、发展规划、体制机制改革、重大项目建设工作的指导、协调和监督。成立全域旅游发展工作领导小组，统筹推进各项工作；建立全域旅游工作联席会议制度，定期研究工作推进过程中的重大问题，提出有关政策措施；要严格落实责任，建立完善旅游工作考核指标体系，将考核结果作为党政领导干部政绩考核和乡镇绩效考核的重要内容，以促进全县旅游业健康可持续发展。

（2017 年 12 月）

淳安县委书记黄海峰批示

对《淳安全域旅游的几点思考与建议》一文，2018 年 2 月 8 日，淳安县委书记黄海峰做了批示："感谢县老科技工作者协会对我县旅游的关心和真知灼见。请规划、旅游等部门研处。"

关于对我县全域旅游的几点思考与建议

今年淳安县被列为省级全域旅游示范县，这是一份荣耀，也是一份责任，而对于我们敢为人先、不甘落后、勇于创新的淳安人来说，这更是一种战前吹响的集结号。

县委、县政府对全域旅游工作高度重视，并提出了更高的战略目标，县委书记黄海峰在今年全县旅游工作专题会上

中共淳安县委文件阅办单

来文号					
来文机关	老科技工作者协会	文　别		密级	
收文日期	年　月　日	送出日期	2018 年 1 月 4 日		
批办意见	呈黄、董书记阅。				
领导批示	感谢县老科技工作者协会对我县旅游的关心和真知灼见。请规划、旅游等部门研处。 2.8				
备　注					

石林镇全域旅游发展模式的思考①

淳安县老科技工作者协会

县老科技工作者协会今年多次组织有专业特长的老同志与部分乡镇领导进行座谈讨论和实地考察。大家一致认为我县区域面积广，基础条件各异，为了能使全域旅游这项工作早出成效，快速推进，建议实行“试点先行、以点带面、示范推进”的工作思路。通过前段时间对全县旅游市场的调研，我们认为石林镇各方面条件比较成熟，应在我县全域旅游中发挥示范作用。下面就以石林镇为例，结合实地调研情况，谈点粗浅的认识。

一、石林镇基本情况介绍

石林镇镇域面积 144 平方千米，境内有山林面积 12 万多亩，竹林面积 3 万多亩(素有“十里竹林，万亩竹海”之称)，有茶园面积 6000 多亩，果树面积 4000 多亩，盛产林、竹、茶、果、花，森林覆盖率达 96.5％。石林镇有风景秀丽的港湾和 80 千米长的湖岸线，吸引了辽宁大连队、沈阳队、河北队等 6 支皮划艇运动队驻此集训。该镇今年被国家体育总局认定为首批运动休闲特色小镇。石林镇也是农夫山泉企业的水业基地，该基地年产值 15 亿元，占全县水产业总值的 60％。石林镇现有三大景区：东部有千岛湖东南湖景区，西部有“华东第一石林”景区，境内还有仙人谷漂流景区，全长 2.9 千米，落差 125 米，被游客誉为“华东第一漂”。

石林镇山水资源丰富，生态环境极佳，可谓是山清水秀、石奇洞幽、竹翠林茂、景美人醉，是一个独特的多元休闲地。

---

① 本文原标题为“关于对石林镇全域旅游发展模式的思考”。

二、石林镇全域旅游发展模式设计

以石林镇为旅游目的地，结合该镇优势资源，我们重点策划了运动休闲、田园休闲、竹园休闲、养生休闲、娱乐休闲这五大发展模式。

1. 运动休闲

策划要点：水上运动＋山地运动。

(1)水上运动。

一是充分发挥国家级港湾运动小镇和国家水上运动训练基地的品牌效应。一方面组织游客观看国家皮划艇队开展的皮划艇马拉松运动赛、皮划艇竞速赛、花式独木舟和各种花样皮划艇专业赛；另一方面在国家皮划艇专业队员的指导下，让游客亲身参与皮划艇运动项目。皮划艇是一项速度耐力型运动，经常参加能有效增强心血管系统和呼吸系统的功能，发展全身肌肉的力量和耐力。

二是组建水上拓展运动中心。如开设快乐桶、S桥、水上钢丝、踏笼飞渡、孤岛求生、超级晃板、水上秋千等项目，也可开展水上趣味运动项目，如水上排球、水上拔河、水上跷跷板、趣味赛龙舟、龟兔赛跑等。水上拓展运动对个人而言，能挑战自我，超越自我，增强自信心，学会有效应对恐惧和压力，培养勇往直前的良好心理素质；对集体而言，能培养互帮互助、同心协力的团队意识，提高团队精诚合作、群策群力解决问题的能力。

然而，因千岛湖湖面宽，水位深，水上项目安全设施和安全措施必须严格把控，加强水上运动安全管理体系建设，建立和培养一支高素质的水上安保队伍，确保万无一失。

三是打响港湾运动小镇品牌。建设和完善水上运动设施，不断提高赛事服务水平，力争引入有国际影响力的水上运动赛事在石林举办。适时开发田园休闲、竹园休闲、垂钓休闲、养生休闲、娱乐休闲等多种旅游新业态。形成以水上运动为主导，现代生态农业和田园文化为支撑，观光旅游相配套的特色运动小镇。

四是开展水上运动休闲文化研究。每年组织一次高层论坛和一次水上休闲运动文化节，不断提升档次，打响品牌，聚集人气。

(2)山地运动。

一是开展自行车骑行运动。自行车骑行是一种集绿色出行、休闲观光、有氧运动为一体的环保时尚的现代慢游方式。所谓“骑行有诗意、出行随心意、人在画中行、自在又尽兴”,就是对自行车骑行的真实写照。石林镇可开设“一线两源”骑行线路,即环湖“白小线”、赋溪源和九龙源这三条骑行线路。

二是开展登山运动。石林有着开展登山运动的优越条件和巨大优势。山和水构成了大自然中风格迥异的形态。山以执着挺拔表现力度,水以畅达柔顺显示智慧。直到现在,以山和水为自己人生的楷模,仍是许多中国人的最高追求。现在越来越多的人喜欢爬山玩水。石林镇可在赋溪源和九龙源各开设一条登山线路,完善登山游步道和途中的休息坪,为登山爱好者提供风景优美、设施完备、安全的登山线路。

另外要重视体育文化建设。文化是特色小镇的灵魂,作为一个特色运动小镇,体育文化要在空间上予以体现。譬如规划建设体育博物馆,建设和完善休闲设施,在建筑、雕塑、小品、园林上要体现运动文化元素。

2.田园休闲

策划要点:田园农夫+田园节庆+田园生活体验。

(1)田园农夫。即以田园为画板,植物为画材,农夫为画家,让田园出彩,使土地成景,并将农业盈利点贯穿于农业产业链中的每一个环节。

首先,在植物种植前要进行精心设计。种什么,怎么种,既要考虑植物高低错落的立体美,又要考虑植物色彩的搭配和造型,还要考虑植物的亮点期和季节性。譬如:草莓的亮点期在草莓采摘期,时间段在春节前后;油菜的亮点期在开花期,时间段在早春;等等。这就要求我们培养一批现代新型农民,用他们的智慧描绘出田园画卷。

其次,要精心“制作”(种植)。把田园种植当作作品来完成。

再者,要精心培育。植物培育只用有机肥,不用化肥和农药,使农产品真正达到有机环保健康的标准。

只有这样,才能吸引更多的都市人到农村来圆他们的田园梦。

(2)田园节庆。在植物亮点期举办各类节庆活动。如草莓采摘节、油菜花观赏节、甜玉米开掰节等等。让田园文化搭台,休闲经济唱戏。

(3)田园生活体验。除上面讲到的,吸引游客参与农业节庆活动外,我们还可以在村里设立一部分游客家访点,让游客体验田园生活。譬如:让游客在家访点参与农事体验,使他们享受到劳动的乐趣;或者让游客参与小吃制作、食品加工等,如做粉皮、制作日晒面等;再者,让游客在家访点吃农家饭、住农家屋等,使他们能真正享受到田园生活的快乐。

3.竹园休闲

策划要点:竹园风情寨＝竹园观景区＋竹楼小憩馆＋竹艺体验馆＋竹味餐饮馆＋竹市场购物区。

(1)竹园风情寨。可在赋溪源选择一处有一定规模且相对平缓的区域,规划设计和建设一座别有情趣的竹园风情寨。

(2)竹园观景区。寨子是一个开放式的观景区。区内对灌木丛进行劈园清理,让视野通透一览无余,并建好游步道、围栏、凉亭、公厕,放置好标志标牌、垃圾桶等,各类设施须用竹子或仿竹材料建设,应彰显竹园特色。区内再建一处竹园观景台,供游客登高远眺,欣赏美景。试想,当游客走进这样的竹海,那感觉一定会是另一番天地。

(3)竹楼小憩馆。吊脚楼式的小竹屋,游客可在里面看茶艺表演、品香茶、吃小点心,或阅读、玩棋牌等。

(4)竹艺体验馆。游客可在此处向工匠老师学习,参与竹编体验,或参与跳竹马、跳竹竿舞等才艺体验,还可以在此处登记参与挖冬笋比赛、种竹或认养毛竹等活动。

(5)竹味餐饮馆。此处餐饮特色主要体现竹的风味。如餐桌餐椅是竹子做的,还有竹茶杯、竹酒杯、竹碗、竹筷、竹勺子等餐具主要为竹制品;吃的是竹筒饭、笋衣、笋干、竹笋、竹园鸡、竹园猪等,食材也是以竹风味为主。

(6)竹市场购物区。此处主要有竹制家具、用具等竹成品,还有竹编、竹根雕等工艺品。我县的传统竹马是一种独具一格的竹子工艺品,建议制作儿童版的小竹马,在此购物区作为主打旅游商品来销售。再就是本地产的水果、土豆、番薯干、南瓜、冬笋等其他土特产,但是必须用上一个竹筐作为外包装,这样既方便游客携带,又能带动本地竹业的发展,还能凸显地方特色。

4.养生休闲

策划要点:动与静结合+室内与野外结合+旅游与疗养结合。

(1)动与静结合。养生在于动,可开展漫步、慢跑、游泳、登山、骑行、体操、武术、打太极等活动。这样能有效增强心肺、肌肉、关节功能,还能疏通经络、调和气血等。养心在于静,可开设静默打坐、种花、养鸟、制盆景或者琴棋书画等培训班,寄情于一技、一艺、一诗、一画,这是养心的妙法。

(2)室内与野外结合。室内活动应丰富多彩,可开设养生讲座、棋牌比赛、体育锻炼、文艺表演、茶艺表演、美食体验等活动;野外活动要富有情趣,可开设写生、摄影、垂钓、田园采摘、农事体验、篝火晚会等活动。

(3)旅游与疗养结合。石林镇域东南湖景区、石林景区、仙人谷漂流景区和农夫山泉水业基地现代工业旅游项目等,可设置2～3日游程。疗养项目可实施多元疗养法:如开设药膳餐饮服务,实施食疗养生法;开设按摩、针灸、香薰、火疗、刮痧等服务,实施诊疗养生法;开设森林浴、日光浴、响泉浴等项目,实施生态养生法;等等。

5.娱乐休闲

策划要点:为了让游客留下来,并满足他们的文化娱乐要求,可打造一台别具一格的石林田园风情晚会——田园100秒。

田园100秒:石林镇可与县电视台联合开设一档电视栏目,借鉴中央电视台《黄金100秒》的栏目形式,我们可称之为"田园100秒",口号语:"是禾苗,总会开花结果的。"栏目于每周周五、周六两个晚上举行。参演者在截止日期前可网上或电话报名。栏目形式:除主持人外,演员是游客,观众主要是游客(本镇可选派游客家访点代表和部分村民代表共同参与,营造氛围),评委还是游客。栏目内容为各类才艺表演。才艺表演获得成功者,可奖励有机田园农产品一份;当晚获得第一名的,发给指定民宿或采摘园会员卡,可享受八折优惠一次(或一晚);周冠军可受邀参加月赛,获得月冠军的,可在镇里提供的名单里挑选一户石林人家结为农家亲,并享受会员卡八折优惠三次(或三晚);月冠军可受邀参加年度总决赛,年终获得前三名的,发给石林镇荣誉村民证书,并可享受全家免费游石林一次(两天或三天),另外,由县相关部门举荐到省台或中央台参加相关才艺表演赛。

三、发展全域旅游的主要建议

石林镇港湾运动项目已列入国家和省旅游局的建设项目，引人关注。唯一不足的是港湾季节性水期明显，基本上每年 9 月至次年 4 月，长达半年时间古廊桥和过境桥下只有细流，难以开展水上运动。建议：选择良好河段建立橡皮坝蓄水，以满足水上运动的需要，同时提升镇区风景。

（2017 年 12 月）

淳安县委书记黄海峰批示

对《石林镇全域旅游发展模式的思考》一文，2018 年 2 月 8 日，淳安县委书记黄海峰做了批示："请旅委、招商局、旅游集团、石林阅参。"

关于对石林镇全域旅游发展模式的思考

县老科技工作者协会今年来多次组织有专业特长的老同志与部分乡镇领导进行了座谈讨论和实地考察，大家一致认为我县区域面积广，基础条件各异，为了能使这项工作早出成效，快速推进，建议实行"试点先行、以点带面、示范推进"的工作思路。通过前段时间对全县旅游市场的调研，我们认为石林镇各方面条件更加成熟，应在我县全域旅游中当好示范。下面就石林镇为例，结合实地调研情况，谈点粗浅的认识。

中共淳安县委文件阅办单

来文号					
来文机关		文　别		密级	
收文日期	年　月　日	送出日期	年　月　日		
批办意见					
领导批示					
备　注					

抢救保护杭州工业遗产华丰造纸厂的建议

杭州市老科学技术工作者协会　朱国海　赵立康　余建民

日前，杭州市原常务副市长马时雍，原常委、副市长沈坚亲自赴位于拱墅区和睦路的华丰造纸厂实地查勘，还专门到市老科协与老同志们进行商讨，提出了保护华丰造纸厂历史遗产的建议。经市老科协朱国海、赵立康、余建民等同志走访、组织座谈，并依照《杭州市历史建筑保护利用试点工作方案》(杭政办函〔2018〕46 号)的要求，对保护华丰造纸厂历史遗产提出了如下建议：调整该地块规划建设的内容，利用华丰造纸厂 96 年历史建筑的遗存、遗址，包括保留完整的造纸工艺设备等，建设一座杭州造纸工业遗址历史博物馆。具体调研内容及建议，现整理如下，供参考。

杭州作为全国首批历史文化名城之一，自 2005 年以来，通过开展建立老房子数据库，抢救、保护历史建筑和历史街区，逐步形成了以文脉保护、民生改善与城市有机更新融合发展的“杭州范例”。2017 年 12 月，杭州被住建部列入了第一批历史建筑保护利用试点城市。2018 年 4 月出台的《杭州市历史建筑保护利用试点工作方案》(杭政办函〔2018〕46 号)，为历史建筑的保护、利用，历史建筑文化的传承提供了强有力的保障。

杭州又是一座具有悠久工业发展历史的城市，是中国民族工商业的发祥地之一，拥有许多老厂房、老仓库等工业建筑遗产。

我市华丰造纸厂就是保存较为完好的工业建筑遗产之一，它创建于 1922 年，黄板纸的生产开了浙江机制纸业的先河，奠定了中国近代造纸工业的基础。可以说，以华丰创办者为代表的浙江老一代民族实业家，是中国民族造纸工业的开拓者，他们苦心经营企业，是中国近代造纸行业的脊梁。中华人民共和国成立以后，老枝绽放新蕾，华丰造纸厂这家老字号、中国造纸骨干企业不断焕发生机，许多产品填补了国内空白，为我国造纸工业建功立业。

一、华丰造纸厂概况

华丰造纸厂位于拱墅区和睦路555号，厂区面积600多亩，当年把厂址选在和睦桥西塘河旁，就是为了方便原料和成品的水上运输。华丰造纸厂的前身是“武林造纸厂”，1931年更名为“华丰造纸厂”，是国内最早生产卷烟纸的企业，它以生产特种工业用纸著称。从1932年开始，产品使用“龙牌”注册商标，并沿用至今。现在，该商标是浙江省著名商标，二十世纪八九十年代华丰造纸厂曾是杭州市的税利大户。

目前，新厂区迁入安吉县天子湖现代工业园区，建有年产1.5万吨卷烟纸和0.5万吨成型纸生产线各一条；原厂于2017年4月停产搬迁。从前的华丰造纸厂，车间里工人手脚不停，流水线上产品运转，一件件“杭州制造”从厂房走向全国市场。现在，老厂房的机器轰鸣声早已停止，按协议，至2018年6月底，华丰地块将交给开发主体单位，12月前要求拆除完毕。未来这里将利用西塘河水景和华丰造纸厂工业文化底蕴，改建成一座园林式、生态型的休闲商务花园，核心项目策划包括工业文化廊道、地铁上盖综合体、商务办公、公寓和居住小区等。

二、保护我市工业遗产的重要意义

工业建筑遗产作为文化遗产的重要组成部分，是城市工业化的历史见证，也是城市发展生命链条中的重要一环。杭州城市化进程不断加快，曾为近代化、现代化做出重大贡献的老工业企业大部分已完成改组、搬迁。拱墅桥地区曾经是轻工业集聚区域，如今，这一区域已大变样，如：杭一棉已变成桥西直街，中国伞、扇、刀剪剑博物馆群和手工活态展示馆；原通益公纱厂旧址被列为浙江省重点文物保护单位；红雷丝织厂已成为杭州工艺美术博物馆和写字楼；杭州印染厂变成了大河宸章和九龙仓·碧玺等住宅区；浙麻变成了名城左岸、定海园、拱宸中学等；热水瓶厂变成了杭州市社会福利中心和小河佳苑；杭丝联一部分仍在生产，另一部分变成了丝联166文创园、杭州世界外国语小学和江墅铁路遗址公园等；

大河造船厂变成了运河新天地旅游综合体。而今天，这家可能是市区内仅剩的老字号工业企业——华丰造纸厂，结局又会如何？但不论怎么改变，作为曾经的工业集聚区，它们为杭州工业发展做出的历史贡献都是不能忘却的。

上述工业建筑遗产保护的事例说明，加强工业建筑遗产的保护、管理和利用，对于传承人类先进文化，保持和彰显一个城市的文化底蕴和特色，推动城市结构调整与优化，提升城市生活品质，构建和谐人居环境，促进城市发展都具有十分重要的意义。

三、华丰造纸工业遗产的历史价值

华丰造纸厂，记录着近一个世纪的历史活动信息，这些信息对于我们了解我国造纸工业技术、工业组织、工业文化等，都是十分宝贵的。因此，作为真实的历史证据，作为有丰富历史价值的证据，我们有责任对这份工业遗产进行保护、发掘，并传递给后人。

(一)华丰造纸厂的历史沿革

(1)华丰造纸厂创建于 1922 年，创始人俞丹屏(浙江嵊州人)。

(2)1924 年 1 月，浙江省第一张机制黄板纸在华丰出产，当时日产量达 15 吨；1927 年，黄板纸开始出口至南洋地区。1931 年上海成立“创立会”，会上公推杜月笙为董事长。

(3)1948 年，长网造纸机投产，主要生产卷烟纸，产品从单一的黄板纸，发展到高级薄型纸、卷烟纸和多种高档纸板。这一历史性突破，奠定了华丰在中国造纸界的地位。

(4)1949 年，华丰造纸厂的中共地下党员曹明忠和曹永明按照上级组织布置，发动工人群众成立护厂队；5 月 6 日，解放军军代表进厂；21 日，成立了中共华丰造纸厂支部委员会，鲁哲同志任首任书记。1952 年，中共华丰造纸厂成立党委，张子敬任书记，孟宪礼任副书记。

(5)1953 年，上级部门批准华丰造纸厂公私合营，隶属浙江省工业厅；1955 年隶属轻工业部并委托上海造纸公司代管；1957 年经国务院批准，隶属浙江轻工业厅；1958 年隶属杭州市轻工业局。

(6)1958 年 4 月 9 日，国家副主席朱德同志来华丰造纸厂视察，听了党委书记孟宪礼的汇报并下车间检查工作。朱老总说："听说你们厂的卷烟纸生产搞得不错，要更上一层楼向国际看齐；要多搞些新的品种；要全心全意依靠工人阶级。"从那以后，华丰造纸厂的领导干部、技术人员和生产工人"三结合"，上下拧成一股绳，先后自行设计制造了"青年号"纸机、"东风"一群一台纸机、二群四台纸机和十二号平网纸机，研制出透明玻璃纸、拷贝纸、陶瓷贴花纸、青壳纸、防水原纸等十多个新产品，并为"熊猫""中华"专供干轧罗纹全麻礼品烟纸。

(7)1961 年至 1965 年，华丰造纸厂相继成功试制了电缆纸、电话纸、防潮原纸、火柴纸等多种工业用纸。其间，卷烟盘纸出口埃及、古巴、朝鲜等国，干轧罗纹卷烟纸外销新加坡、阿尔巴尼亚等国。

(8)1963 年 11 月 18 日，瞿秋白同志的夫人、全国妇联副主席杨之华来厂视察，对华丰造纸厂所取得的成绩表示祝贺。

(9)1966 年 9 月 9 日，华丰造纸厂更名为"红旗造纸厂"，出口产品商标改为"火炬"牌。其间，研制出了政文纸、招贴纸、防水字典纸、防锈原纸等 10 多个新品种，首次利用芒秆生产牛皮箱板纸获得成功。特别是十二号机(该机保存完好，现应抢救保护!)生产的政文纸被国家出版局指定为领袖著作的专供印刷用纸。

(10)1978 年 12 月 7 日，杭州红旗造纸厂恢复原厂名——华丰造纸厂。生产规模已发展到 9 条生产线，成为全国 32 家重点造纸企业之一。当年"龙牌"一号卷烟纸在全国质量评比中荣获第一名。1979 年至 1983 年间，"龙牌"牛皮箱板纸获国家奖项 5 次，拷贝纸获国家奖项 2 次。从此，上述 3 张纸成了华丰的主导产品，1983 年利润突破 3000 万元。

(11)1993 年华丰以生产区的固定资产和土地开发费评估入股，与新加坡海外发展有限公司合资，注册成立杭州华丰纸业有限公司和杭州新丰纸业有限公司，1994 年 3 月 11 日，在黄龙饭店举行开业庆典。

(12)1995 年，七号纸机经技术改造，生产的"龙牌"HH150 高档卷烟盘纸具有高强度、高透气等质量性能，替代进口产品，填补了国内空白。同年 6 月 12 日，国务院副总理邹家华、国家计委副主任郝建秀、中国轻工总会会长于珍、国家烟草专卖局局长江明等发来贺电、贺信。邹家华副总理在贺电中说："欣闻杭州华丰纸业有限公司 7 号烟纸生产技术改造工程顺利完成，谨致衷心祝贺。希望中外合资双方密切合作，依靠技术进步和科学管理，在环境保护和开发新产品方面争取达超世界一流水平，为发展中国造纸工业和国际经济合作做出新贡献。”

(13)1999 年，最具国际先进水平的八号卷烟纸机顺利投产，标志着华丰完成了国家烟草“九五”规划中年产 1.5 万吨高档卷烟纸的生产目标。

(14)1994 年，邹家华副总理接见外资实际出资人、印尼富商、著名华侨实业家蔡道行先生；1997 年，中央政治局常委、全国政协主席李瑞环在北京会见蔡道行先生，对其关心和投身祖国“四化”建设表示欢迎和赞赏。2008 年，四川汶川发生大地震，蔡道行先生在印尼看到此新闻后，即向灾区捐赠了 300 万美元。

(二)华丰人留下了宝贵的精神财富

1.先贤们的奉献精神

华丰创业史上有两位先贤，一位是竺梅先先生，另一位是金润庠先生。1931 年，竺梅先联合金润庠等人竞得杭州武林造纸厂，并改名“华丰造纸厂”，“华丰”从此入市。1932 年，他们联合五厂成立国产纸板联合营业所，倾力以国货抵制洋货，体现了“实业救国”的精神。同年“一·二八”淞沪战争爆发，竺梅先募集资金，在沪设伤兵医院，赴前线慰问十九路军将士。1937 年“九一三”事变后，竺梅先再次募集资金，创办了“国际红十字会伤兵医院”，抢救和治疗伤病员数千人。上海沦陷后，他又创办“国际灾童救养院”，6 年间共收养灾童 600 余人。

1942 年金润庠坚决抵制运送华丰设备至日本，经与日伪方斡旋，同意将工厂租赁给日商，保全了工厂的主权。抗战胜利后，金润庠出任华丰总经理，努力恢复生产，扩大生产规模，开发生产卷烟纸，抵制洋货。1947 年起，他结识了黄炎培等著名爱国人士，对中国共产党的民族工商业政策开始有所了解，并逐步坚定了跟共产党走的信念，最终拒绝去台湾。中华人民共和国成立后，陈毅、粟裕、谭震林亲自签发委任书，任命金润庠为华东军政委员会委员。抗美援朝期间，金润庠代表企业捐赠“华丰工人号”战斗机三架，以表达爱国热情。在对私营工商业进行社会主义改造时，金润庠带头响应党的号召，第一批申请公私合营，受到党和国家的好评。金润庠曾担任浙江省政协常委和全国政协二、三届政协委员，曾多次受邀参加毛泽东主席、刘少奇主席召开的最高国务会议。1961 年 6 月 13 日，金润庠在上海因病去世，周恩来总理以个人名义特地送来花圈。

2.坚持传承重教育才的理念

1934年，华丰造纸厂办起了私立华丰小学，后改名为华丰职工子弟小学，之后还办起了初中和高中。中华人民共和国成立后开办职工业余学校，开展扫盲和文化知识的普及工作，特别重视造纸专业人才的培养。1958年办华丰工业学校，分设造纸专业大专班和中专班，为华丰和省内其他造纸企业输送309名造纸专业人才。1977年起又先后开办"七·二一"工人大学造纸班，浙江工学院杭州分院华丰教育点纸浆造纸专业班，浙江电视大学杭州分校华丰造纸机械制造专业班。

1979年起，华丰工会主席詹少文还创办了杭州钱江业余学校，并担任校长，他把补发的4万元工资无偿捐赠给学校，当时"万元户"是人们追求的目标，这笔钱在当时十分可观，也可见詹少文先生的拳拳赤子之心。学校创办25年来，不花国家一分钱，为社会培养大批急需人才，取得了显著成绩，詹少文先生也被评为浙江省劳动模范。

一个企业能如此重视教育，舍得投入，营造良好氛围，这是难能可贵的。因此，也只有通过教育，拥有人才，企业的未来才会充满无限的生机和活力。

3.企业发展的软实力——重视职工文化生活

华丰人一直认为，人是企业最宝贵的资源，职工文化生活是企业发展的软实力。一直以来，华丰从来没有忽视职工的精神文化生活。

1956年《华丰工人报》创刊，后改为《华丰报》。20世纪80年代还创办过华丰电视台，闭路电视通往生活区的每家每户，每天通过《华丰新闻》栏目，及时报道身边的人和事，让职工群众深感亲切。

1978年，华丰大礼堂落成，结束了放映露天电影的历史。除了放电影，还经常有越剧团、滑稽剧团、杂技团等文艺团体前来演出。华丰的体育活动也开展得有声有色，如篮球、乒乓球、羽毛球、围棋、象棋、桥牌等比赛，职工队伍在市、区比赛中屡得名次。华丰职工子弟楼云在洛杉矶奥运会上获得跳马冠军，1987年12月31日，浙江省顾问委员会主任铁瑛与他一同来到厂里，华丰授予他名誉职工的称号，以推动职工业余体育活动开展。

华丰人在回望历史的同时，对华丰的文化精神进行了提炼，并响亮地提出"华在自强、丰在科技、精在管理、神在创业"十六字的企业精神，诠释了华丰这个历史悠久的企业赖以生存和发展的精神支撑和丰富内涵，它世代传衍，历久弥新，始终激励华丰人励精图治，开拓创新。

(三)96年造纸历史的工业建筑遗存

1.厂前区办公区域

该区域靠近大门，沿和睦路，交通进出方便，特色鲜明、分布集中、建筑形态和使用功能完好。主要建筑包括：1号办公楼，为两层苏式建筑，建于20世纪50年代，目前已列入工业文化遗产保护建筑名单；2号办公楼，为混凝土砖墙结构的五层建筑，建于70年代；3号办公楼，建于70年代，在一层车库基础上改造而成，现为三层混凝土砖墙结构建筑；4号楼为员工食堂，砖墙主体，木架屋顶，建于70年代。

图1　1号办公楼

图2　2号办公楼

图 3　3 号办公楼

2.装备加工区域

金加工厂房为混凝土砖墙框架结构建筑，建于 20 世纪 70 年代；新金加工房也为混凝土框架结构建筑，是内部安装了多架行车的大型工业厂房，同样建于 70 年代。以上两座厂房间有运输铁轨，用于大型设备运输。磨刀保密车间厂房为普通砖墙结构建筑，建于 60 年代，内有奥地利进口的机床和自制机床设备。

锻造车间厂房为普通砖墙结构建筑，建于 20 世纪 60 年代，保留有锻造炉、250 kg空气锤和自制的两层锻造折边机。该车间内布局有序，锻造作业气氛浓厚，容易让参观者联想起那个年代热火朝天的生产场面。

图 4　金加工厂房

图 5　新金加工房

图 6　锻造车间厂房

木模车间为普通砖墙结构两层建筑，建于 20 世纪 60 年代。库架上，现保留有诸多原锻造设备所用的形态各异的木模，且木质好，制作精致，品种、规格不重复，几十年来保存得非常完好。木模车间简直就是一座现成的展览厅。

图 7　木模车间厂房

塑管车间厂房为普通砖墙结构建筑，建于 20 世纪 60 年代。生产仓库厂房为普通砖墙结构一层弧顶建筑，建于 60 年代，原为工厂大礼堂。

3. 生产车间区域

＃12 号机生产线车间建于 1960 年，一层较高，为混凝土砖墙框架结构半入地式建筑。当年完全是企业自行设计制造了这条平网纸机生产线，通过这条平网纸机生产线又研制出透明玻璃纸、拷贝纸、陶瓷贴花纸、青壳纸、防水原纸等十多个新产品，并为“熊猫”“中华”专供干轧罗纹全麻礼品烟纸。现在看来，曾经的人们实在了不起！

图 8　＃12 号机生产车间

以上区域随处可见华丰工业生产发展的历史印记，在 20 世纪 50—70 年代的工业厂房及设备中，华丰人自强奋斗的痕迹依然清晰可见，它们见证了民族工业发展的历程。

四、近期两件传播华丰造纸文化的罕事

1. 纪录片《纸世界》举行开机仪式

传承中华文化精粹，记录“中国四大发明”之一的造纸术，今年 4 月 22 日，由中国新闻社江苏分社携手中国纸业网打造的五集电视文化纪录片《纸世界》举行开机仪式，当天，摄制组走访了纪录片拍摄首站——浙江省杭州市。纪录片《纸世界》开机传播中华民族璀璨文化。

当天，在简短的开机仪式后，摄制组兵分两路，一路探访了中国民族工业之一的浙江华丰纸业，另一路则寻找曾经从事造纸行业的退休工人和见证者。有着 96 年发展史的浙江华丰纸业，是中国造纸行业的领军者，也是中国造纸行业发展的亲历者，面对记者的镜头，从事造纸行业多年的王海佩（浙江华丰纸业集

团有限公司党委书记)感触颇深:“1922 年,我们从美国引进了第一条生产线,主要生产黄板纸,后来陆续研制了政文纸、铜版纸以及其他拷贝纸、电话纸等高端特殊纸。我们要把它(华丰精神)传承下去,在传承的基础上,还要做到创新。”

据此次活动参与方介绍,用镜头记录“纸世界”,最大的心愿就是让民众感知中国纸业发展的历史,讲述中国造纸不平凡的历程及其独特的魅力。他们觉得有责任、有义务把中国的四大发明之一,把这段历史以及现代的造纸工业这段历程讲清楚,告诉大众,告诉子孙后代。

纪录片导演宁照宇说:“中华民族四大发明中的造纸术对中华民族的文明进程,对世界文明进程的贡献是非常大的。今天,中国重新成为工业造纸大国,路程虽然漫长,但是非常振奋人心,那么,我们把它以纪录片的形式记录下来,对我们的下一代,对中华民族坚定自己的文化信心,有非常重要的社会意义。”

宁照宇告诉记者,五集电视文化纪录片《纸世界》将用精美翔实的视觉语言,以鲜活、客观、真实的事例,将“中国造纸术”发展的壮丽景象和它的历史渊源展示给观众,用请多真实的“纸”与人的故事以及经典感人的历史传奇,来折射“中国造纸术”对推动中华文明进程的深刻内涵。他们觉得这里面有很多秘密故事,有很多鲜为人知的奇人,需要在片子里头呈现出来,让大家感知这部片子中洋溢着的民族精神。

接下来,该摄制组还将走访福建、江西、安徽、山东、陕西、四川和江苏等地,用镜头记录中华纸业发展的脉络,感知蔡伦千年“造纸术”的飞跃。

2.华丰造纸厂入选首批中国工业遗产保护名录

首批《中国工业遗产保护名录》(以下简称《名录》)由中国科协创新战略研究院、中国城市规划学会于 2018 年 1 月正式公布。全国入选《名录》的工业遗产共 100 项,浙江省入选 3 项,3 个项目分别为钱塘江大桥、华丰造纸厂和杭州丝绸印染联合厂。

其中,华丰造纸厂始建于 1922 年,主要遗存包括厂房、打浆机、生活社区。入选理由:它是浙江省第一家机械造纸厂,国内最早的卷烟纸生产厂之一;中国造纸骨干企业,不少产品填补了国内空白;在造纸原料中添加竹浆,提高了卷烟纸特性。

五、建议

华丰造纸厂是具有历史、技术、社会等价值的工业遗产，这些遗产见证了我国造纸工业化的发展历程，承载了一代又一代工程技术人员和工人艰苦奋斗、自强不息的工业精神，记录了中国工业化进程对社会的深刻影响。保护这份宝贵的工业遗产就是保护我们的文脉，保护我们的精神家园，为我们的子孙后代留下珍贵的造纸历史记录。在此，我们建议市委、市政府抓紧专题研究该地块的规划、开发和建设内容，并建议利用华丰造纸厂的历史建筑遗存，包括可保留的造纸完整设备，建设一座杭州造纸工业遗址历史博物馆。

最后，杭州市老科协愿为这项保护工作深入调研，承担力所能及的事。

（2018 年 5 月）

杭州市委书记周江勇批示

对《抢救保护杭州工业遗产华丰造纸厂的建议》一文，2018 年 5 月 18 日，杭州市委书记周江勇做了批示："请缪承潮同志研。"

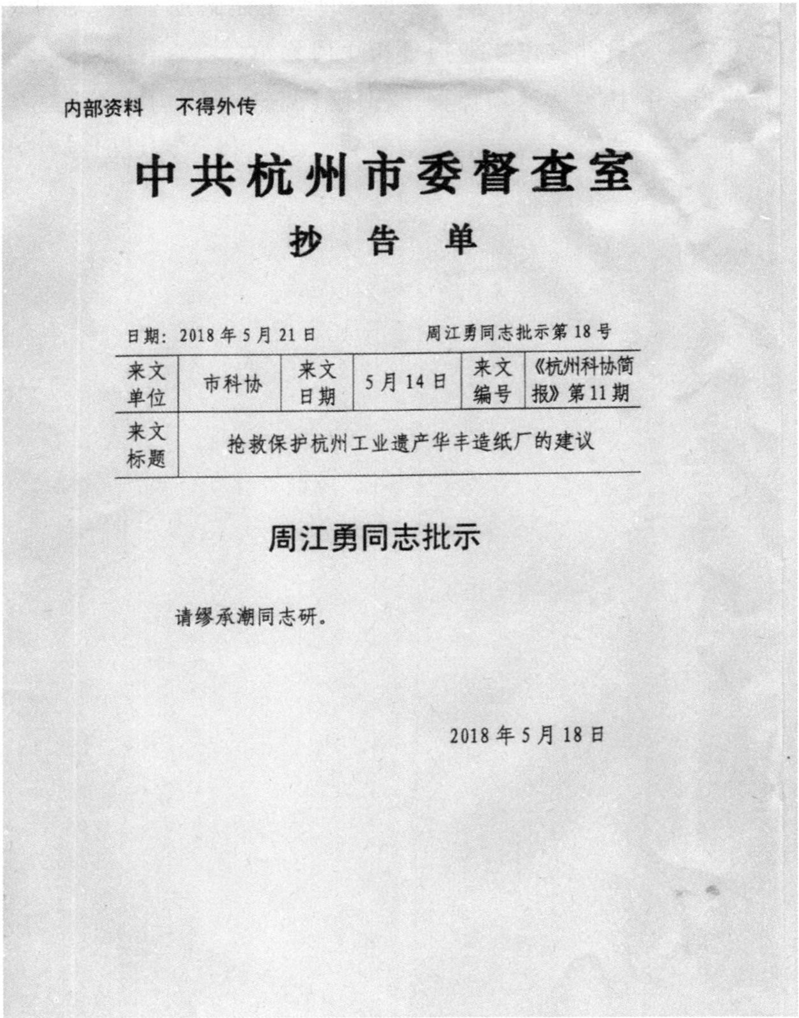

内部资料　不得外传

中共杭州市委督查室

抄　告　单

日期：2018 年 5 月 21 日　　　　周江勇同志批示第 18 号

来文单位	市科协	来文日期	5 月 14 日	来文编号	《杭州科协简报》第 11 期
来文标题	抢救保护杭州工业遗产华丰造纸厂的建议				

周江勇同志批示

请缪承潮同志研。

2018 年 5 月 18 日

第四篇
科学普及宣传

《中华人民共和国环境保护税法》解读

浙江省邮电老科协杭邮分会

一、《环保税法》的基本内容及其意义

1.《环保税法》的基本内容

2016 年 12 月 25 日第十二届全国人民代表大会常务委员会第二十五次会议通过的《中华人民共和国环境保护税法》(简称《环保税法》)将于 2018 年 1 月 1 日起实行。环境保护税法共五章,分别为总则、计税依据和应纳税额、税收优惠、征收管理、附则,全文二十八条。其基本内容要素为:

(1)纳税人:直接向环境排放应税污染物的企业事业单位和其他生产经营者。

(2)应税污染物:指本法所附《环境保护税税目税额表》《应税污染物和当量值表》规定的大气污染物、水污染物、固体废物和噪声。

(3)应税污染物的计税依据:应税大气污染物按照污染物排放量折合的污染当量数确定;应税水污染物按照污染物排放量折合的污染当量数确定;应税固体废物按照固体废物的排放量确定;应税噪声按照超过国家规定标准的分贝数确定。

(4)应税大气污染物、水污染物的污染当量数:以该污染物的排放量除以该污染物的污染当量值计算。每种应税大气污染物、水污染物的具体污染当量值,依照本法所附《应税污染物和当量值表》执行。

(5)规定免征或减征环保税政策。

(6)税收征管模式:征收部门为税务机关,环保部门配合,确定了“企业申报、

税务征收、环保监测、信息共享”的税收征管模式。

(7)环境保护税全部作为地方收入,中央就不再参与分成,纳入地方预算法管理。

2.《环保税法》的意义

《环保税法》的出台不仅有利于污染防治,对促进税制绿化、优化税制结构等也具有积极意义。

(1)《环保税法》的出台是我国税制绿色化进程的重要里程碑。

我国现有税费主要有增值税、企业所得税、消费税、资源税、排污费等,没有设立针对环境保护的独立型税种。需要优化原有税制,设立独立的环境保护税,发挥其核心和主导作用,构建绿色税制,促使环境污染外部成本内在化,从而减少污染排放,改善环境质量。

(2)《环保税法》的出台有利于我国税制结构的进一步优化。

我国现行税制是以流转税和所得税为双主体,其他税种配合发挥作用的税制体系。一直以来,在对食品和劳务所得、资本等课以较高税收的同时,对大量污染和资源消耗行为不征税,使税制中未能真实反映商品和劳务的环境成本。实现部分税负从劳动、资本所得向污染的结构性转移,对于进一步优化我国税制结构、提升经济增长质量具有积极作用。

(3)《环保税法》的出台有利于理顺中央和地方政府在环境治理上的事权财权关系。

原有排污费收入按1∶9实行中央和地方分成。环保税出台后,考虑到地方政府承担本行政区域的环境质量主体责任,中央财政将不参与环境保护税收入分成,全部作为地方收入。此安排有利于促进理顺中央和地方政府在环境治理上的事权财权关系,促进地方政府承担更多的环境治理以及监督企业减少污染排放的职责。

(4)《环保税法》的出台有利于规范政府分配秩序,强化预算约束,按照预算法规定,税收收入应纳入一般的公共预算管理,统筹用于保障和改善民生,推动经济社会发展,维护国家安全等方面,一般不与支出挂钩。环境保护税收入的使用也将严格按照预算法规定,纳入一般公共预算进行管理,较原有排污费收入使用更为规范。虽然环境保护税收入使用不采取专款专用的方式,但是由于负有环境主体责任，地方政府也不会降低污染防治和环境保护方面的投入力度。

(5)《环保税法》的出台对其他领域的相关改革起到示范作用。

作为党的十八大后出台的首部单行税法，《环保税法》通过立法的形式确定环境保护税的开征，取代现有针对排污行为的行政事业性收费，将其与部门利益脱钩，以更加规范地使用税收收入，使保护环境的税收调节更加合理、透明和有效，也会对其他领域的相关改革起到示范作用，引发更多的"法制化"改革。

二、《环保税法》实施对企业的影响

《环保税法》的实施无论对排污企业还是对环保企业来说，都将产生深远影响。对排污企业，以环保税代替现行的排污费，按照"税负平移"的原则，一些排污企业的负担并没有明显加重，只是行业间、企业间不平衡。环保税出台的目的是节能减排，并非增加税收或者让企业"拿钱摆平排污"。新的税法增加了一项减排税收减免的办法，那就是"纳税人排放应税大气污染物和水污染物的浓度值低于国家和地方规定的污染物排放标准30%的，减按75%征收环境保护税；低于50%的，减按50%征收环境保护税"。在一段时间内，中国企业在环境保护方面的守法成本普遍高于违法成本，也就是企业在很少的投资、很短的时间情况下可以获得较大的收益。但是，随着各界环保意识的提高，变污染为环保已成为更多企业所采取的行动。

《环保税法》的实施促进环境成本内部化，对于排污企业来讲，企业开展环境治理是更符合长期利益的必然选择。实际上，国内部分地区已经在2014年以后自行调整和实施了更高的排污费征收标准，如北京(最低标准的8～9倍)、江苏(3～4倍)、河北(2～5倍)、山东(2.5～5倍)、湖北(1～2倍)和浙江(2～3倍)等。

从企业发展战略出发，企业主动承担污染治理和生态保护的责任，积极通过环保措施控制和减少污染物排放。占用环境资源多的高污染企业将付出更高代价，也间接提高了环境友好型企业的综合竞争力。企业进行节能减排的改造，所花费的资金不仅仅是为了减免税费，更为了彰显负责任的企业形象。

《环保税法》中的税收优惠调节机制，将鼓励企业提升减排标准，对高标准的环保专业技术发展将起到正向激励作用。西方国家基本形成完整的环境税税系，已开征的环境税涉及大气、水污染物，以及各种污染类产品等10多种，课征范围十分广泛，包括硫税、氮税、碳税、污水税、燃油税、垃圾税等。

征收环保税对大部分企业产生影响，其中火力发电、钢铁、建材、化工、造纸等行业影响最大，而环境税的开征对环保行业是利好。

以年产值5000万元为基准的中小型化工企业为例，每年度需缴纳大气污染物税额，累计6万～12万元；需缴纳水污染物税额，累计8万～15万元；需缴纳锯末、粉尘、化工垃圾等固体废物税额，累计15万～30万元；需缴纳噪声税额，共计每年30万～50万元。

对于企业来说，一是要通过改善经营管理，降低其他成本费用；二是要加大研发投入，调整产品结构，用新技术实现节能降耗；三是要试行环境会计，从企业财务核算上，以环保税为杠杆，形成改善环境的内生动力。

三、《环保税法》实施的应对

1.政府管理层面应对

我国确定环保发展方向已经多年，各条战线以不同名义在推进，环保、节能、节水、循环、低碳、再生、有机等概念层出不穷，虽然从不同程度上促进了环保发展，但也增加了企业重复认证检测的开支，也给消费者带来了极大的困惑。为此，国家已经确定了将以上概念统一整合为“绿色产品”，建立统一的绿色产品标准、认证、标识等体系标准。基于全生命周期理念，在资源获取、生产、销售、使用、处置等产品生命周期各阶段中，兼顾资源能耗少、污染排放低、低毒少害、易回收处理和再利用、健康安全和质量品质高等特征。从政府管理宏观层面，在资源属性、环境属性、产品属性等方面围绕环保税的可操作性、税率设定的合理性、企业负担的可承受性，着重处理好以下五方面的关系：

(1)处理好环境管理体系和税收征管体系的关系。

环保税的开征，必然涉及由不同部门负责实施的环境管理体系和税收征管体系，前者以保护环境为目标，后者则以实现财政收入为主要目标。两者应相互支持配合、互相协同共进。

(2)处理好税收收入的分配与使用关系。

鉴于环保税具有征收范围宽、征管难度大、课税对象广、税源不稳定等特点，符合共享税的构成要件，应建立环保基金，专门用于污染治理、环境保护设施建设等方面，不可挪用。

(3)处理好公平与效率的关系。

在建立环境保护税收制度过程中，应切实构建起污染者负担、完全纳税、受益者补偿的原则，真正实现“谁开发谁保护、谁破坏谁恢复、谁使用谁负税”，促使外部成本内在化，实现环境公平。

(4)处理好环保税收与经济发展的关系。

开征环保税会在一定程度上影响一些行业的发展，因此环境保护税的征收除追求减少环境污染、改善环境质量外，还应通过矫正当前税收对资本和劳动的扭曲现象，助推就业增长和经济发展。

(5)处理好环保税与其他环境保护手段的关系。

开征环保税并不是解决环境问题的“万能药方”，它具有工具的局限性，在有些环节或领域，其作用的发挥可能会受到限制。应将环保税与其他环境保护手段紧密结合起来，使之互为补充、互相促进。比如，在征收环境保护税的同时，可以引入市场机制，建立健全矿业权以及排污权有偿使用和交易等制度。

2.企业层面应对

(1)以涂料产业为例。费改税对涂料企业而言机遇和挑战并存，《环保税法》将现行排污费收费标准作为环保税的税额下限，规定：大气污染物税额为每污染当量 1.2 元；水污染物为 1.4 元；固体废物按不同种类，税额为每吨 5 元至 1000 元；噪声按超标分贝数，税额为每月 350 元至 11200 元。由于目前部分省(区、市)上调了排污费收费标准，因此新法规定税额标准可以向上浮动。

中国化工学会涂料涂装专业委员会定于 2017 年 1 月 11 日在江苏常州召开“绿色建筑涂料评价”研讨会，涂料企业需要及时调整自己的产业结构以适应环境发展的大趋势。积极了解新的法规和标准，按照导向研究、开发和生产绿色产品，提高环保水平、降低污染物排放，那么税收成本就会下降，税收成本下降对于企业来说可支配的利润会上升，因此企业家需要关注国家的宏观经济政策的导向，包括制定的《绿色产品评价　涂料》国家标准。

(2)以轮胎企业为例。若采用不达标的轮胎生产工艺，就会向空气中释放大量硫化氢、二氧化硫、苯类、二甲苯类等有毒有害气体。同时，其产生的废料、废油，也会污染土壤和水源。企业应纳税额如下图：

与轮胎企业相关的污染物排放收税标准

污染物	计税单位	污染当量值(千克)
硫化氢	污染当量	0.29
二氧化硫	污染当量	0.95
苯	污染当量	0.05
二甲苯类	污染当量	0.27
粉尘(炭黑)	污染当量	0.59
固体排放物	每吨	25 元

作为轮胎企业，首先，要淘汰落后产能，减少污染。其次，要提高生产工艺，实现全领域智能化、全流程自动化、全方位绿色化，建成智慧型工厂。资金有限制或是客观条件不允许的企业，则要增加环保设施，尽量减少污染物带来的影响。

四、讨论与建议

《环保税法》技术性、专业性强，它的实施落地关键在于征管，税务部门和环保部门协调配合是有效执行该税法的最重要环节。因此需要做好如下工作：

1.加强培训宣传

环保税开征在即，应做好环境保护税开征前的宣传工作，明确各部门责任，做好信息对接，抓好税务部门及企业的人员培训。对于一些大企业来说，内部管理比较完善，数据核算申报等工作基础较好，而对于小企业来说，则可能存在一定困难，对小企业要做好征税服务、指导工作(特别是新增的纳税小企业)。开展排污申报与排污费征收外网申报系统培训。

2.建立协调机制

环保税作为新开征的独立绿色税种，以排放应税污染物为征税对象，计税依据有别于其他税收，专业性强，征收管理较复杂。为此，《环保税法》明确规定，税务机关和环境保护主管部门应建立工作配合机制。以环境保护税征管技术规范为依据，制定落实减免税政策的操作性文件，协调落实环保税征管协作的其他任务事项。协作机制还对环境保护税法实施过程中的计划制订、成果共享、对外宣传、支持保障等事项提出了具体要求和处理方法。

3.完善环境排污监测

《环保税法》实施之后，企业减排数据将决定企业是否能够免税减税或者需要缴纳多少税，即征税要有监测数据。所以需要安装监测设备或者需要第三方提供监测服务，监测设备的安装能否落实与第三方监测工作能否顺利开展，都取决于前期工作是否有效落实。

重点排污单位应当按照国家有关规定和监测规范安装使用监测设备，保证监测设备正常运行，保存原始监测记录，如实向社会公开其主要污染物的名称、排放方式、排放浓度和总量、超标排放情况，以及防治污染设施的建设和运行情况，接受社会监督。

4.构建纳税信息网络平台，逐步实现征管智能化

推动排污监测数据全程信息化管理，设计环保税纳税申报表等表证单书，开发建设税收核心征管系统和涉税信息共享平台，制定企业自行申报和网上申报系统的操作流程，并逐步纳入整体纳税系统，依托“互联网＋”技术不断提高信息化水平及网络化、智能化征管水平。

5.更新企业财务核算机制，积极推行环境会计

环保税法实施使环境成本内部化，为更新企业财务核算机制，推行环境会计提供内在需求。把企业环境污染作为一种环境负债，即由环境污染导致企业需要承担相应环境污染治理或环境质量恢复的支出。将环境会计引入会计核算体系，可有效地将环境因素与企业经营联系起来，促使企业在制定发展决策时能够考虑到对社会的影响和贡献。

环保税会计科目设置专项环保税，会计核算中最重要的会计科目应是“应交税费”科目，在这个一级科目下应设立二级明细科目“应交环保税”，再根据具体

税目设立若干三级明细科目，如“大气污染税”“水污染税”“固体废物税”等。与专项环保税会计核算相关的会计科目还有“生产成本”“制造费用”“管理费”。建议选择一些企业进行环境会计试点。

《环保税法》的实施需要在管理上有一个磨合适应期，并在实施中不断完善。《环保税法》作为绿色税制改革的开端，对促进企业绿色发展和全社会生态文明建设，意义都是重大的。

桥梁建筑的历史回顾

杭州市老科学技术工作者协会　余建民

我国是四大文明古国之一，有悠久的历史、灿烂的文化，我们的祖先在世界桥梁建筑史上写下了不少光辉的篇章。资料记载中，一般把桥梁建筑发展的历程分为古代、近代和现代三个时期；从我国桥梁的建筑历程看，则可划分为浮桥和梁桥创始期，索桥和拱桥发展期，石拱桥鼎盛期，干修法创新期，现代发展期。

一、桥梁建筑的演化与革新

桥梁是架在水上或空中以便通行的建筑物。桥梁发展的历程，其实是一部桥梁建筑跨径不断增大、桥型不断丰富、结构不断轻型化的历史。

（一）建筑新材料不断涌现

在17世纪以前，桥梁一般是用木、石材料建造的，按建桥材料的不同，桥分为石桥和木桥。18世纪以后，用石灰、黏土、赤铁矿混合煅烧而成的水泥的发明，以及铁的生产和铸造，为建造桥梁提供了新的材料。但铸铁抗冲击性能差，抗拉性能也低，易断裂，并非良好的造桥材料。

至19世纪50年代，随着转炉炼钢和平炉炼钢技术的发展，钢材成为重要的造桥材料。钢的抗拉强度大，抗冲击性能好，尤其是19世纪70年代出现了钢板和矩形轧制断面钢材，为桥梁部件在厂内组装创造了条件，使钢材应用日益广泛。

到20世纪30年代，预应力混凝土和高强度钢材相继出现，材料塑性理论和极限理论的研究，桥梁振动和空气动力学的研究，以及土力学的研究等获得了重大进展，从而为节约桥梁建筑材料，减轻桥重，预计基础下沉深度和确定其承载力提供了科学的依据。

现代桥梁按建桥材料可分为预应力钢筋混凝土桥、钢筋混凝土桥和钢桥。随着科技的发展,具有高强、高弹模、轻质等特点的新材料纷纷面世。超高强硅粉和聚合物混凝土、水下不离析混凝土、耐候钢钢板、铝合金钢、玻璃纤维和碳纤维增强复合材料等一系列材料将代替传统的钢材和混凝土,以适应城市大跨径桥梁的建设需要。

(二)桥梁跨度结构不断突破

进入 20 世纪 90 年代,我国现代桥梁建设迎来了一个辉煌的时期。1997 年,第一座六车道、跨径 888 m 的全焊接钢箱梁悬索桥——广东虎门大桥正式通车,书写了中国桥梁建设的新篇章。1999 年,江阴长江公路大桥以主跨 1385 m 一跨过江的纪录,成为中国桥梁发展史上的里程碑。2008 年,苏通长江公路大桥开通,成为世界第一的“千米跨越”斜拉桥,同时也代表了当时国内桥梁建设的最高水平。

据不完全统计,到 2010 年年底,世界上建成和在建主跨跨径 600 m 以上的斜拉桥共 15 座,我国占 12 座;跨度 1000 m 以上的悬索桥共 26 座,我国占 10 座;跨度250 m以上的预应力混凝土桥共 20 座,我国占 12 座;已建跨度 420 m 以上的拱桥共 12 座,我国占 9 座。

总的来说,在保持一定承载能力的条件下,桥梁跨度能反映当前桥梁建筑技术的水平,是衡量桥梁规模的一个主要指标。现今我国桥梁建筑中钢梁、钢拱的最大跨径已经超过 500 m,斜拉桥为 890 m,而悬索桥已达 1990 m,从中不难看出,桥梁跨度随着人们对跨江、跨海交通的需要在不断加大。为了避免修建或少建深水桥墩,提升通航能力,我们相信,现有悬索桥、斜拉桥等桥式的跨度纪录会一再被打破。据桥梁建造师们预测,前者的跨度将超过 3000 m,后者的跨度将突破 1000 m。

(三)桥梁建筑技术不断进步

随着现代桥梁跨度的增大,环境(如海洋环境)的变化,结构体系的多样化与复杂化,桥梁建筑的设计常会面临许多新的课题与难题,因此人们在不断地进行桥梁设计理论的研究与探索,并以结构可靠性、全寿命设计理论为基础,采取以分项系数表达的概率极限方法进行设计。与早先采用的容许应力设计和破坏强度设计等方法相比，这些新的设计理论方法则更趋合理，更具先进性。

对中小跨径的梁桥设计，已广泛采用装配式钢筋混凝土及预应力混凝土板式或T形梁桥的定型设计，不但经济实用，而且施工方便，能加快建设速度。各地因地制宜创建了一些各具特色的拱式桥型，其中江浙一带主要推广钢筋混凝土桁架拱桥和刚架拱桥，山东是两铰平板拱桥，河南是双曲扁拱桥，这些新桥型在结构和施工方面各具特色。预应力混凝土连续刚构特别适合在山区、深沟等地修建。

现在的拱桥，除了有支架施工外，对于大跨度的拱桥通常采用无支架施工、转体施工和刚性骨架施工法，混凝土梁桥悬臂平衡法、顶推法，钢箱梁大节段整体吊装、深水桥梁承台采用预制混凝土底板钢套箱等方法，而钢套箱加工制造简单、拼装拆卸方便，底梁支撑系统可重复使用，工效高，质量优，效果显著。还有许多先进的施工方法在不断探索，如大直径深孔变截面钻孔灌注桩（桩径2.5～3.2 m，桩长总计110.15 m），这对于大型跨海跨河桥梁工程而言，显得尤为重要。

二、我国古桥梁建筑成就

（一）古桥梁的建筑历程

殷商至西周（约前17世纪初—前771）为我国浮桥和梁桥的创始期，其时间跨越800多年，此时的浮桥和梁桥均为木构。据《诗经・大雅》记载，周文王娶妻，曾在渭河上“造舟为梁”，架设了一座浮桥。浮桥的架设由于具有简便快速的特点，当时常被用于军事活动。另据《史记》记载，公元前985年，周穆王曾在巨鹿水上造桥；公元前541年，秦公子鍼曾在陕西大荔东黄河上修建浮桥。汉唐以后，浮桥的运用已日趋普遍。

我国战国时期（前332）开始建筑的另一类古桥多以木桩为桥墩，上置木梁、石梁，称为梁桥。石梁限于跨度，桥墩较密集，而木梁的跨度较大。随后的梁桥建筑，为了防止木梁朽损，桥上建有桥廊与桥屋保护桥面，桥廊两侧设有坐凳，也可供行人歇凉，这种桥又称为廊桥。

南宋时著名的安平桥就属于廊桥，它雄跨泉州安海镇港的港湾之上，全长约2500 m，分362跨，因长度超过5里，故又称五里桥，桥上建有桥亭5座。另有湖南、贵州与广西交界一带的侗族村寨，曾建有多种形式的风雨桥。风雨桥又称花桥，也为木梁式结构。四川、青海、甘肃交界处还有一种悬臂式廊桥，其结构为由两岸层层挑出圆木，至中部再架横梁，桥上建廊，外观奇特。

从战国至秦、汉（约前475—220）是索桥和拱桥的发展期，时间跨越六七百年。据西汉王褒的《益州记》记载，公元前3世纪，第一座竹索桥出现在成都市郊；公元前206年，第一座铁索桥出现在陕西留坝的寒溪河上。又据《汉书·岑彭传》记载，公元33年，第一座长江大桥——索桥，出现在宜昌东南；公元282年，第一座拱桥出现在洛阳城外。此时，拱券结构开始出现在桥梁建筑中。宋代张择端的《清明上河图》上出现的虹桥，就是一座大型木构拱桥，桥下可以过往商船。在此期间还修建了大量阁道桥和栈道桥。至此，我国桥梁四大类型——浮桥、梁桥、索桥和拱桥，已经基本形成。

从南北朝、隋、唐、五代至宋、辽、金时期（420—1279）为石拱桥鼎盛期。由于拱券结构在建桥工程上的广泛运用，桥梁的建筑从以木料为主，发展到以石料为主。敞肩式、筏形基础、浮运法等重大技术都在此时期涌现出来，特别是敞肩式结构的出现，使得桥梁的造型更为轻盈美观。许多石拱桥建筑如雨后春笋，遍及全国。

拱式桥的历史最为悠久，古代遗留下来的石拱桥数量也很多，最著名的为建于隋代的河北赵县安济桥（即赵州桥），为大跨度敞肩式平拱桥。和它类似的还有建于金代的河北宁晋永通桥、山西崞阳镇普济桥、山西晋城景德桥及建于明代的河北赵县济美桥等。明清时期更有大量砖石拱桥出现，尤其是江南一带，为便于水运交通，拱桥还必须有足够的高度，从而创造了半圆拱、尖形拱、弓形拱、多边形拱等多种拱桥形式，且其拱券大都采用纵联分节并列砌筑法。

在元、明、清时期（1271—1911），人们继承了前人创造桥梁的建筑技术，继续修筑新桥，维修、加固或重建旧桥。这时期人们发明了围堰抽水干修法。利用这一技术而建造的江西南城万年桥，是这一时期新桥的代表。这种建筑方法，为后世广泛采用，并一直沿用至今。清光绪三十三年（1907）至宣统元年（1909），人们利用从德国进口的钢材，在黄河上建造了首座钢铁大桥——兰州黄河大桥。这座桥梁的出现，标志着我国以木料和石料为主要建筑材料的古代建桥历史基本结束。从此，我国桥梁建筑进入了一个以钢铁和钢筋混凝土为主要材料的现代桥梁发展期。

（二）古桥梁的建筑成就

一般的桥梁都是一座单桥，而由于是皇帝和王公大臣们进出皇宫的通道，横卧在北京天安门城楼前外金水河上的外金水桥，是由 7 座单桥组成的大型群桥。此桥建于明永乐十五至十九年（1417—1421），其造型之美、雕刻之精，全国少见。优美的外金水桥与天安门城楼、华表、石狮一起，已经成了我国古建筑的标志。

园林桥当首推北京颐和园中的十七孔桥，该桥横卧在昆明湖南湖岛与东岸之间的水面上。这是一座造型美观的联拱大石桥，桥长 150 m，桥面宽 8 m，两侧安有汉白玉石栏板，有望柱 124 根，雕有石狮 544 只，形态生动。最特别的是十七孔桥券洞的设置，以中间券洞最为高大，向两侧逐渐缩小。但从东端或西端分别向中间的券洞数去，桥洞的数目都是 9 个。那是由于古人认为“九”是最大的阳数，含有吉祥平安的寓意。此桥修建于清乾隆年间（1736—1795），造型优美。

福建省漳州市东 16 km 处的江东桥，又名虎渡桥，是一座令人惊奇的梁式石桥。该桥建于南宋绍兴年间（1131—1162），本为浮桥，后重建成石墩石梁桥。桥墩上大下小，侧面呈弧形。墩上石梁巨大，一般都在百吨以上，其中最大一根石梁，长 22 m，宽 1.7 m，厚 1.9 m，重达 200 t。历史记载，这些巨大的石梁是利用潮水涨落浮运架设的。

拱宸桥是杭州古桥中最高、最长的石拱桥，桥型为三孔墩联驼峰桥，也是古时京杭运河进入杭州城的标志。该桥长约 98 m，高约 16 m，桥面中段宽 5.9 m，两端桥堍处宽 12.2 m。该桥采用木桩作为基础结构，拱券为纵联分节并列砌筑，拱壁顶部有浮雕“双龙戏珠”，中拱券内还有浮雕荷花。整桥敦厚朴实，气势雄伟。

拱宸桥始建于明崇祯四年（1631），据《古今图书集成·杭州考》和康熙《杭州府志》载，此桥由明末商人夏木江所倡建。桥名“拱宸”两字，一说其意为四方归向，既表示吉祥，也是一种寄语。另一说，相传在古代，“宸”是指帝王住的地方，是皇帝的代称；“拱”即拱手，两手相合表示敬意。每当帝王南巡，这座高高的拱形石桥，象征对帝王的相迎和敬意。无论是哪种解释，都表明了拱宸桥在杭州运河文化中的非凡地位。

拱宸桥老照片

举世闻名的赵州桥，又名安济桥（俗称大石桥，与赵州永通桥并称为姊妹桥）。此桥建于隋大业元年（605），为李春所建造，是一座空腹式圆弧形石拱桥，净跨 37.02 m，宽 9 m，拱矢高 7.23 m。在拱券两肩各设有两个跨度不等的腹拱，这样既能减轻自重，节省材料，又便于排洪，更显美观。该桥的雕刻艺术，包括栏板、望柱和锁口石等，其上狮象龙兽形态逼真，雕工精致秀丽，不愧为文物宝库中的艺术珍品，这也是现存修建时间第二早、保存最好的一座石拱桥。

三、现代桥梁建筑与发展

随着经济社会的迅猛发展，我国桥梁建筑所运用的科学技术也越来越多，桥梁形式更加多样化、多元化。特别是 21 世纪初杭州湾跨海大桥的建成，开启了跨越海湾、海峡造桥的新时代。

现代桥梁的种类有：

(1)斜拉桥（Cable Stayed Bridge）又称斜张桥，是将主梁用许多拉索直接拉在桥塔上的一种桥梁，是由承压的塔、受拉的索和承弯的梁体组合起来的一种结构体系。拉索可看作是代替支墩的多跨弹性支承连续梁，可使梁体内弯矩减小，降低建筑高度，减轻结构重量，节省材料。作为一种拉索体系，斜拉桥比梁式桥的跨越能力更大，是大跨度桥梁的最主要桥型，而这种桥型的上部主要由索塔、主梁、斜拉索组成。斜拉桥由许多直接连接到塔上的钢缆吊起桥面，斜拉索则通过索塔将主梁连接在一起。索塔有独塔、双塔或三塔式，索塔型式有A型、倒Y型、H型、独柱型四种，采用的材料主要有钢和混凝土。斜拉索布置有单索面、平行双索面、斜索面等。该类型的桥梁承受的主要荷载并非它上面的汽车或者火车，而是其主梁的重量，通常主梁重量作用于索塔后，形成两个向下的合力又传递给了下面的桥墩。

据统计，截至2011年年底，世界前十名大跨度斜拉桥为(按建成时间为序)：杨浦大桥(中国上海，1993年，主跨602 m，排名第九)、法国诺曼底斜拉桥(法国，1995年，主跨856 m，排名第四)、徐浦大桥(中国上海，1997年，主跨590 m，排名第十)、多多罗大桥(日本，1999年，主跨890 m，排名第三)、白沙洲长江大桥(中国武汉，2000年，主跨618 m，排名第七)、南京长江二桥(中国江苏，2001年，主跨628 m，排名第六)、青州闽江大桥(中国福州，2001年，主跨605 m，排名第八)、南京长江三桥(中国江苏，2005年，主跨648 m，排名第五)、苏通长江公路大桥(中国江苏，2008年，主跨1088 m，排名第一)、昂船洲大桥(中国香港，2009年，主跨1018 m，排名第二)。

我国已成为拥有斜拉桥最多的国家，在以上世界十大斜拉桥排名榜上，中国有8座，尤其是苏通长江公路大桥为世界斜拉桥第一跨，是我国建桥史上工程规模最大、最复杂的特大型桥梁工程。该桥由113座桥墩构成，长达8146 m，有92座桥墩立在江水之中。其中第68座与第69座为主塔桥墩，每墩耗资约6亿元，工程最为壮观，墩长114 m、宽48 m、厚约9 m，墩下由131根长达120 m、每根直径2.5～2.8 m的钻孔灌注桩组成，这是世界上规模最大、入土最深的桥梁桩基础。苏通长江公路大桥位于江苏省东部的南通市和苏州(常熟)市之间，是交通部规划的黑龙江嘉荫至福建南平国家重点干线公路跨越长江的重要通道，也是江苏省公路主骨架网的重要组成部分，是我国建桥史上工程规模最大、综合建设条件最复杂的特大型桥梁工程。苏通长江公路大桥全长32.4 km，主要由跨江大桥工程和南北岸接线工程三部分组成。其中跨江大桥工程总长8206 m，主桥为双塔双索面钢箱梁斜拉桥。斜拉桥主孔跨度列世界第一，主塔高度列世界第一，斜拉索的长度列世界第一。

(2)悬索桥(Suspension Bridge)起源于古代吊桥。现代悬索桥虽源于古代吊桥，但现代悬索桥的规模、材料、技术含量已与古代吊桥不可同日而语，它集中了当代建筑学的理论、工艺及材料。据记载，唐朝中期，我国就从藤索、竹索发展到用铁链建造悬索桥。如：大渡河铁索桥（建于1706年）长100 m、宽2.8 m，由13条锚固于两岸的铁链组成，该桥至今仍然保留；世界上著名的竹索桥——安澜桥（建于1803年），全长340 m，分8孔，最大跨径约61 m，该桥采用细竹篾编成粗约5寸的竹索，而由24根这样的竹索组成桥面索和扶栏索，故称竹索桥。

现代悬索桥是以承受拉力的缆索或链索作为主要承重构件，钢缆索或链索通过索塔悬挂并锚固于两岸（或桥两端），其几何形状由力的平衡条件决定，一般接近抛物线。从钢缆索垂下的吊杆或吊索把桥面吊住，又常在桥面和吊杆之间设置加劲梁，同钢缆索形成组合体系，以减少活载所引起的挠曲变形。而悬索桥的主要缺点是刚度小，在荷载作用下容易产生较大的挠度和振动，宜考虑采取适当的措施。现代的悬索桥，广泛采用直径5 m的高强度镀锌钢丝编制的钢缆索，以充分发挥其优异的抗拉性能。因此，悬索桥结构自重相对较轻，能以较小的建筑高度跨越其他任何桥型不可企及的特大跨度，其经济跨径一般都在500 m以上。悬索桥的另一个特点是：成卷的钢缆索易于运输，结构的组成构件较轻，便于无支架悬吊拼装。

据统计，截至2011年年底，世界前十名大跨度悬索桥为：金门大桥（美国，1937年，主跨1280 m，排名第九）、维拉扎诺桥（美国，1964年，主跨1298 m，排名第八）、亨伯尔桥（英国，1981年，主跨1410 m，排名第五）、大伯尔特桥（丹麦，1996年，主跨1624 m，排名第三）、香港青马大桥（中国香港，1997年，主跨1377 m，排名第七）、明石海峡大桥（日本，1998年，主跨1991 m，排名第一）、江阴长江公路大桥（中国江苏，1999年，主跨1385 m，排名第六）、润扬长江公路大桥（中国江苏，2005年，主跨1490 m，排名第四）、阳逻长江公路大桥（中国武汉，2007年，主跨1280 m，排名第十）、西堠门大桥（中国舟山，2009年，主跨1650 m，排名第二）。

在以上世界十大悬索桥排名榜上，中国有5座，其中西堠门大桥仅次于排名第一的日本明石海峡大桥，是连接舟山本岛与宁波的舟山连岛工程的5座跨海大桥中技术要求最高的特大型跨海桥梁，主桥为两跨连续钢箱梁悬索桥，是目前世界上最大跨度的钢箱梁悬索桥，全长在悬索桥中居世界第二、国内第一，但钢箱梁悬索长度为世界第一。设计通航等级3万t，使用年限100年。2007年12月16日，舟山连岛工程西堠门大桥第126段钢箱梁完成吊装、连接，至此，世界最长的钢箱梁悬索桥——西堠门大桥主桥宣告全线贯通。全长 50 km 的舟山连岛工程是浙江省重点工程和“五大百亿”工程之一，工程完工后舟山交通将完全融入长江三角洲高速公路网络。而西堠门大桥又是舟山连岛工程的关键项目，该桥的建成不仅培养了一批中青年桥梁技术人才，为今后在复杂海域环境建设更大跨径的桥梁提供了有益的借鉴和参考，更标志着中国桥梁建设已经跻身世界先进行列。特别是“跨海特大跨径钢箱梁悬索桥关键技术研究及工程示范”项目获得了国家科技支持，所取得的多项科技成果令世界瞩目。

(3)钢拱桥(Steel Areh Bridge)具有更大的跨越能力。钢拱桥作为大跨径或特大跨径的桥梁，往往以其优美的造型和如虹的气势为其他体系桥梁所不及，并在桥梁建筑史上有其辉煌的成就和极其重要的地位。该桥型是在竖直平面内以钢拱作为上部结构主要承重构件的桥梁，比梁桥具有更强的跨越能力，甚至在某些建筑条件下可以与斜拉桥竞争。其外形美观，富有中华民族“拱桥王国”的建筑风格，并拥有与自然景观协调等特点，因而得到了广泛应用。

2003 年，上海建成第一座大跨度钢结构拱桥——卢浦大桥。作为上海“十五”期间第一批向社会招商的越江工程，卢浦大桥北起浦西鲁班路，穿越黄浦江，南至浦东济阳路。大桥主桥为全钢结构，大桥全长 3900 m，其中主桥长 750 m，宽28.75 m，一跨过江，主跨直径达 550 m。卢浦大桥还在设计上融入了斜拉桥、拱桥和悬索桥三种不同类型桥梁的设计工艺，是目前世界上单座桥梁建造中施工工艺最复杂、用钢量最多的大桥。该桥的桥身呈优美的弧形，如长虹卧波，飞架在黄浦江之上，就像澳大利亚悉尼的海湾大桥一样具有旅游观光的功能。

2004 年，杭州建成钱江四桥。作为钱塘江上的城市桥梁，钱江四桥的“城市个性”显得特别张扬。双层桥面的上层为六车道机动车道，下层为公交、轻轨、非机动车道、人行道。主桥两侧采用外挑结构，为游人设置了 8 个平均面积约为 370 m^2 的观景平台。尤其人性化的一点是，桥梁两端还结合管理用房设置了解决垂直交通的升降梯，建成之后，残疾人也可上，自行车也能骑。国际桥梁学会副主席项海帆院士认为，钱江四桥在世界桥梁史上的创新意义，主要在于它是采用组合跨径的双层桥面钢管混凝土系杆拱拱桥，这种新颖、独特的双层钢拱桥国内外独一无二。

据统计，截至 2011 年年底，世界前十名大跨度钢拱桥为：贝尔大桥(美国，1931 年，主跨 504 m，排名第四)、悉尼港大桥(澳大利亚，1932 年，主跨 503 m，排名第五)、弗里芝特桥(美国,1973 年,主跨 383 m,排名第十)、新河峡谷大桥(美国,1977 年,主跨 518 m,排名第三)、克尔克大桥(克罗地亚,1980 年,主跨 390 m,排名第九)、万县长江大桥(中国重庆,1997 年,主跨 420 m,排名第七)、上海卢浦大桥(中国上海,2004 年,主跨 550 m,排名第二)、巫山长江大桥(中国重庆,2005 年,主跨 492 m,排名第六)、菜园坝长江大桥(中国重庆,2007 年,主跨 420 m,排名第八)、朝天门大桥(中国重庆,2009 年,主跨 552 m,排名第一)。

在以上世界十大钢拱桥排名榜上,中国有 5 座,重庆朝天门大桥为"世界第一"。该桥于 2009 年 4 月 29 日正式通车,连接解放碑、江北城、弹子石三大中央商务区。该桥为钢桁架拱桥形式,两座主墩,主跨达 552 m。大桥分上下两层。上层为双向六车道,行人可经两侧人行道上桥;下层则是双向地铁轨道,并在两侧预留了两条车行道,可满足今后大桥车流量增大时的需求。大桥西接江北区五里店立交,东接南岸区渝黔高速公路黄桷湾立交,全长 1741 m,是主城一条东西向快速干道。

著名的钱塘江大桥位于杭州市六和塔附近,横跨钱塘江,虽于 1937 年建成,却是由我国自己设计和施工建造的第一座公路、铁路两用特大桥,并于 2006 年进行第一次大修。该桥为上下双层钢结构桁梁桥,下层为铁路桥,单线通行,上层现为城市桥梁。桥全长 1453 m,宽 9.1 m,高 7.1 m,正桥设 15 墩、16 孔。此桥于 1934 年 8 月 8 日动工修建,历时三年一个月建成,这在当时具有重要意义。桥梁建设的主持者是我国最著名的桥梁学家茅以升。

四、桥梁坍塌事故的警示

桥梁是交通运输的咽喉,是防震减灾的生命线,在城市发展过程中具有非常重要的地位。而在我国经济快速发展、交通越来越便捷的同时,外界环境的改变对桥梁造成的影响也越来越严重,各种规模的设施建设,一旦破坏了生态平衡,就会容易发生山洪、水土流失等自然灾害,给人们提供出行方便的桥梁时刻都遭受着安全威胁。桥梁因遭遇偶然事件、功能退化而发生坍塌,将直接危及出行者的生命安全,同时给国家造成不可估量的经济损失,这类事故一旦发生总会在社会上产生强烈反响。

(一)宁波招宝山大桥主梁体断裂

1998 年 9 月，宁波招宝山大桥在施工过程中发生主梁体断裂事故。这是一座主跨为四跨连续的独塔双索面不对称协作体系预应力混凝土斜拉桥，主跨为 258 m，采用的斜拉桥与连续梁协作体系当时在国内属首创。经过近两年的调查分析，最终认定这是一起技术质量事故，原因是设计施工经验不足。

事故直接原因是主梁设计结构单薄，尤其是底板过薄，有效截面较小，导致受压区实际应力偏大。某院士曾撰文指出："我国宁波招宝山大桥采用带协作体系的独塔斜拉桥和桥面连接构造的过渡段。虽然该桥在斜拉桥悬臂施工中，因控制不当出现了箱梁部分腹板和底板的压溃事故，但经拆除和修补损伤区段，并对施工控制方法和预应力布置做了调整后，成功地建成了该桥。可见，只要对设计和施工处理得当，这种带协作体系的独塔斜拉桥在特殊的地形下还是很合适的。"

(二)某立交的匝道桥主联梁梁体位移

某立交的匝道桥，建成通车两年，其主联连续梁突然发生梁体位移。全联连续梁在各墩位均有不同程度的切向、径向和扭转变位。其中，端部扭转角达 2.42°，最大水平位移为 22 cm，最大径向位移为 47 cm。该立交桥梁经加固(主梁抬起、平移复位、加固约束)后，改变了原来结构体系，桥梁加固投入了大量资金。究其位变原因，主要是该桥较长，抗扭跨径较大，在温度力长期反复作用下，结构发生侧向水平位移，因此结构的横桥向累计位移是造成梁体水平位移及翻转变化的重要因素，而人们事先的认识不足以发现此类问题。

深圳市曾对已建成的 30 座城市桥梁进行检测，发现有 27 座桥梁出现不同程度的上述问题(均为弯坡桥)。前些年，我国城市桥梁(主要是立交桥梁)因交通功能需要，建造了一批弯桥、坡桥、斜桥、独柱弯桥及异型结构桥(如点支承的异型板桥)。这一方面反映了我国城市立交桥梁结构的新发展，另一方面也说明当时我国尚未有成熟的设计规范指导设计，致使这一时期一些城市的弯箱梁桥相继出现支座脱空甚至梁体位移的事故。

(三)宜宾小南门大桥钢缆疲劳失效

2001 年 11 月 7 日凌晨,四川省宜宾小南门大桥的南、北岸(拱脚处)吊杆桥面板坠入江中,造成多人死伤,并导致宜宾市区南北交通和对外通信中断。该桥是主跨为 280 m 劲性骨架的中承式拱桥,于 1990 年 10 月建成,系当时世界上最大跨径的中承式拱桥。

该桥梁倒塌事故,是中华人民共和国成立以来我国公路桥梁的第一次桥梁垮塌事件。在大桥的修复过程中,工程技术人员对全桥进行了检测,结果表明:桥梁通车 11 年来,大桥整体结构完好。究其垮塌的原因,主要是该桥在运营后期养护不力,造成吊索生锈,钢缆与桥面接合处失效,以及繁忙的交通造成结构的过度疲劳(原设计为 7760 辆/日,实际 47000 辆/日)。随后交通部立即下发了关于加强公路桥梁养护安全管理的通知,指出该事故暴露出公路桥梁在拉索和锚具设计、施工、养护、管理上的薄弱环节,要求切实解决同类桥梁运营安全问题。

(四)北京五环路钢箱梁纵向位移

2004 年 3 月,北京五环路取消收费,大批车辆通过上清桥收费口进入五环路,由于新增加的收费口位置不合理,造成重型车在该桥上连续刹车,刚刚通车不久的桥梁,其钢箱主梁发生纵向位移,造成独柱支承的钢箱梁桥墩出现裂缝,后经加固才确保了桥梁结构的安全。同时需要指出的是,前些年我国在城市桥梁建设上一度出现单纯追求结构轻巧的现象,但轻巧的桥体影响其结构耐久性。

此外,我国部分城市的独柱支承预应力弯桥发生支座脱空的现象也比较严重,主要原因有:对预应力钢束产生的扭矩认识不足,结构计算分析中未计入预应力对扭矩的影响;支座预偏心设置和支承体系设计不合理;设计中对长期荷载,特别是对温度力、制动力、收缩、徐变引起的平面外水平变位认识不足,水平限位措施不力等,导致了上部结构在长期荷载作用下的“水平爬行现象”。独柱弯梁桥的部分支座脱空,对桥体结构的安全度和耐久性等将产生十分不利的影响。

(五)北京顺义景观悬索步行桥荷载试验时坍塌

2006 年 11 月 19 日，北京顺义一座跨越潮白河支流减河的景观悬索步行桥，在桥梁竣工前的荷载试验中突然坍塌，桥面上 10 辆用来测试的载有煤渣的卡车随桥身坠下 5 m 深的河道后报废，3 名检测人员受伤。该桥全长 120 m，宽 5 m，中间拱高 1448 m，桥梁系双体箱型钢结构的悬索结构。据悉，该桥于 2004 年冬天开始施工，施工期间曾多次出现异常情况。例如：整体桥形基本成型后，由于吊索长度不符合要求，调整后重新安装；随后桥梁两侧的桥墩又因吊索改动受力过大而开裂，施工方又进行修补，采用铆进钢筋进行加固。

事后才发现设计单位为某大学的建筑设计研究院，该设计单位连常规的桥梁都很少设计，再加上施工单位为资质较低的水利施工队，设计和施工单位显然对这种新颖的、窄薄的、具有创新性的桥型缺乏实际工程设计施工经验。而当初在公开招标设计和施工单位时，尽管有很多国内一流的，有着丰富桥梁设计和施工经验的单位参加投标，但最终都未中标，这也从另一方面说明，我国一些地方的招投标工作亟待改进。

(六)广东九江大桥船撞事故

2007 年 6 月 15 日，广东九江大桥被运沙船撞击了大桥 23 号墩，三个桥墩坍塌，大桥桥面 200 m 倒入江中，4 辆行驶在桥上的汽车坠入江中，致使 8 人死亡。据了解，九江大桥全长 1675 m，于 1988 年建成通车，其主航道为 2×160 m 的独塔双索面斜拉桥，采用塔、梁、墩固结体系，塔高 80 m，曾被评为 1991 年国家优秀设计铜奖。

专家组鉴定后认为该事故与大桥质量无关，大桥设计具有前瞻性，其非通航孔桥墩按横桥向撞击力 40 t 进行船撞击的设防是合适的。但广东的桥梁专家就提出："受撞击的桥墩设计撞击能力仅为 40 t，而西江水道上很多船只是一两千吨，设计者应充分考虑这一点。"同济大学的教授也提出："如果九江大桥附近确因采沙造成河床下降，桥墩受到冲击力和引起振动，桥梁变形增大，久之，桥梁抗冲击力能力就会下降。"从此撞击事故中人们亦应反思：对已建成的且防撞击标准不满足新设防撞击标准的桥梁，必须采取相应的技术、工程和管理上的防护措施，以应对突发事件造成的不良后果。而大桥遭受船舶撞击的事件在长江、珠江和淮河等河道上屡见不鲜。

(七)美国明尼苏达州桥梁结构性垮塌事故

2007 年 8 月 1 日,美国明尼苏达州密西西比河上一座高速公路上的桥梁突然垮塌,近 50 辆车坠入高约 18 m 的河中,有 9 人死亡、数十人受伤,引起全世界震惊,经排查排除了恐怖袭击的可能,系一起桥梁结构性垮塌事故。

该大桥修建于 1967 年,桥梁为钢结构拱桥,桥面距河面约 20 m,桥长为 589 m。该桥 2005 年和 2006 年分别接受交通部门的检查,均未发现问题。但 2001 年明尼苏达州交通部门的研究结果表明,大桥连接路堤河主桥的引桥"存在老化问题",支撑桥梁的主结构桁架也存在"老化问题",研究显示:按大桥的桁架设计理论,如果大桥有两个支撑面断裂,则大桥有可能垮塌。但十分遗憾的是,最终的结论为:"大桥上承式桁架不可能发生老化断裂,大桥可以延后报废。"如果当初下结论时更慎重些,是否可以避免上述灾难的发生呢?

(八)湖南沱江大桥特别重大坍塌事故

2007 年 8 月 13 日,湖南湘西土家族苗族自治州凤凰县境内在建的沱江大桥发生特别重大坍塌事故,造成 64 人死亡,直接经济损失 3947 万元。胡锦涛总书记和温家宝总理均对此事故做出明确批示,要求严肃追究沱江大桥坍塌事故责任者责任,严防类似事故再次发生。

沱江大桥系凤凰县至大兴机场二级路的一座公路桥梁,桥梁全长 328 m,跨度为 4 孔,每跨 65 m,高 42 m。桥梁上部构造主拱券为等截面圆弧拱,下部基础嵌在弱风化泥灰或白云岩上,基础由混凝土、块石构筑成,全桥未设制动墩。最终事故调查认为大桥坍塌的直接原因是:"大桥主拱券砌筑材料未满足规范和设计要求,拱桥上部构造施工工序不合理,主拱券砌筑质量差,降低了拱券砌体的整体性和强度,随着拱上施工荷载的不断增加,造成了 1 号孔主拱券靠近 0 号桥台一侧约 3 m 至 4 m 宽范围内,即 2 号腹拱下的拱脚区段砌体强度达到破坏极限而坍塌,受连拱效应影响,整个大桥迅速倒塌。"

其间接原因包括:施工单位严重违反工程建设质量和安全生产的法规及技术标准,施工质量控制不力,现场管理混乱;建设单位严重违反建设工程管理的有关规定,项目管理混乱;监理单位违反有关规定,未能依法履行工程监理职责;勘察设计单位违规将地质勘查项目分包给个人,前期地质勘查工作不细,设计深度不够，施工现场服务不到位，设计交底不够；质量监督部门对大桥工程的质量监管严重失职。有专家认为：即使原设计无大的缺陷，但在方案阶段选择了在不适宜修建拱式桥梁的场地上建造拱桥，特别是在拱桥施工中选用片石而不是选择合格的块石，且未浇注合格的混凝土，未使桥体形成坚固的整体结构，也都会留下极大的安全隐患。

上述这些因素都是巨大的安全漏洞，值得人们深思。

（2016 年 11 月）

人工智能产业与应用

杭州市老科学技术工作者协会工业信息专委会
朱方澄　洪芳柏　钱珏铭　张郁文　祝宝良　袁樟林　赵玉凤

人工智能自诞生以来，理论和技术日益成熟，应用领域也在不断扩大，可以设想，未来人工智能带来的科技产品将会是人类智慧的“容器”。

一、人工智能的发展历程

1.基本概念

人工智能有多种定义，美国麻省理工学院的温斯顿教授认为：“人工智能就是研究如何使计算机去做过去只有人才能做的智能工作。”中国科学家认为“computer(计算机)”，更准确的翻译应为“电脑”。这种观点反映了人工智能学科的基本思想和基本内容，即人工智能是研究人类智能活动的规律，构造具有一定智能的人工系统，研究如何让计算机去完成以往需要人的智力才能胜任的工作，也就是研究如何应用计算机的软硬件来模拟人类某些智能行为的基本理论、方法和技术。

人工智能(Artificial Intelligence，缩写为 AI)，是计算机科学的一个分支，一种新的能以与人类智能相似的方式做出反应的智能机器，该领域的研究包括机器人、语言识别、图像识别、自然语言处理和专家系统等。人工智能是对人的意识、思维的信息过程的模拟。人工智能不是人的智能，但能像人那样思考，也可能超过人的智能。

2.人工智能发展的三个阶段

我国明代科学家宋应星的《天工开物》一书可谓哲理深厚。用现代视角看,这涉及两种不同的物质,一种是由自然形成的自然物质,另一种是由人的智慧开发出来的"开物"。从简单的石器工具到内燃机、电动机,它们都代替和节约了人的体力,而只有电子计算机的出现才使人感到机器也可以代替和节约人的一部分智力。人工智能,作为探讨人脑和心智原理的尖端科学和前沿性的研究,半个多世纪以来,经历了艰难曲折的发展过程,大致上可以划分为三个发展阶段:

第一个阶段,20世纪40年代中期到50年代中期,这是以控制论、信息论和系统论为理论基础,开始对人工智能进行探索的前期。1950年,英国数学家图灵在《心智》杂志上发表题为《计算的机器与智能》的论文,提出了机器可以思维的观点,直接推动了现代人工智能的发展。

第二个阶段,从20世纪50年代中期到80年代末期,被称为经典符号时期。人工智能与认知心理学、认知科学开始了相依为命的发展历程。

第三个阶段,从20世纪80年代末期到现在,被称为联结主义时期,其特点是采用分布处理的方法通过人工神经网络来模拟人脑的智力活动。

尽管计算机在我们探讨人脑的心智过程中提供了不少帮助,但人脑的工作原理又的确与计算机有本质的区别。正如诺伊曼所指出的:计算机和人脑的工作原理非常不同,计算机是离散的,遵循布尔逻辑,按照预定的程序得出精确的可以重复的结果,人脑是非离散的,复杂的,依赖历史文化经验来得出近似的不确定的结果。牛津大学著名的神经科学家格林菲尔德在1994年出版的《人脑之谜》一书中指出:"我们的大脑就像一本数百万页的巨型著作,其中每一句都必须依赖其他句子来确定自身的含义,也许我们终有一天能读完这本巨著,但永远也不可能完全理解它。"

目前,人工智能的发展面临来自下列几方面的挑战:一是生态学的挑战。生态学认为独立于生态环境的内部表征不能揭示人的认知本质。人类完成现实任务的过程不是一种逻辑的、理性的、按部就班的符号处理,使用的是启发式、表象、模糊的、近似的和不同策略的处理方式。二是社会学的挑战。社会学认为人工智能千方百计地避免了社会文化因素和历史经验以及情感对人类认知过程的影响。三是现象学和解释学的挑战。现象学认为，电脑没有考虑人类思维或认知过程中意识的作用。计算机，尤其是早期的物理符号加工模式不涉及意识的现象性、意向性和内省性等问题。此外，解释学认为人工智能多注重认知的实验性和实证性，但有待加强其理论概括和解释性。

面对来自生态学、社会学、现象学和解释学等方面的挑战，从20世纪90年代中叶以来，人工智能的发展趋势是日益关注影响认知的社会因素，从进化和发展的新视角，采用统一认知架构的方法来探讨认知的原理。

二、发展与普及人工智能的意义

人工智能的重要性，不言而喻。去年美国白宫和英国政府的人工智能报告，便将其视为影响未来国家实力的重要因素，白宫甚至将其列为国家战略。在今年的“两会”上，人工智能写进了我国政府工作报告。

(1)人工智能新技术实现自动化，极大地提高了生产率，节省劳动成本，提升经济的发展质量。

(2)人工智能为这个时代的经济发展提供了一种新的能量，缔造了一种新的“虚拟劳动力”。国外专家预测，到2035年，人工智能技术的普遍采用，可能会将很多发达国家的经济增速提高一倍，人工智能有可能将美国、英国和日本的总增加值(与GDP近似)年度增速分别提高到4.6%、3.9%和2.7%。

(3)将形成制造业的“蓝海”。人工智能的应用前景十分广泛，包括医疗、教育、公共安全、交通等，都具有巨大的潜力。而制造业却可能是最快进行自动化、智能化的蓝海领域。

中国的传统制造业，大而不强，与日本、德国相比较，还有较大差距。但这也为制造业进行转换、升级提供了机会。

(4)为中国引领全球提供机遇。中国在人工智能领域的人才储备、研究成果等方面，具备了较强的基础。比如在人才方面，中国科学家已经占据了全球人工智能科研实力的半壁江山。

有数据表明，在2015年全球顶尖期刊上发表的人工智能论文里，华人/中国人作者的比例达到了43%。同时，乌镇智库去年发布的报告显示，中国人工智能的专利申请数、授权数在2012年就已经超过美国。中国既具备发展人工智能的基础，庞大的市场也有进行改造升级的需求；中国既有后发优势，也有先发优势。人工智能是中国引领全球的巨大机遇。

(5)人工智能将深刻影响每一个人的生活。正如斯坦福大学人工智能实验室主任吴恩达所言："我认为人工智能会为社会带来巨大的影响。我有时打比方，人工智能就是未来的电能。"未来人工智能就会像水、电一样影响我们的生活，这不是媒体的夸张说法，而将是人工智能带来的感受。在万物互联和万物智能的时代，人工智能将融入我们的生活，无处不在。

三、杭州人工智能产品的生产制造

课题组在去年11月5日参加了"2016中国(杭州)人工智能博览会"，对我市人工智能产品有所了解。今年以来，先后参观"未来节"和展览会，参加未来科技城"中国(杭州)人工智能小镇"启动仪式和"全球人工智能创新展"。今年5月18日，课题组又到浙江省中医院"沃森联合会诊中心"调研，对医疗人工智能应用有了深入了解。

1. 医疗人工智能产品的应用

在省中医院，"问沃森"(ask waston)正在成为医院不少医生工作的"关键词"。什么是"问沃森"？在医院名医馆10号诊室，乳腺外科主治医生顾锡东正在将一位45岁乳腺癌局部晚期患者的治疗史、分期特征、转移位点、危重病情况等逐一输入电脑。他轻触鼠标，点击屏幕右上角的"问沃森"，不出10秒钟，一张详细的西医诊疗方案分析单就呈现在屏幕上。

"几个绿色的条目，是沃森系统结合大数据分析，供医生参考的目前全球范围内对病患的最佳诊疗方案。"顾锡东博士说，橙色、红色部分则分别代表谨慎使用和不推荐使用。点开绿色诊疗方案，详细的用药、治疗建议、全文文献参考等逐一呈现。

医生会根据病人的经济情况和身体状况，在绿色条目中选择最优方案。"但这并不意味着医生不看病。"顾锡东告诉我们，对于这位乳腺癌局部晚期病人，为了把损伤降到最低，此前医院给出的初步治疗方案是通过化疗将肿瘤缩小后再进行手术。现在，机器人在经过短短数秒的分析后，给出了和医院相同的治疗方案。“这是一种权威的印证。”顾锡东说，有了机器人的分析，医院将更放心地使用人工评估治疗方案。

在省中医院，沃森机器人将为肺癌、胃癌、宫颈癌、乳腺癌、结肠癌和直肠癌患者服务。短短几秒内，机器人是如何做到精准诊断的？IBM统计显示，44%的病例在首诊时会有误差，每位医生每周需要花费167小时阅读各类文献和资料。

其实，“问沃森”的背后，是一套全球化的医疗大数据。“欧美在西医治疗肿瘤方面更成熟，沃森机器人里涵盖了欧美权威的治疗方案。”目前，沃森机器人内涵盖290种SCI医学期刊、1500万页论文研究数据和美国NCCN指南等。

“在我看来，他更像我的小助手。”顾锡东说，在每个推荐治疗方案的底部，机器人都会给出一个国际权威期刊对相关病例的核心描述，“我不再需要一本一本地去翻资料，就能找到全球顶尖期刊的理论支持。”

“医生的经验是有限的，在沃森机器人上寻找诊疗方案的过程更像是一次次相互学习。”顾锡东描述道，年轻医生可以从机器人的大数据中获得更多启示，“一旦我们将自己的治疗方案上传，意味着机器人也‘学’到了成功的经验。”

省中医院医生还有了一个特殊任务，他们将把中医诊疗的数据上传至沃森机器人大数据库，填补机器人在这一领域的空白。诊疗中心的长期目标，是把中医的传统治疗经验引入大数据库。目前，中医在肿瘤治疗中扮演了重要角色，“我们将通过机器人，把优秀的中医治疗推广到全球”。

2017年3月25日，浙江大学宣布成立睿医人工智能研究中心，校长吴朝晖领衔成立专家委员会，并在浙江大学和杭州湾信息港同时挂牌。中心将通过“产学研”一体化模式，构建中国首个开放式医学人工智能平台。

据介绍，浙大睿医人工智能中心将依托浙大计算机学院(其计算机学院下设的人工智能研究所是中国设立最早的人工智能研究机构之一)、信息学院、医学院、药学院、生仪学院等相关院系及附属医院的科研优势，通过接入包括微医在内的多种数据，致力于提升人工智能在健康医疗领域的整体水平，取得国内领先、国际一流的技术突破；探索我国医学人工智能“产学研”协作模式，培育医学人工智能产业生态环境和第三方医学人工智能服务企业，建立多学科、多机构协同创新机制；建设具有自主知识产权的医学人工智能核心能力，推进我国健康医疗大数据管理制度及体系的规范化建设。

睿医人工智能研究中心将首先从涉及范围广、患者需求大的诸如肝癌、肺癌等疾病入手，第一件事情是打造医学 AI 的引擎，这也是最核心的东西。未来引擎发布后，将会开放给各个医疗机构和各个学科专家应用，把专业数据源源不断地输进去，以循证医学为基础，不断训练、不断改良，最终成为医生的专业助手。

阿里云在云栖大会深圳峰会上发布 ET 医疗大脑和 ET 工业大脑。阿里云总裁胡晓明现场介绍了 ET 医疗大脑如何辅助医生判断甲状腺结节点。数据显示，人类医生的平均准确率为 60%至 70%，而当下算法的准确率已经达到 85%。未来，ET 有望在患者虚拟助理、医学影像、药效挖掘、新药研发、健康管理等领域扮演医生助手的角色。

2. 家用服务机器人

杭州市的人工智能产品我们看到的不多。2016 年 11 月 5 日“2016 中国（杭州）人工智能博览会”上，能看到一些游戏机器人、服务机器人，但展览规模不大。今年 5 月“未来节”和展会上，看到的东西多了些，但是档次不高，有的展台上靠人扮演机器人造势，令人失望。7 月中国（杭州）人工智能小镇启动展览会上，我们看到了本地企业“杭州南江机器人股份公司”的“南江机器人”，这是一种智能移动机器人。杭州艾米机器人有限公司的艾米机器人，是一款家用服务机器人。有一款“小黑侠跟拍无人机（hover camera passport）”，据报道是杭州的公司生产的，性能优越。浙江奇谷网络科技公司的人脸识别系列，在智能安防、数字警务、公共安全等方面都有广泛的应用。在这次展览会上，可以看到北京、深圳等地的智能产品。

这是目前杭州人工智能产品给人们的整体印象。浙江省委、省政府已经制定了很好的规划，采取了有力的对策，相信我们杭州市会乘势而上。比如，余杭区在未来科技城建立“中国（杭州）人工智能小镇”，吸纳国内外的知识精英，特别是所建的中乌合作园吸引乌克兰的国家级科研人才，前景令人看好。同时，人工智能人才发展论坛上，浙江省首个人工智能人才专项政策发布，省委组织部专门制订了专项计划引进人才，健全体系培养人才，撬动资本支持人才，财税政策支持人才等 12 条政策，计划用 5 年时间集聚 50 位国际顶尖的人工智能人才，500 位科技创业人才，1000 位高端研发人才，1 万名工程技术人员。

四、讨论与建议

对于人工智能，不论在专业上，还是在市场应用和行业管理上，我们都无多大发言权，仅从初步学习调研中谈点体会建议：

1. 对照国家规划，制定发展目标

2017 年 7 月 8 日，国务院印发了《新一代人工智能发展规划》的文件。该文件指出：到 2020 年，我国的人工智能总体技术和应用与世界先进水平同步，实现人工智能核心产业规模达 1500 亿元，带动相关产业规模超万亿；到 2030 年，我国人工智能理论技术与应用总体达到世界领先水平。我市应对照国家规划，制定出本市规划目标。

2. 做好人工智能宣传教育普及

党中央、国务院正式发文，从中小学教育到大学院校，逐步新增人工智能课程，建设全国人才梯队。市科协和老科协专门动员科技人员参与这项工作，建议成立“人工智能宣教工作专家库”，让专家们走向学校、社区、企业宣传人工智能，科普人工智能。

3. 培育一批龙头企业

我国的互联网大数据建立与应用、强大的运算能力、深度学习的突破，以及各个产业自身的坚实基础，为人工智能提供了诸多有利条件，其将与物联网(IOT)、金融、信用风险、交通、法律、医疗以及智能家居等不同行业产生紧密的联系，也将改变中国各行业的未来形态。

杭州企业海康威视是全球领先的以视频为核心的物联网解决方案提供商，致力于不断提升视频处理技术和视频分析技术，面向全球提供领先的监控产品和技术解决方案。

海康威视的营销及服务网络覆盖全球，目前在中国内地 34 个城市已设立分公司，在我国香港地区、美国洛杉矶和印度也已设立了全资或合资子公司，并正在全球筹建更多的分支机构。

我市急需在智能机器人、智能汽车、可穿戴设备、智能家电等新兴领域加快培育一批龙头企业。11 月 3 日，在浙江省科技厅、滨江区委区政府指导下，由浙江省创业投资协会、浙江省经信智慧城市规划研究院、浙江智新泽地科技发展有限公司主办，杭州人工智能产业园、杭州银行滨江支行承办的 2017 人工智能产业与资本高峰论坛暨杭州人工智能产业园开园仪式正式拉开帷幕。

活动的举行标志着杭州人工智能产业园正式开园。随后，杭州人工智能产业园与浙江省经信智慧城市规划研究院、省创投协会、市中小企业服务中心、杭州银行签订了战略合作协议。此项合作将为杭州人工智能产业园的入驻企业提供强大的产业合作伙伴和丰富的资本服务资源。在此次活动中，11 家创投机构共同发起的“浙江人工智能产业投资基金联盟”也正式成立。

据悉，浙江人工智能产业投资基金联盟计划在 3 年内，投资在园区内的人工智能企业达到百家以上，投资规模达到 50 亿元以上，5 年内投资规模达到 100 亿元以上。

4. 鼓励应用，政策扶持

“杭州城市数据大脑”是杭州市政府、阿里巴巴集团、富士康集团于 2016 年 10 月 13 日在第 18 届杭州西湖国际博览会上共同启动的项目，该项目的启动，如同为城市安装一个人工智能中枢，用大数据帮助城市思考、决策，将杭州打造成能自我调节、与人类良性互动的城市。经过一年多的努力，已经取得明显的成绩。

现在人工智能在各行业的应用已经启动，遇到一些困难，需要得到政策上的支持。省中医院“沃森联合会诊中心”在应用实践中，就遇到这样的问题。病人申请沃森会诊需交 1500 元，自费不能报销。我们建议在经过一段时间实施验证后，应将其列入医疗报销名单，扩大受益民众范围。如果人工智能医疗能深入基层医院，将提高基层医疗水平，对改变“看病难”痼疾非常有效。

以上是我们的粗浅意见，供上级有关部门参考。

（2017 年 10 月）

冬防木炭中毒　保障居民健康

淳安县老科技工作者协会

一、我县农村居民冬季木炭取暖中毒事件调查

冬天是一年中最寒冷的季节，而我县位于浙西山区，气候相对偏冷。自古以来我县农村和城镇居民为防寒就有烧木炭取暖的习惯，每年均有数例因烧木炭而中毒(一氧化碳中毒)致病、致残、致死的事件发生，而中老年、残疾人致病率相对较高。为尽力做好冬季防木炭中毒工作，保障居民健康，我们老科协每年两次组织部分退休医生骨干下乡义诊，其间对大墅、枫树岭、中洲、文昌、安阳、瑶山、左口、富文8个乡镇卫生院和千岛湖城区医院收治的，近5年来因冬季烧木炭、火炉烤火取暖而致一氧化碳中毒的病人进行调查统计。调查发现，因烧木炭发生中毒事故的共有36例，发病率占总人口的0.335%，其中：男性19例、女性17例；老年人20例、中年人14例、儿童2例；因烧木炭烤火取暖中毒住院治疗的29例，治愈14人，成痴呆人、植物人的有7人，致死8例；致残率24.14%，致死率27.59%。该病的住院率、致残率、死亡率，远远高于普通疾病。这充分说明，做好农村居民冬季木炭、毛炭烤火取暖的安全教育和防范工作，保障居民健康，很有必要。

二、木炭、毛炭、煤气中毒的高发因素和危害

木炭、毛炭、煤气中毒就是一氧化碳中毒。因用木炭、毛炭、煤饼生火取暖，冬季是一氧化碳中毒事件的高发季节。主要诱因是烧木炭、煤饼取暖时通风不良，木炭燃烧不充分，产生大量一氧化碳，人在不知不觉中吸入一氧化碳，轻者头痛、头晕、恶心呕吐、心悸；重者心慌、气急、四肢酸软无力、皮肤黏膜或呈樱桃红色；严重时呼吸困难甚至昏迷，严重危害生命。该病不仅住院率高、致残率高，死亡率也极

高。因一氧化碳中毒而致重度烫伤褥疮感染、痴呆症、缺血缺氧脑病、植物人，有的一住院长达4～5年，短的2～3年(如今还住在康复医院的5年前致病的左口乡显后村59岁的女性村民夏培美和今年8月份病逝的大墅镇桃林村54岁的女性村民王美凤)，全靠气管插管鼻饲维持生命，自己痛苦，也拖累了家人，给农村城镇居民个人、家庭、生命、财产、健康、社会和发展淳安经济，建设康美千岛湖，都造成了极大危害。因此做好冬季防一氧化碳中毒工作，倡导科学取暖，安全过冬，是关爱民生、关爱生命、保障居民健康的一项极为有益的利民、利己、利社会的工作。

三、预防木炭中毒事件发生的对策

(1)政府要加以重视，卫生职能部门通过新闻媒体，如电视、报纸、宣传栏，通过举办冬防木炭中毒的健康知识讲座和卫生科普知识宣传，努力提高农村城镇居民冬防木炭煤气中毒科普知识，做到自我重视、自我防范。

(2)为保护我县良好的生态环境，同时也为了减少我县农村城镇居民因烧木炭、毛炭取暖而频发的木炭中毒事件，政府可出台相关可行性文件或乡规民约，禁止伐木烧炭取暖。

(3)民政、残联要努力做好农村城镇居民困难户、低保户、敬老院、残疾人入村入户调查工作，及时做好上述人群棉被、棉衣、棉裤、棉鞋等冬季防寒保暖日用品的发放工作。降低上述人群缺衣少物，因冬寒用木炭生火取暖而致一氧化碳中毒事件发生的概率。

(4)尽量避免在室内使用木炭火盆取暖、洗浴，使用炉灶时要注意通风，保证充足的氧气供应；要安装风斗和烟筒，出风口不能朝向风口。定期清理烟筒，保持通畅；在使用煤气时要注意通风换气，经常查看煤气、液化气管道、阀门，如有泄漏，需及时请专业人员维修；在煤气、液化气灶上烧水、做饭时，要注意看管，晚上睡觉前必须检查火炉，排烟的火档一定要开好，防止水溢灭火导致煤气泄漏。

(5)发现一氧化碳中毒的病人，应立即打开门窗并把病人移到通风处，轻症病人稍做休息即可，必要时应进行一些对症治疗；必须立即对中毒者进行人工呼吸或让其吸氧，并迅速送往医院抢救。降低该病住院率、致残率、致死率，保障农村城镇居民健康，促进我县经济发展，建设康美千岛湖。

(2017年11月)